竹木材化学

主　编　金贞福

副主编　金光范　李　倩　俞友明

ZHEJIANG UNIVERSITY PRESS
浙江大学出版社
·杭州·

图书在版编目 (CIP) 数据

竹木材化学 / 金贞福主编. —杭州：浙江大学出版社，2022.11（2024.8重印）
ISBN 978-7-308-21832-0

Ⅰ.①竹… Ⅱ.①金… Ⅲ.①制材②木材化学Ⅳ.①TS652②TQ351.01

中国版本图书馆CIP数据核字(2021)第206294号

竹木材化学

主　编　金贞福
副主编　金光范　李　倩　俞友明

责任编辑　王元新
责任校对　阮海潮
封面设计　周　灵
出版发行　浙江大学出版社
（杭州市天目山路148号　邮政编码310007）
（网址：http://www.zjupress.com）
排　　版　杭州朝曦图文设计有限公司
印　　刷　广东虎彩云印刷有限公司绍兴分公司
开　　本　787mm×1092mm　1/16
印　　张　16
字　　数　270千
版 印 次　2022年11月第1版　2024年8月第2次印刷
书　　号　ISBN 978-7-308-21832-0
定　　价　49.00元

前　言

“木材化学”是木材科学与技术、高分子材料科学、生物质工程等大学本科专业的重要专业基础课程。“木材化学”主要研究木材的生物结构及其所含各组分，特别是纤维素、半纤维素和木质素三种主要组分的生物合成、分布、化学成分、化学结构、化学反应、物理化学特性及其应用的基础科学。纤维素、半纤维素和木质素是自然界最丰富的天然高分子可再生资源，进入21世纪，随着化石资源的逐步枯竭，以及化石能源与材料对大气污染的加剧，可再生生物质资源受到世界各国的关注。

《木材化学》教材，由于南京林业大学主编，中国林业出版社（ISBN 7-5038-0537-4）出版，1990年出版的教材不再重印，无奈选用《植物纤维化学》（第四版、第五版）（裴继诚主编，中国轻工业出版社出版）作为教材。《植物纤维化学》适合制浆造纸工艺专业“植物纤维化学”课程（48学时）作教材之用，不适合木材科学与技术、高分子材料科学、生物质工程等大学本科专业设置的32学时的“木材化学”课程。《竹木材化学》是在为浙江农林大学木材科学与技术学生讲授的“木材化学”讲稿基础上，结合浙江省竹子资源丰富，且竹子资源高值化利用迫在眉睫的现状，收集了近年来国内外本领域的最新研究成果和发展趋势，加以整理编写而成。

本书编写过程中受到国家重点研发计划政府间国际合作项目“木质素分子结构调控及其功能材料制备关键技术研究（2016YFE0125800）”以及国家自然基金“木质素高效定位活化及其对化学反应性的作用机制研究（31670597）”的支持。

由于编著者学术水平有限，本书在内容编写和取材上存在遗漏和错误之处在所难免，恳请读者批评指正。

编者

2022年7月

目　录

第1章　竹材、木材的生物结构及化学特征

第2章　木质素

第3章 纤维素

第 4 章　半纤维素

第 1 章

竹材、木材的生物结构及化学特征

1.1　概述

1.1.1　植物的分类及命名

植物分为低等植物和高等植物，低等植物中有藻类植物和菌类植物，高等植物中包括苔藓植物、蕨类植物和种子植物。高等植物具有根、茎、叶的分化，（除苔藓植物亚门外）维管束、中柱，生殖器官是否多细胞，繁殖是否经过胚阶段等特征。种子植物分为裸子植物和被子植物。种子没有包被的称为裸子植物，种子有包被的称为被子植物（见图1.1）。被子植物由原始的裸子植物演化而来。被子植物又分为双子叶植物和单子叶植物。在进化过程中，其中一片子叶皱缩退化而发展成为单子叶植物，按植物进化论，在种子植物中单子叶植物是进化程度最高的。

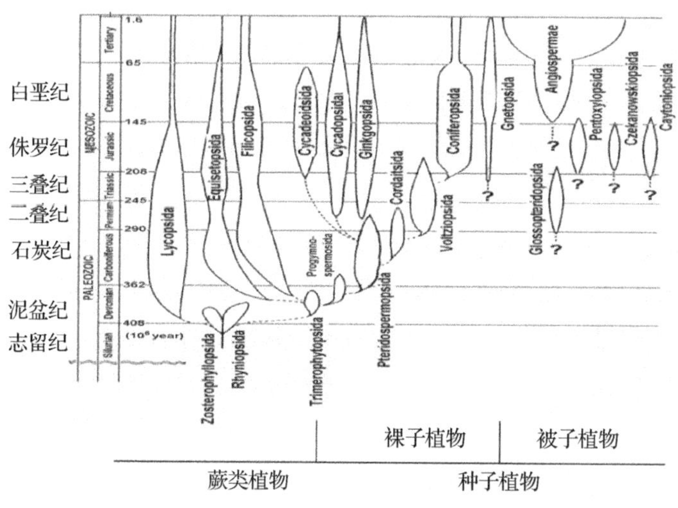

图 1.1　维管束植物的系统和地质年代

目前已发现地球上大约有40万种植物。所谓“种”，是指具有相似的形态特征，表现一定生物学特性，要求一定的生存条件，能够产生遗传性相似的后代，在自然界中占有一定分布区的无数个体的总和。每一种都具有一定的本质特性并以此区别于其他种，例如毛白杨和山杨、油松和马尾松之间都是互相区别的不同的种。

根据生物进化论的观点，一切植物起源于共同的祖先，彼此之间都有亲缘关系，并经历着从低级到高级，从简单到复杂的系统演化过程。植物分类学将那些亲缘关系相近的“种”集合为“属”，相近的“属”集合为“科”，由此类推组成“目”“纲”“门”“界”等分类单位。因此，界、门、纲、目、科、属、种是上述各级的分类单位，其中界、门是大的分类单位，种是最基本的分类单位。在上述各级分类单位中，又可根据实际需要，再划分更细的单位，如亚门、亚纲、亚科、亚属、变种、变型等。植物种的名称，各国都不相同，为了研究和利用上的方便，国际上采用统一的名称，即植物的拉丁名，也就是植物的学名。现在采用的是，1753年瑞典植物学家林奈（Garl von Linne）所创立的“双名法”。双名法以两个词来给植物命名，第一个词是属名，第二个是种名，一个完整的拉丁名还要在种名之后附以命名人的姓名缩写。统一规定植物学名（拉丁名）为斜体，且属名第一个字母大写，例如核桃的学名是*Juglans regia* L.。

植物又有木本植物和非木本植物之分，木本植物具有以下四个特征：具有维管束，具有多年生茎、根，直径增粗，年年开花、年年结实。不具备上列特征的，称为非木本植物。竹子就属于非木本植物，竹子没有直径增粗，通常通过地下根茎繁殖至数十年后开花结实，随后全林尽死，因而又称一次性结实植物。

木本植物又有乔木、灌木之分，主干明显而高大的称为乔木，近地面处分枝而无明显主干的，则称灌木。在树木中又有针叶树、阔叶树之分，叶片呈针形或近似针形的，称针叶树；叶片宽的称阔叶树。裸子植物基本上是木本植物，绝大多数是高大乔木，如针叶树。被子植物中的双子叶植物，有木本也有草本，有灌木也有高大乔木，其中木本的如阔叶树；单子叶植物基本上是非木本植物。

1.1.2 树木和竹子的生长

1. 树木的生长

从纵向看，树木由树根、树干和树冠（枝、叶）构成；从横向看，树木由树皮（bark）、木质部（xylem）和髓（pith）构成，木质部和树皮间有形成层（cambium）。

植物生长依赖于自身的分生组织。分生组织的细胞具有分裂机能，其通过有丝分裂的方式增加细胞的数目。分生组织按来源和发展，区分为原始分生组织（见图1.2）、初生分生组织和次生分生组织；按发生的部位区分为顶端分生组织、侧生分生组织和居间分生组织。原始分生组织是由茎顶正中特大的胚性细胞衍生而来，其特点为细胞小、壁薄、质稠、核大、没有液泡或仅具小液泡，细胞排列整齐致密，一般无胞间隙，能较长时间保持分裂机能。在温带或亚热带地区，冬季原始分生组织处于休眠状态，细胞停止分裂，但一到生长季节，细胞就恢复分裂活动。初生分生组织位于原始分生组织之下，由原始分生组织的细胞衍生而来，它的特点是一方面仍具有分裂能力，另一方面它又开始分化。次生分生组织是由初生分生组织产生的薄壁组织在一定条件下恢复分裂机能转化而成的，木本植物的次生分生组织位于茎的侧面，所以又称侧生分生组织。

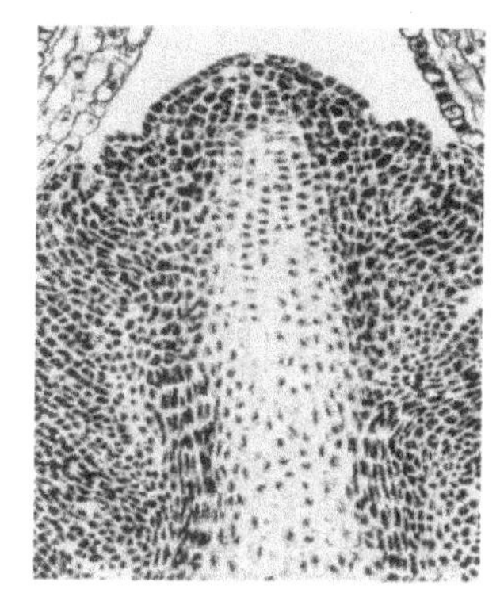

图 1.2　根和茎尖的顶端分生组织

树木的高生长是由于树茎顶端分生组织中细胞连续分裂的结果。顶端分生组织的原始分生组织全部处于分裂状态，但发展到初生分生组织，部分细胞仍处于分裂状态，部分细胞已开始分化为叶原基、原表皮、原形成层和原基本组织。原表皮分化为表皮和皮层，原基本组织分化为髓和髓射线，原形成层分化成维管束。在此维管束中，分生前期包括原生木质部、束中形成层和原生韧皮部，后期从形成层向内分生出后生木质部和向外分生出后生韧皮部。原生木质部和后生木质部合称初生木质部，原生韧皮部和后生韧皮部合称初生韧皮部。此时束中形成层分裂能力丧失，初生木质部、初生韧皮部，包括髓、髓射线、表皮、皮层在内的茎干的构造称初生构造（见图1.3）。

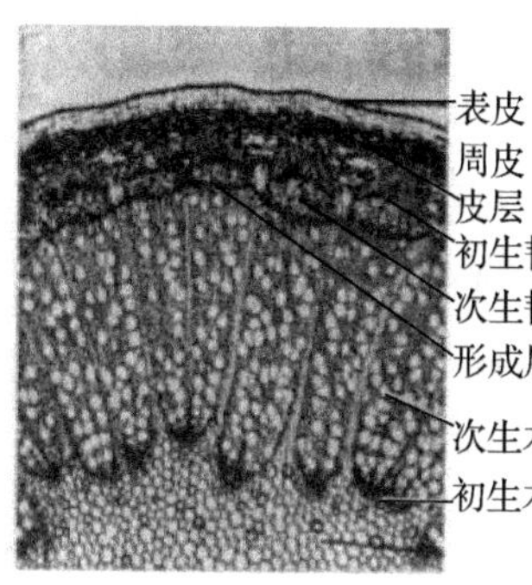

图 1.3　一年生悬铃木枝条的横切面

当茎的初生构造形成之后，失去分裂和分生能力的束中形成层在一定条件下开始恢复分裂活动。与此同时，靠近束中形成层的髓射线细胞也出现分裂，即由薄壁细胞转变为分生细胞，形成束间形成层。束中形成层和束间形成层连接在一起形成环状形成层，此时形成层向内分裂生成的木质部，称为次生木质部；向外分裂生成的韧皮部，称为次生韧皮部。在分裂过程中除髓射线继续伸展外，在木质部和韧皮部又产生新的射线，这些射线相应地称为木射线和韧皮射线，包括表皮、皮层和周皮在内的构造，称为基干的次生构造。形成层细胞连续进行平周分裂和垂周分裂，向外产生次生韧皮部，向内产生次生木质部，向内分裂形成木质部通常多于向外分裂形成韧皮部的细胞。因此，随着形成层细胞的不断分裂，次生木质部占了茎的大部分体积，使树干增粗（见图1.4），并将次生韧皮部推向茎的周边，导致表皮或周皮的破裂。

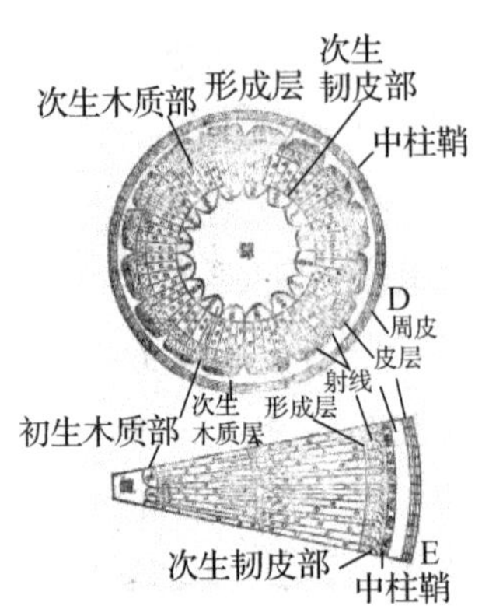

图 1.4　树干的增粗

2. **竹子的生长**

竹子是多年生常绿的单子叶禾本科竹亚科植物，有合轴丛生、单轴散生，也有极少数秆型矮小且质地柔软而呈草本状，具有经济价值的栽培竹种是乔木状的。竹子的生长发育不同于一般乔灌木树木，竹子更新生长主要是通过无性繁殖来实现的。

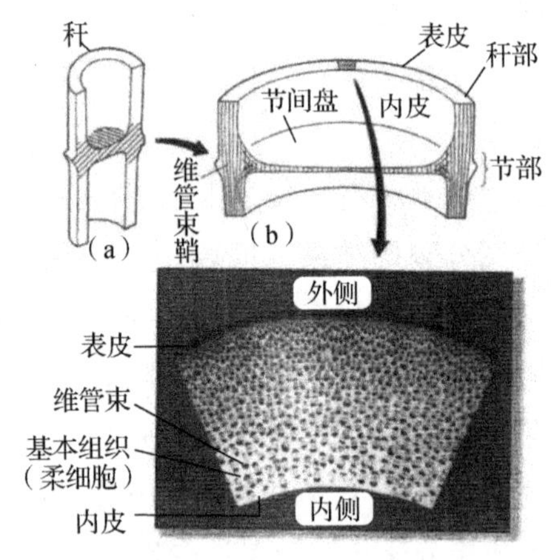

图 1.5　竹秆及其横切面的构造

从纵向看，竹子由竹鞭、竹秆和枝叶构成，竹的鞭、秆和枝都由节和节间组成；从横向看，由竹青、竹肉和竹簧组成（见图1.5）。竹青为秆壁的外侧部分，组织致密，质地坚硬而柔韧，表面光滑，外表常附有一层蜡质，通常因表层细胞含有叶绿素而呈青绿色，但老龄竹秆或采伐已久的竹秆因叶绿素变化或坏死而呈黄色。竹簧为竹秆的内侧部分，组织比较疏松、质地比较脆弱，颜色一般淡黄色。竹肉即为介于竹青与竹簧之间的部分，由维管束和基本组织构成。

竹子不能像树木一样直径增粗，因此没有次生生长，但有居间分生组织。居间分生组织是由初生分生组织保留在节间基部的一部分细胞组成的。竹子的高生长是一次生长完成的。竹类植物的秆、枝、鞭上均有节，生长时每个节上具有居间分生组织，所以，竹秆高生长，则竹鞭的生长也十分迅速。从竹笋开始到一个完整的竹子长成，散生竹一般为25～65天，丛生竹一般为60～90天。

1.2　木材的构造

1.2.1　木材的宏观构造

直接凭肉眼或者借助放大镜能观察到的木材外貌特征称为木材的宏观构造，通常可通过横切面、径切面、弦切面来了解生物结构特征、细胞形态、细胞组成以及细胞之间的结构关系等，这是认识木材的基础。

1．**木材的三切面**

树木的生长轴心称为髓心，沿着与生长轴成垂直方向切开的切面称为横切面（见图1.6）。在木材横切面上，可以看到自髓心或髓外围向树皮方向或细或粗呈辐射状、颜色较浅而带有光泽的线条，这种线条称为髓射线或木射线。沿着射线切开的切面称为径切面，从径切面上可以看到射线呈浅色、有光泽的美丽花纹。沿着与射线成垂直方向切开的切面称为弦切面，在弦切面上看到颜色略深，短线条或纺锤形斑点，这就是射线的横断面。针叶材射线很细，在肉眼下不太明显，阔叶材中有的木射线很细，如杨木、柳木；有的却非常明显，如栎木。木材的横切面、径切面、弦切面称为三切面（见图1.7）

图 1.6　木材横切面

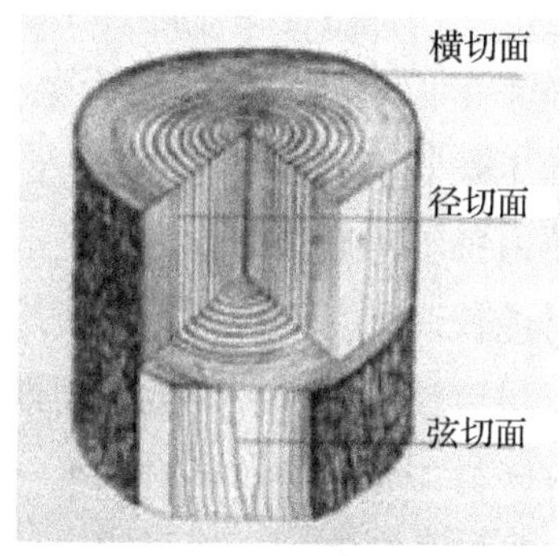

图 1.7　木材的三切面

2．**树皮**

通常把树干上木质部以外的部分称为树皮，但实际上，树皮可分为内皮（inner-bark）和外皮（out-bark）两层，外皮是由死细胞组成的，它们因木栓层细胞壁栓质化，不断被新形成的木栓层所隔开，得不到养分和水分而死亡。内皮是由活细胞组成的，包括形成层以外的活的韧皮部。

树木的种类不同，树皮的形态及利用价值也不同。若木栓形成层成条状分布，则树皮成鳞状开裂（如马尾松树皮）；若木栓形成层成完整的一圈，则树皮成筒状开裂（如柠檬、桉等的树皮）。有不少树木的树皮的经济价值是较高的，如栎属等的皮可提取单宁；栲木、橡胶木等可提取树胶；有些树皮则有较高的药用价值，如桂皮、杜仲等；有些树皮纤维含量高，可用于制浆造纸或制绳子等，如檀皮、构树皮、桑树皮等。此外，非木本植物（禾本科植物）如黄麻、红麻、亚麻、大麻、罗布麻、青麻等的韧皮纤维也是很好的纤维原料。

3．形成层（cambium）

形成层指位于木质部与树皮之间的薄层，是树木的分生组织。形成层中含有两类原始细胞：一类是纺锤状的原始细胞，可分裂产生管胞、纤维、导管等细胞，每年增生次生木质部，使茎不断加粗，形成木材；另一类是射线原始细胞，呈长方形，可分裂产生维管射线，构成树木横向运输和储藏组织。在木质部的部分称为木射线，在韧皮部的部分称为韧皮射线。由于木射线的这种生理功能，使其成为细菌攻击侵蚀木材的重要途径，使木材产生各种色变，如蓝色、红色、 绿色、黄色、褐色等。松木的蓝变给木材制品及制浆造纸带来不良影响，造成经济损失。

4．木质部（xylem）

位于形成层和树心（髓）之间的部分称为木质部，即树木的木材部分。木质部是树木中用于建筑、装饰、制浆造纸等的主要部分。

5．生长轮与年轮、早材（春材）与晚材（秋材）

无论是针叶材还是阔叶材，在横切面上可以看到许多围绕着髓心构成的同心圆。一个生长季形成一圈，所以称为生长轮。生长在温带的树木，通常一年只有一度生长，因而生长轮又称年轮（见图1.6）。树木的树龄以树干胸高处的年轮数为准。在一个年轮内每年春夏季节，形成层活动频繁，形成的细胞直径较大、壁较薄、材质较疏松、材色较浅。一到秋季，形成层活动递减，形成的细胞直径较小、壁较厚、材质较紧密、材色较深。在一个生长周期内，春季形成的木材称早材（春材），秋季形成的木材称晚材（秋材）。早材到晚材的变化有缓急之分，例如材性较硬的马尾松和油松的早、晚材是急变的，界限明显；材质较软的华山松和红松的早、晚材是缓变的，界限不明显。在热带地区一年之内温度变化不大，只要不出现干旱，树木就会连续生长，因此热带地区树木的生长轮不等于年轮。

6． 心材和边材

木材通常都有或浅或深的颜色，有的木材颜色均匀一致，有的木材却不一致。靠近树皮部分材色浅，靠近中心部分材色深；材色浅的部分称为边材，材色深的部分称为心材。有心、边材区别的树种称为显心材树种，如针叶材中的杉木、柏木、马尾松、落叶松；阔叶材中的麻栎、栓皮栎、香樟、枣木等。在有些树种中，木材的颜色虽均匀一致，但其中心部分木材的含水量却低于外围。凡具有此特征的木材称为熟材，如针叶材中的鱼鳞云杉、挪威云杉。有些树种心材和边材既无颜色上的差别，又无含水量上的差别。有的甚至周边木材的含水量反而低于中心部分，例如水曲柳的中心部分含水量为71%，周边部分含水量仅53%。属于此特征的木材称为边材树种，多半存在于阔叶材中。有些树种如桦木、杨木，当受到外来真菌侵蚀时，中心部分木材易发生腐变，颜色加深，此部分色深木材称为假心材，其特征是心材边缘不规则，色调不均匀。有些显心材树种如松柏，当受到外来真菌侵蚀时，心材部分会出现浅色环带。上述特征并不是木材本身固有的特征，是外来因素导致的木材缺陷。

心材是由边材演化而来的，但其演化过程是一个极其复杂的生物化学变化，有关心材形成的说法有多种，但迄今尚无肯定的结论。心材形成与树种有关，其差别颇大，如刺槐属2～3年出现心材，日本柳杉要6～8年，塔斯尼亚山毛榉大约要50年，糖胶树大约要生长100年才会出现心材。边材的宽度（按年轮数计），不仅与树种有关，而且也与气候条件相关，如湿地松边材通常为10个年轮，澳大利亚和新西兰生长的辐射松边材一般为14个年轮，但生长在美国西部的黄松边材宽度的变化幅度却非常之大，从36到200年轮不等，生长在瑞典南部的欧洲赤松边材宽度为25个年轮，中部的为40个年轮，北部的增加到70个年轮。

7．环孔材、散孔材和半散孔材

导管是大多数阔叶材所具有的输导组织，但由于管径较大，因而凭肉眼或放大镜就可以观察到。这是阔叶材的宏观特征，所以阔叶材称为有孔材，针叶材称为无孔材。这是区别针、阔叶材的重要依据。

有些阔叶材在生长季节形成的导管特别粗大，后期形成的导管明显细小，体现在横切面上，大孔径的导管围绕在上一年的晚材外面呈狭带状分布，再外围就是小孔径的晚材，相比较，非常明显，属于这一类的阔叶材称为环孔材［见图1.8（a）］，如刺槐、板栗、麻栎等。有些阔叶材在整个生长季节内形成的导管粗细均匀一致，体现在横切面上的管孔，看不出有多大差别，属于这一类的阔叶材称为散孔材［见图1.8（b）］，如白桦、杨树、梧桐等。有些阔叶材在一个生长轮内，导管由粗逐渐变细，从横切面上，难以辨别出明确的界限，这一类的阔叶树，称为半环孔材或半散孔材［见图1.8（c）］，如核桃、枫杨等。

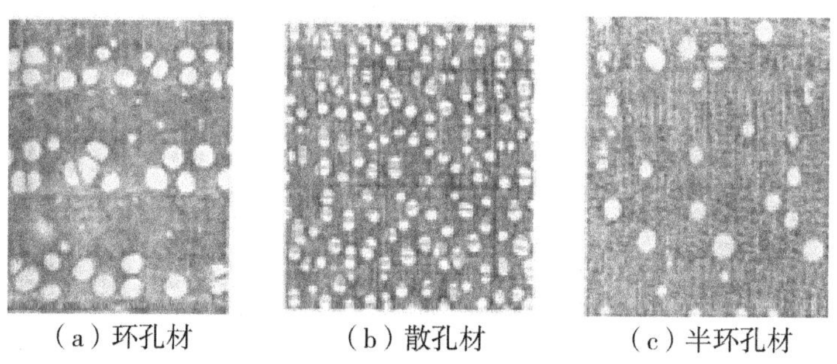

（a）环孔材　（b）散孔材　（c）半环孔材

图 1.8　环孔材、散孔材、半环孔材横切面

8．树脂道

有些针叶材如松属，在横切面的晚材部分，凭肉眼就可以看见一些针头状的小白点，这就是纵向树脂道，或称轴向树脂道（见图1.9）；横向树脂道，或称径向树脂道位于射线之中，比较小，用放大镜在弦切面才能找到。松属、云杉属、落叶松属、黄杉属、银杉属和油杉属既具有轴向树脂道又具有径向树脂道，但油杉属只有轴向树脂道。

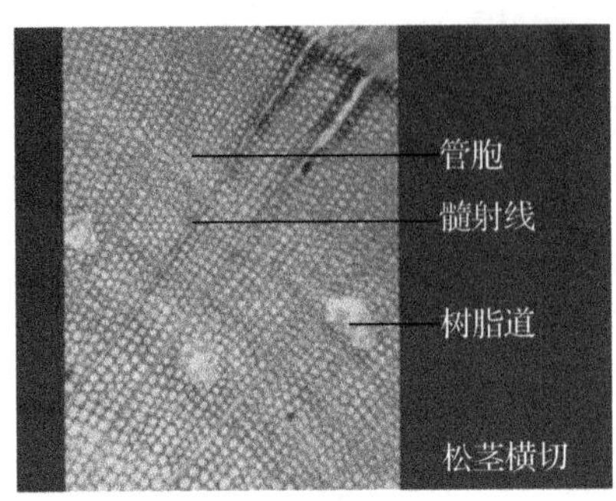

图 1.9　树脂道

9. **薄壁组织**

在有些阔叶材的横切面上，特别在管孔附近，可以看见成片状色较浅的组织，经水润胀后，就更加明显，这就是轴向薄壁组织。轴向薄壁组织比较发达的树种如柿树、枫杨、乌桕，很发达的如麻栎、泡桐、梧桐。轴向薄壁组织按照与导管的相对位置，区分为离管类薄壁组织和傍管类薄壁组织。

1.2.2　木材的微观构造

借用光学显微镜和电子显微镜所能观察到的形态结构称为微观构造。微观构造包括细胞壁的层次构造、层次的厚度分布、不同层次微纤丝取向、微纤丝精细结构等，也包括细胞壁纹孔的微细结构。微纤丝（microfibril）定义为在电子显微镜下观察到的最小单位。

1. **细胞壁的层次结构**

就数目和重要性而论，针叶材以管胞为代表，阔叶材以木纤维为代表，模式细胞壁就是指这两种细胞壁的典型结构。相邻细胞之间为胞间层（middle lamella, ML）。细胞壁区分为初生壁（primary cell wall, P）和次生壁（secondary cell wall, S），次生壁又区分为外层（S_1）、中层（S_2）和内层（S_3），如图1.10所示。

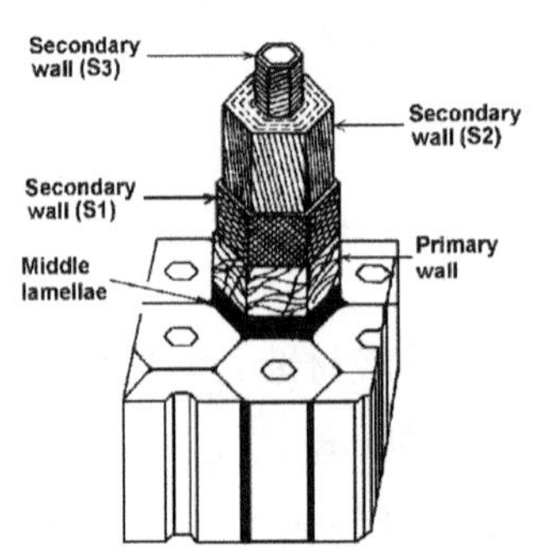

图 1.10　木材细胞壁的模式构造

（1）细胞壁的形成

细胞刚刚形成时，细胞含有较多的果胶质。由高尔基体内合成的半纤维素经小泡输送到质膜，再转到质膜外边，连同可能由质膜外的纤维素合成酶的作用下合成的纤维素同时沉积下来，形成初生壁（P）、次生壁（S）。当初生壁完全形成而开始出现次生壁（S）时，在细胞角隅开始沉积木质素，即开始木质化，依次向胞间层蔓延，然后发展到初生壁、次生壁。次生壁为细胞壁的主要层次，分三层依次为次生壁外层（S_1）、中层（S_2）和内层（S_3）。当木质素沉积结束时木质化完成，细胞壁初生壁、次生壁完全形成，细胞的生命即告结束，即变成死细胞。

正常的纤维细胞（针叶材的管胞、阔叶材的木纤维）的细胞壁，自外至里是由P、S_1、S_2、S_3等层次所组成的，两个细胞之间存在一个共同的胞间层（ML层），在3或4个细胞之间存在1个共有的区域称为细胞角隅（cell corner，CC）。胞间层和细胞角隅的体积分数均不大。P层的厚度极小，仅0.1μm左右，并且由于P层和ML层紧密相连（木质素和半纤维素的浓度高），在显微镜下也较难分清，故常把相邻两个细胞的P层和ML层一起称为复合胞间层。在次生壁（S）中，S_1层薄，厚度为0.2～0.3μm，一般占细胞壁厚度的10%～20%；S_3层更薄，仅占2%～8%；S_2层厚度为1～5μm，占细胞壁厚度的70%～80%，是细胞壁的主体。

（2）螺纹加厚

在细胞次生壁表面上，由微纤丝局部聚集而形成的屋脊状凸起，呈螺旋状环绕着细胞内壁，这种加厚组织称为螺纹加厚。螺旋倾斜角度与细胞腔直径大小成反比，即细胞腔粗者，螺旋平缓；反之，螺旋则陡峭。

（3）细胞壁纹孔的结构

木材细胞在形成过程中，为了相邻细胞之间水分和养料的传递，在次生壁加厚时，往往在初生壁上留下部分未加厚部分，形成孔道。这类孔道称为纹孔。相邻细胞之间的纹孔常成对存在，称为纹孔对；但也有个别纹孔不成对的，称为盲纹孔。按照纹孔的形态和结构，纹孔分为单纹孔和具缘纹孔。相邻细胞以具缘纹孔共存称为具缘纹孔对；如果以单纹孔共存称为单纹孔对；如果一边为单纹孔。另一边为具缘纹孔，则称为半具缘纹孔对。单纹孔在形态结构上简单，即由纹孔膜和纹孔腔构成。从纹孔膜至细胞腔的全部空间称纹孔腔。如果细胞壁薄，纹孔腔宽度大致相等；如果细胞壁很厚，从纹孔膜至细胞腔的纹孔腔宽度则有变化；如果壁极厚，则纹孔腔往往成细长孔道，有时是由许多细长孔道呈分歧状连在一起后再通向细胞腔，此种纹孔称为分歧纹孔。单纹孔有时聚集在一起，近似筛状，称筛状纹。具缘纹孔在形态结构上比较复杂，虽然它也由纹孔膜和纹孔腔两部分组成，但其纹孔腔又分为纹孔室和纹孔道。纹孔膜与拱形纹孔缘之间的空隙称为纹孔室，从细胞腔至纹孔室的通道称为纹孔道。纹孔膜中央的加厚部分称为纹孔托，纹孔托的外围部分称为托缘，在托缘周围的加厚部分称为纹孔环。

2. 微纤丝的取向及其对材性的影响

微纤丝（microfibril）主要是用来描述在电子显微镜下观察到的最小单位，由纤维素大分子链聚集构成，在电子显微镜下可观察到数nm的纤维状结构的物质。微纤丝取向是指微纤丝在细胞壁上与细胞轴向之间的角度（或倾角），在纤维细胞壁的不同层次中，作为细胞壁骨架的微纤丝的取向是不同的，并且不同树种中相应层次的微纤丝取向也有差异。微纤丝取向是鉴别材种的微细结构特征的重要依据。

初生壁由松散、漫无规则的微纤丝构成，外围被半纤维素、木质素以及少量的果胶物质所包裹，厚度0.1～0.2μm。在未脱去木质素的木材细胞中，相邻细胞的胞间层与初生壁合在一起很难分开来的称为复合胞间层。在次生壁（S）中，外层（S_1）和内层（S_3）薄，中层（S_2）厚，各层微纤丝均由近似平行方式形成层膜结构，层膜之间分布着半纤维素和木质素。次生壁的S_1含有4～6层膜，厚度为0.2～0.3μm，微纤丝是左右螺旋向交叉排列的，沿细胞轴以50°～70° 呈“Z”和“S”形交替缠绕；S_2层厚度为1～5μm含有30～40层膜，有的多达150层，微纤丝与细胞轴的角度在10°（早材）到20°～30°（晚材）的单螺旋向；S_3层厚度为0.1μm含有几层到十几层膜，微纤丝与细胞轴的角度为50°～90° 的单螺旋向，缠绕方式与S1相似。因此，根据不同层次微纤丝的取向及层次的厚度特征所画出的木材纤维细胞壁的微细结构模型如图1.11所示。

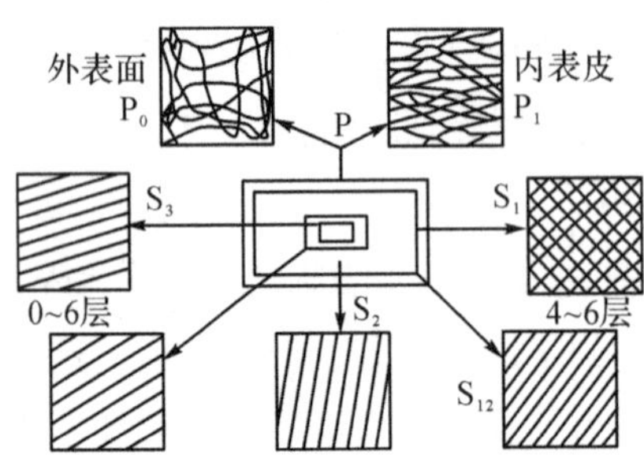

图 1.11　木材细胞壁各层的细结构[4]

实际上，在同一材种不同部位（不同高度、同一高度的不同位置、同一年轮中的春材、秋材等）的纤维中，相应层次的微纤丝取向是有差异的。在不同材种的纤维细胞壁中，相应层次微纤丝的取向的差异则更是肯定的。McGovern发现，在云杉、红松等材种中，早材纤维S_2层微纤丝的倾角大于晚材纤维S_2层的相应倾角。冈野等发现，在树干的同一高度处，在一个年轮中，微纤丝的倾角从早材向晚材变小；在不同高度处同年生长的晚材纤维中，靠树冠及地面部分纤维的微纤丝倾角大于树干中部的微纤丝倾角。

研究表明，微纤丝的取向直接影响纤维及木材的力学性质。倾角大，纤维及木材的抗压性能好，抗拉性能则较差；相反，倾角小，则抗拉强度好，抗压强度差。倾角大小对纤维及木材的收缩及润胀性能也有影响。

3. 微纤丝的精细结构

微纤丝构成纤维细胞壁的骨架，纤维素大分子链有规则地排列聚集成原细纤维（proto-fibril），大多为3.5nm，约由40个纤维素大分子组成；若干原细纤维（约20个原细纤维）组成约为25nm微纤丝（microfibril）（见图1.12）。微纤丝是细胞壁骨架物质的最基本单位，半纤维素和木质素则是微纤丝之间的“填充剂”和“黏结剂”，填充在微纤丝之间使细胞壁更加牢固。

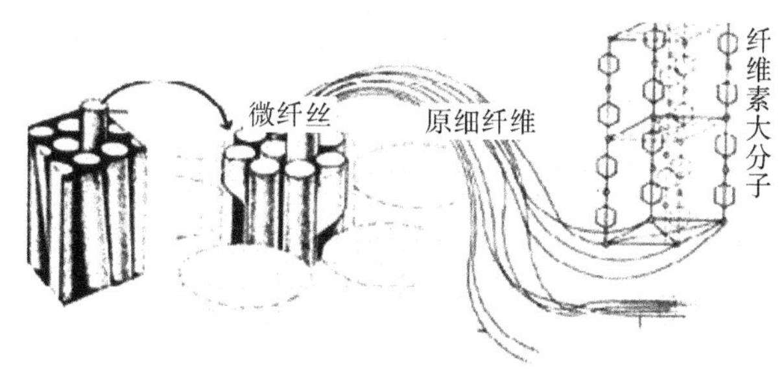

图 1.12　植物细胞壁中微纤丝结构

1.2.3　针叶材、阔叶材细胞组成及形态

1. 针叶材的细胞组成及形态

针叶材的细胞种类不多，90%以上是管胞，其次是薄壁细胞。在针叶材中作为纤维利用的细胞是管胞，管胞比较均匀，因此，针叶材是很好的纤维原料。

（1）管胞：大部分管胞与树木生长方向排列一致，因此也称为轴向管胞。管胞的形态随所在部位而异。早材管胞略短，两端为钝楔形，腔较大，壁较薄；径向直径大于弦向直径，常为多角形；有较多、较大的具缘纹孔，主要分布在径面壁的两端，成1～2列排列，与晚材相邻的弦面也有分布。晚材管胞略长，两端为狭楔形，腔较小，壁较厚；径向直径小于弦向直径，常为扁平四方形；具缘纹孔较少、较小，除分布在管胞径面壁上外，常在与隔年早材相交界的弦壁上出现。部分树种管胞有螺纹加厚，有的针叶材早、晚材都有（如紫杉属），有的主要出现于早材管胞（如黄杉属），有的主要出现于晚材管胞（如云杉属、落叶松属）。

（2）射线管胞：分布在松柏科木射线上，边缘走向与木射线一致，其形状与射线薄壁细胞相似，但两端尖锐，壁上有具缘纹孔。射线管胞的内壁，有的有锯齿状加厚，如马尾松、油松、黑松，赤松、樟子松；有的内壁平滑，如红松、华山松、白皮松。前者属于硬松系，后者属于软松系。

（3）射线薄壁细胞：为横向生长的薄壁细胞，构成木射线的主要部分。它的外形近似矩形、长方形薄壁细胞，单纹孔，胞腔常含有树脂。在有些材种中，如松属、云杉属、落叶松属、黄杉属和银杉属，部分木射线薄壁细胞由于互相分离而形成管状胞间隙，这些细胞为分泌细胞，其中充满浓稠的原生质体，产生树脂，并向胞间隙分泌树脂。在分泌细胞周围，还有伴生薄壁细胞和死细胞。由上述细胞构成的胞间隙，称为树脂道，此树脂道位于木射线之中，称为径向树脂道。

（4）轴向薄壁细胞：在针叶材中数量不多，分布不一，有的星散分布在年轮之中（如杉木），有的连接成断续的弦切排列（如柏木），有的分布在年轮外侧（如铁杉）。轴向薄壁细胞常含有树脂或者其他芳香类，有的构成轴向树脂道。

（5）三切面的构造特征：针叶材除含有少量薄壁细胞外，90%以上是管胞。因此，凭肉眼或放大镜观察木材横断面，针叶材材质均匀致密（见图1.13）。

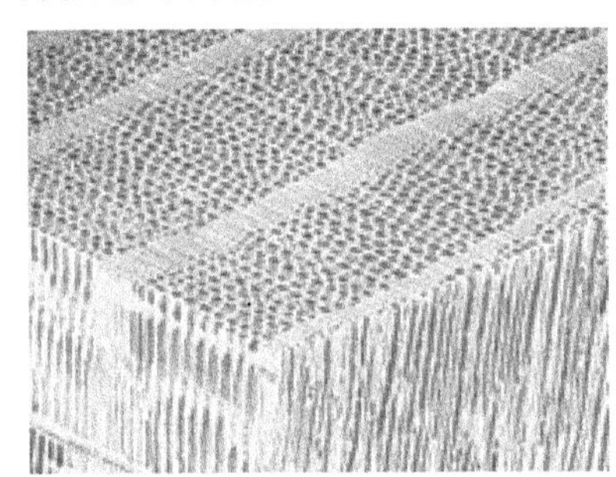
图 1.13　针叶材的三切面微观构造

① 横切面：生长轮明显，早材管胞至晚材管胞急变，早、晚材管胞径向排列不太整齐。早材管胞为四边形或者六边形，腔大壁薄，弦向直径多数为38～53μm；晚材管胞为多边形或者长方形，腔小壁厚，弦向直径多数为33～44μm。有轴向树脂道，分布在晚材内或接近晚材区域内，其细胞壁薄，5～8个直径一般为133～169μm，木射线单列。

② 径切面：早材管胞末端为钝楔形，径壁具缘纹孔大，一列或二列，纹孔圆形，具有眉条（纹孔上侧或下侧）；晚材管胞末端为尖楔形，壁上具缘纹孔既少又小，木射线由射线薄壁细胞和射线管胞组成。射线管胞位于射线薄壁细胞之上、下边缘，内壁呈锯齿状加厚。射线薄壁细胞为长方形，腔内含有树脂。

③ 弦切面：早材管胞弦壁上纹孔少而小。木射线有两种：单列木射线和纺锤形木射线。单列木射线1～24个细胞以上，呈长椭圆形或椭圆形，两端为尖削状。纺锤形木射线中具径向树脂道，一般较小，直径36～44μm，分泌树脂细胞少，约3～4个。

2. 阔叶材的细胞组成及形态

阔叶树大多属于被子植物的双子叶植物，由前裸子植物进化而来，因而在其木材内部构造上要比针叶材复杂，体现在细胞种类上要比针叶材多。从系统发育和进化论的观点来看，被子植物起源于前裸子植物，被子植物中的单子植物起源于原始的双子叶植物。裸子植物中管胞既起输导水分作用又起机械支撑作用，而被子植物中导管与木纤维是由管胞演变而来的，在植物中起不同的作用，即导管起输导水分作用，木纤维起机械支撑作用（见图1.14）。

阔叶材主要由导管、木纤维、管胞、薄壁细胞构成（见表1.1），有的导管直径变化幅度大，而且均超过同一部位的其他细胞。凭肉眼或放大镜观察木材横切面，阔

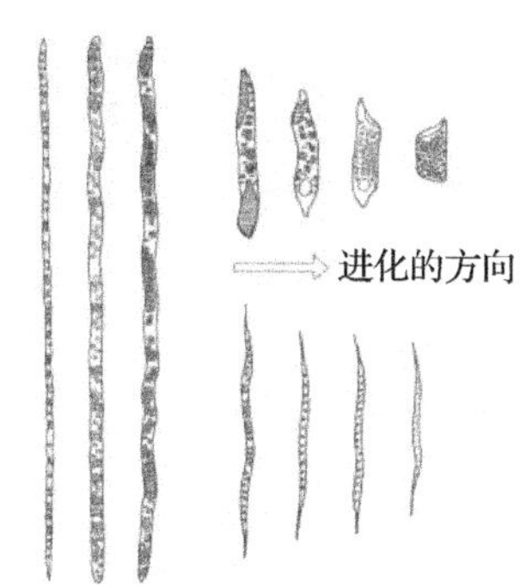

图 1.14　导管与纤维的演化

叶材材质不匀，有明显管孔，因此，通常将阔叶材称为有孔材，针叶材称为无孔材。虽然绝大多数阔叶材都有导管，但并不是所有阔叶材都有，如水青树（*Tetraceniron sinense*）、昆栏树（*Trochodendron analioldes*）是阔叶树，但没有导管。

表1.1　阔叶材中各种细胞的分布

树种	占总体积的百分数 /%			
	导管	木纤维	径向薄壁细胞	轴向薄壁细胞
红花槭 *Acer ruburm*	18.0	68.0	13.3	6.1
糖槭 *Acer saccharinum*	21.4	66.6	11.9	0.1
红皮桦 *Betula papyrifera*	10.6	75.7	11.7	2.1
鳞皮山核桃 *Carya ovatra*	6.5	65.5	20.0	8.0
欧洲山核桃 *Carya pecan*	7.7	55.0	26.4	10.9
欧洲朴 *Celtis occidentalia*	50.8	27.4	13.3	6.5
美国梧桐 *Platanus occidentalia*	51.9	28.9	19.2	--
美洲椴 *Tilia americana*	55.6	36.1	6.1	2.2

（1）导管：阔叶材中的水分输导组织，管胞向导管演变过程中上下相邻细胞交接面发生变化，倾斜而与轴所成的角度由小变大，具缘纹孔对变成穿孔，多穿孔向单穿孔方向转化，细胞侧壁上具缘纹孔增加，纹孔由对列向互列方向转化，出现了各式各样的导管。依据导管细胞壁的增厚情况不同，导管细胞可分为下面五种类型（见图 1.15）：

①环状导管，直径较小，管内壁上每隔一定距离就有环状增厚；

②螺旋导管，直径稍大，管内壁上有螺旋状增厚；

③梯形导管，导管壁上增厚部分成横条突起，与未增厚部分相隔开而呈梯状；

④网状导管，导管壁上增厚部分交织连接成网，网眼为未增厚部分；

⑤孔纹导管，导管壁全面增厚，仅留下具缘纹孔处没有增厚。

这五种导管中，环状及螺旋状导管直径小、增厚程度低、强度差，通常在初期出

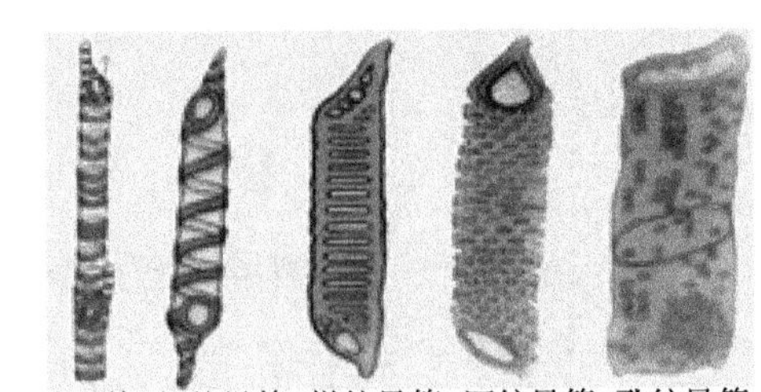

图 1.15 导管的演化

现；其余三种导管出现较晚，其直径较大、增厚较多、强度较高。在系统演化上，导管粗，且端壁与纵轴垂直是较进化的类型；端壁具有单穿孔的较复穿孔的更进化。导管进化顺序依次为环纹导管、螺纹导管、梯纹导管、网纹导管和孔纹导管，即更进化的导管输导水分的效率更高。

导管是由直径较大的管状细胞的端壁相连而成的，导管的截面为孔状，称管孔。测定管孔直径时，以最大弦向直径为准。管孔直径差别很大，大的超过400μm，小的不到25μm。导管的长度与直径相关，直径越大，其长度越小。导管长度一般为200～800μm，最长可达1900μm，最短的不到175μm。导管的穿孔有多种形式，如单穿孔、复穿孔（梯状、网状、单穿、筛状）等。在某些植物中，导管之间的横隔膜并没有完全消失，但隔膜上有很多空隙作为水分上下交流的通道，这些空隙在横隔膜上排列成梯状，称为梯状穿孔（如桦木）。如果导管之间的横膈膜完全消失，则称为单穿孔（如杨木、桉木）。导管越长，穿孔板的倾斜度也越大，往往具有梯状穿孔。短的导管分子，往往是单穿孔。一般环孔材的导管几乎全部都是单穿孔，散孔或半环孔材往往是复穿孔。导管之间侧壁上的具缘纹孔排列方式有梯状排列、对列、互列，除此之外尚有多种过渡形式排列。导管与薄壁细胞之间所成纹孔对为半具缘纹孔对，但颇似单纹孔对。有些树种的导管具有螺纹加厚，有些树种的导管内具有侵填物。这种导管通常纹孔直径大于10μm，在其周围的薄壁细胞因受压力，包括其中所含的各种提取物，均通过纹孔而侵入导管腔内。

（2）木纤维：是良好的造纸纤维，是阔叶材获得纤维素的主要细胞，在阔叶树中起支持作用。木纤维是阔叶材的纤维细胞，其含量为60%～80%，可见阔叶材的纤维细胞含量明显低于针叶材的纤维细胞含量。

管胞在向木纤维细胞演化的过程中，长、宽缩小，壁增厚，具缘纹孔减少并向单纹孔方向演化。木纤维包括管胞、纤维管胞和韧型木纤维三种，它们都是瘦长的纺锤状细胞，统称为木纤维。三者的区别：管胞壁上的具缘纹孔的纹孔缘明显，直径等于或大于导管侧壁上纹孔直径；纤维管胞的具缘纹孔的纹孔缘明显或不甚明显，直径小于导管侧壁上纹孔直径；韧型木纤维的纹孔为单纹孔，一部分壁上有横节纹。阔叶材的木质部内不一定都有管胞，但韧型木纤维则必有，而且量大，它的特征是壁厚、腔小、末端尖，有的胞腔在横断面上成为一点。阔叶材的木纤维比针叶材管胞短小，其长度在0.7 ~ 1.7 mm，多数在1.3 mm左右，宽度20 ~ 40 μm。

（3）薄壁细胞：按细胞在木材中走向不同，分为轴向薄壁细胞和射线薄壁细胞。轴向薄壁细胞有两种类型：一种以单一细胞散分布，细胞壁薄，两端尖削，似纺锤状（如梨木），另一种由许多薄壁细胞轴向串连在一起，组成轴向薄壁细胞束，其中除最上端和最下端的细胞尖削外，基本上是长方形。后一种薄壁细胞在阔叶材中占绝对多数，但从数量分布上和排列方式上，因树种不同而有所变化。阔叶材木射线由木射线薄壁细胞组成，它们沿着木射线有两种排列形式：一种横向排列，另一种呈直立排列。这两种排列形式可以分别在一种木射线中出现，也可以同时在一种木射线中出现。横向薄壁细胞常含有深色的内含物。阔叶材木射线单列的占少数，大部分是多列，有些阔叶材木射线薄壁细胞含油，称为油细胞，近似球形或椭圆形。

（4）阔叶材三切面的构造：阔叶材（蒙古栎）的主要细胞为木纤维、导管和薄壁细胞（见图1.16）。

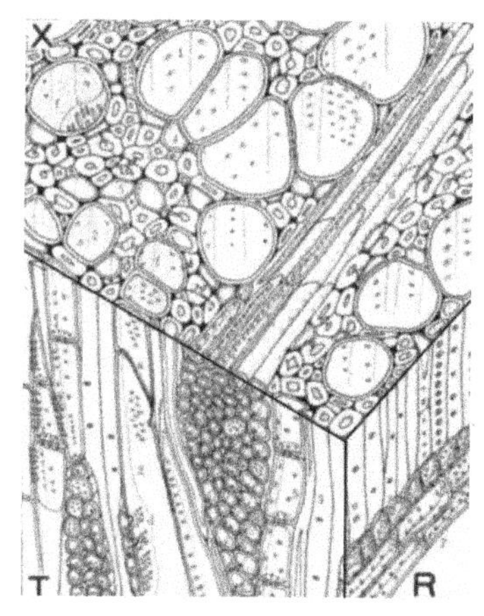

图 1.16　阔叶材（蒙古栎）三切面的微观构造

① 横切面：环孔材有年轮分界。导管，早材管孔大，椭圆形，少数为圆形，排1 ~ 2列；晚材管孔小，分布不匀，多数聚集呈辐射状，管孔内含侵填体（因附近薄壁细胞入侵而产生）。木纤维呈多边形，腔小壁厚。轴向薄壁细胞以聚集状态分布在管孔周围为主。木射线有单列和多列。

② 径切面：导管分子为单穿孔，穿孔板略倾斜。壁上纹孔互列，分布稀疏，呈圆形或椭圆形；韧型纤维壁为单纹孔，多数是纤维状管胞，小而少。木射线为同型或异型，单列或多列，部分木射线薄壁细胞有内含物。

③ 弦切面：木射线为单列和多列（2 ~ 3列），可以看到木射线的高度及其多列的结构形态。射线薄壁细胞横断面为椭圆形、圆形或长方形，有的有内含物或晶体。可以看到韧型纤维在木射线之间的穿插情况。

1.2.4 应力木的微观构造

当树木主干或枝丫因受到外力而使其失去空间正常平衡位置时，就会促进树干或树枝下侧或上侧加速径向生长，受影响的树木以此生长方式重新达到其自然平衡的位置。在此生长过程中，树干或树枝会出现偏心的或椭圆形的生长环，偏心材最宽的侧面，其细胞无论从结构上还是化学上都不同于正常木材。这种受外力影响的木材，称为应力木（见图1.17）。

图 1.17 应力木树干的横切面

针叶树的应力木，通常都集中于受到影响树干或树枝的下侧。因为是受外界压力所引起，所以称为应压木（见图1.18）。阔叶树应力木则位于倾斜树干或树枝上侧，发生在受拉力的一侧，因而称为应拉木（见图1.19）。此外，在针、阔叶材的枝节附近，也有应力木出现。

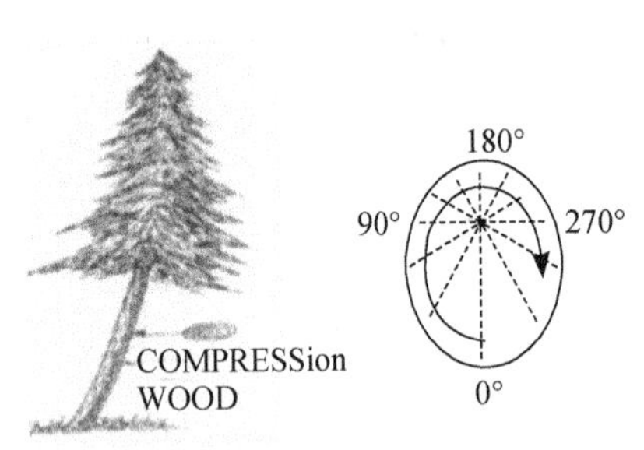

图 1.18 针叶树的应压木

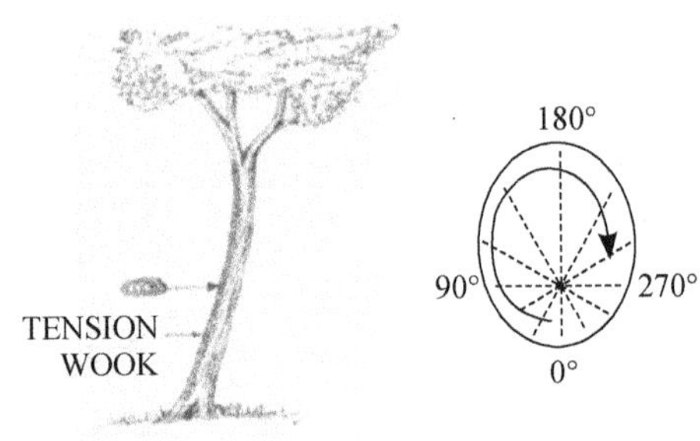

图 1.19 阔叶树的应拉木

（1）应压木的特征：应压木多半在生长中期或末期出现，材色比正常材深。纤维的横断面倾向于圆形，尤其在晚材，纤维之间以及纤维与射线细胞之间常有胞间隙，胞间层的总量低于正常材，纤维间的纹孔较少，缺S_3层，S_1层比正常材厚。绝大部分树种S_2层含螺旋形腔，其走向与S_2层微纤丝一样。S_2层微纤丝走向与轴成30°～50°，要比正常材（25°）大。木质化程度较正常材高30%～40%，木质素含量及木质素结构的缩合程度高于正常材，纤维素含量为20%～25%，低于正常材，其结晶度也较低，比正常材含有的半乳糖基葡萄甘露聚糖少，半乳聚糖多。

（2）应拉木的特征：应拉木多半在早材中出现，其材色较正常材浅，纤维与导管体积比增加（导管直径较小）；可能呈带状或者星散状分布，只有在显微镜下才能察觉得到。应拉木纤维层状结构与树种、应力的强度有关，可能为$S_1+S_2+S_3+G$，或S_1+S_2+G，或S_1+G，G为胶质层，该层微纤丝走向与轴一致。与正常材相比，应拉木含有更多的纤维素，较少的木质素。G层外面的次生壁木质化高于正常材纤维，淀粉、贮藏糖类的量较正常材高。

1.3　竹材的构造

1.3.1　竹材的宏观构造

竹材的茎干称竹秆，其宏观构造和大多数禾本科植物一样，以毛竹为例（见图1.20），具有明显的节和节间。节间中空，称为髓腔，其壁称竹壁，外层称竹青，中层称竹肉，里层称竹簧。从横切面观察，竹壁上有许多色暗的小点，外围有小点密布，向里逐步稀疏。这些暗色的小点，就是维管束，色浅的就是基本组织。竹青韧性好，受力强度大；竹肉韧性和受力强度都不及竹青；竹簧硬度大，但发脆易断。

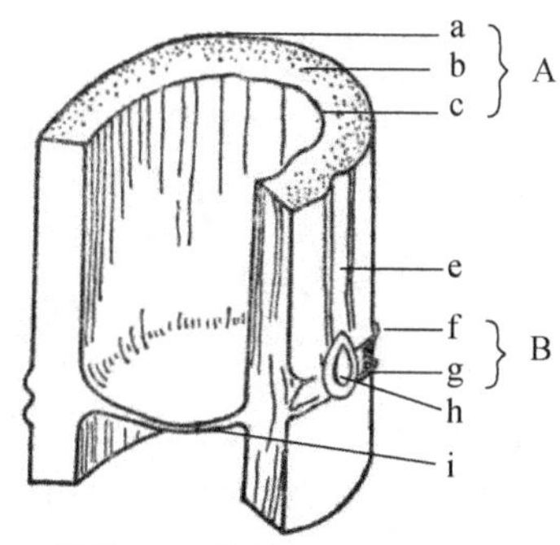

A．竹壁：a. 竹青，b. 竹肉，c. 竹黄；B. 竹节：f. 秆环，g. 箨环；e. 沟；h. 沟；i. 横隔板

图 1.20　竹秆的宏观构造

竹秆的木质化程序：整根竹秆的木质化程序，从竹秆的基部开始，逐步向上发展（见图1.21）。但从节间来说，却是从节间上部开始，逐步向下部发展。若从节间的横切面来说，首先是从维管束开始，然后发展到基本组织中的薄壁细胞；从维管束来说，首先是导管分子木质化，其次是其他细胞木质化。

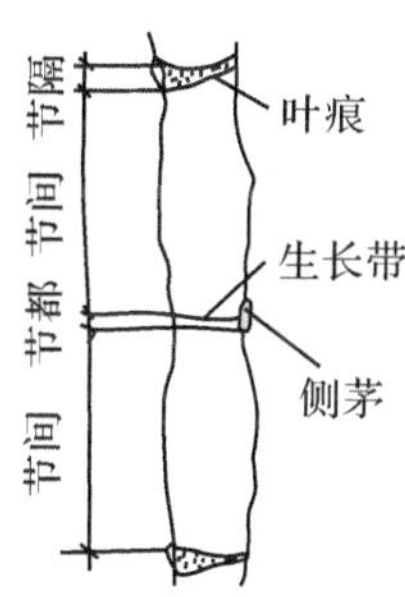

图 1.21　竹秆区段

1.3.2　竹材的微观构造

竹材中的节间，是决定竹材应用范围的主要因素，因此研究竹材的微观构造即主要是研究竹材节间的微观构造。单子叶植物一般只有初生结构而没有次生结构，因此禾本科茎秆的构造比木材简单。禾秆的结构可分为两种类型：一是维管束分散在整个横切面中，如甘蔗、芒秆、玉米、高粱等［见图1.22（a）］；二是维管束成两轮排列，茎中央中空成髓腔，如小麦、芦苇、水稻、毛竹等［见图1.22（b）］。然而，这两类原料的维管束结构是相似的，即维管束是外韧性型的。

竹材节间所有细胞如同其他单子叶植物一样，都是纵向排列，即竹材节间不存在类似双子叶植物和裸子植物茎秆径向传递的射线细胞。竹材节间横切面在显微镜下观察，最外一层为表皮，表皮是一层活细胞，由长形细胞和短形细胞纵向相间排列。根

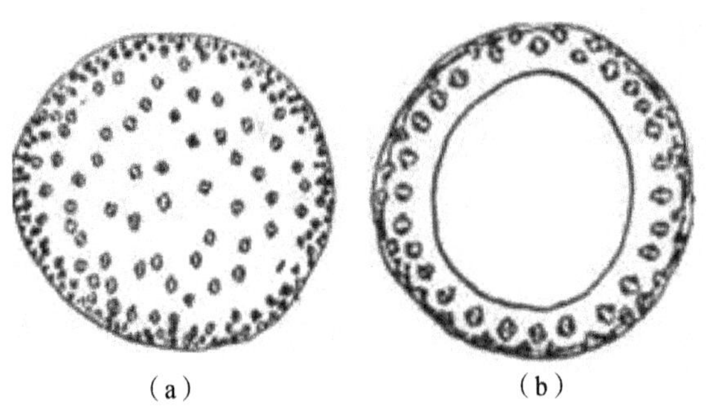

图 1.22　禾秆节间横切面

据细胞的栓化和硅化，短细胞又分为栓细胞和硅细胞。在表皮细胞的纵向排列中，一个长细胞的两端常分别接着一个硅细胞和一个栓细胞，紧靠表皮是下皮和皮层。最里的一层由硬化薄壁细胞切向排列而成，其内表面通常覆盖着由髓细胞组成类纸页薄层。在竹壁内的基本组织中镶嵌着许多维管束。

（1）基本组织：在茎中占较大的比例（见图1.22和图1.23），由薄壁细胞组成，彼此由单纹孔相连。薄壁细胞的单纹孔主要分布在纵切面，横切面不多，且演变为硬化纹孔。基本组织中的薄壁细胞有两种类型：一种是伸长的薄壁细胞纵切面成长方形，横切面呈不规则的多角或近似圆形，一般在形成竹秆时就开始木质化，其细胞腔内往往含有大量淀粉粒，这是主要的薄壁细胞；另一种是较小较短的薄壁细胞，纵切面呈正方形，横切面呈圆形或近似圆形，分布在长形薄壁细胞之间，这类薄壁细胞即使在成熟的竹秆也不木质化。

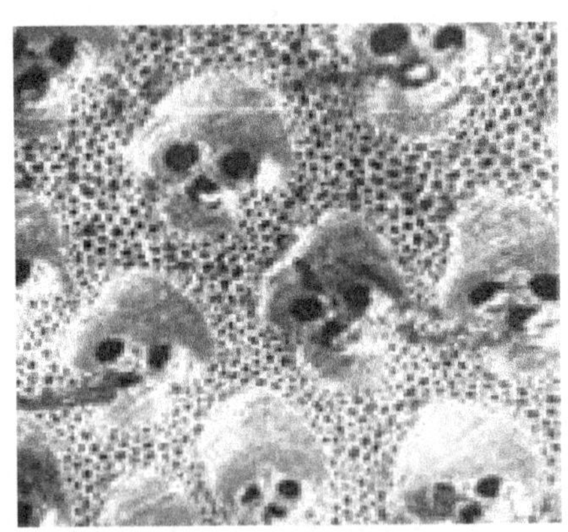

图 1.23　节间横切面放大图

（2）维管束：在茎的横切面上可以清楚地看到散布在基本组织中的维管束（见图1.23）。维管束由外围的纤维及存在于中央的导管、筛管和伴胞组成。维管束散生在基本组织中，靠外周的维管束较小，但分布密度大；靠内侧的维管束较大，但分布密度降低（见图1.22）。竹秆和禾本科植物维管束一样是外韧型的，即韧皮部（筛管和伴胞）在外部的，而木质部在内侧的。在木质部中包括原生木质部和后生木质部，木质部大体呈V字形，V字形的基部为原生导管，原生导管附近常有因原生导管破裂而形成的空腔，在原生导管之上左右分列有两个直径较大（约为40～120μm）的后生导管（通常为网纹或梯形导管）。在维管束的四个外侧，即原生导管、两个后生导管以及原生韧皮部的外侧为维管束鞘，其组成为纤维细胞，维管束鞘是禾本科植物纤维的另一个重要来源（见图1.24）。在禾本科植物茎秆中造纸用的纤维主要分布在外周。

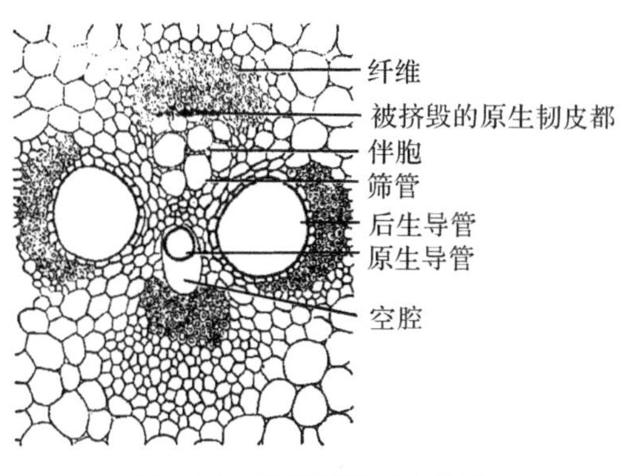

图 1.24　毛竹秆维管束构造

（3）竹材细胞壁微纤丝的取向：竹材节间各种细胞中，如长形薄壁细胞、方形薄壁细胞、纤维细胞、筛管分子、木质部薄壁细胞以及表皮细胞的细胞壁都存在多层结构，初生壁微纤丝的走向与木材相似，次生壁中也具有类似木材S_1和S_2的层次，其微纤丝走向也与木材近似，但竹类细胞壁往往出现多个类似木材的S_1、S_2重复层次。这种重复次数的多少，可能与细胞的成熟年龄有关。就毛竹而论，一年生毛竹无论是薄壁细胞或纤维细胞，未发现类似的多层结构，但二年生的毛竹就有多层结构。

竹纤维细胞大部分表现为细胞壁次生壁较厚，故称厚壁纤维，这些厚壁纤维的次生壁自外至里依次由宽层、窄层交替排列而成，最厚的纤维由18层构成，宽层的染色较浅，微纤丝与纤维轴的夹角为2°～20°，用L表示（longitudinal，即纵向排列）；窄层的染色较深，微纤丝与纤维轴的夹角为85°～90°，用T代表（transverse，即横向排列），次生壁是由宽、窄层交替排列的厚壁纤维的模型（见图1.25）。

1.3.3　竹子细胞类型

禾本科植物细胞种类有纤维细胞、薄壁细胞、导管、筛管和伴胞、表皮细胞、石细胞等（见图1.26）。

（1）竹纤维细胞：是竹子原料获得纤维素的最主要细胞，是竹子的支持组织。竹纤维细胞占细胞总量的60%～70%，低于针叶材，但高于一般草类植物。在横切面上，竹纤维细胞一般在外层，竹纤维细胞含量随着竹材升高而增加。竹纤维细长、呈

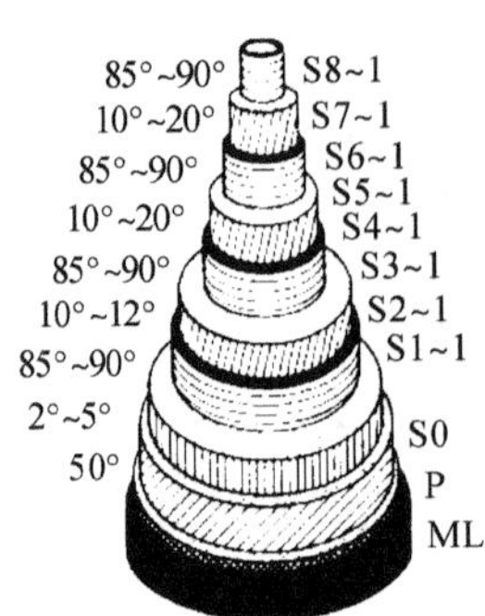

图 1.25　毛竹厚壁纤维的多层结构

纺锤状、两端尖锐；平均长度一般在1.5 ~ 2mm，平均宽度一般在15μm，即具有又短又细的特点，因此长、宽较木材的纤维大。竹纤维细胞内外壁较平滑，细胞壁较厚（壁厚5μm左右），细胞腔小，细胞壁上有小纹孔及不规则的横向节纹或螺纹，部分纤维细胞壁上的纵向层次明显。

（2）薄壁细胞：是禾本科植物原料中除纤维细胞以外的另一类主要细胞。薄壁细胞在植物生长过程中起着储存养分的作用。薄壁细胞通常有杆状、长方形、正方形、椭圆形等各种形状。薄壁细胞腔大而壁薄，壁上有纹孔或无纹孔。薄壁细胞长度短，会给洗浆、抄纸等操作带来麻烦，而且会影响纸等产品的强度和稳定性，因此原料中薄壁细胞含量越高，其制浆造纸价值就越低。薄壁细胞含量高是禾本科植物原料的一大缺点。

（3）导管：是竹子的运输组织。导管一般为网纹型，也有少数环纹、梯形孔纹导管，宽度在50 ~ 150μm，长为300 ~ 1200μm，导管两端多为平直，也有略倾斜的。

（4）筛管和伴胞：筛管和伴胞有密切关系，它们在个体发育过程中来自同一个母细胞，每个筛管可有一个或几个伴胞，它们之间以及它们与其他细胞之间，通过细胞壁上的纹孔相通。筛管和伴胞的直径小，且壁上多孔，作用是将植物光合作用的产物自上而下输送到植物中各个部位中去，这两种细胞的强度差，通常在材料干燥过程中就被破坏。

（5）表皮细胞：最外一层为表皮，其作用是保护植物内部组织。表皮是一层活细胞，由长形细胞和短形细胞纵向相间排列。根据细胞的栓化和硅化，短细胞又分为栓质细胞和硅细胞。在表皮细胞的纵向排列中，一个长细胞的两端常分别接着一个硅细胞和一个栓细胞。紧靠表皮是下皮层和皮层。

（6）石细胞：是竹子的特征之一，约占细胞总面积的20% ~ 30%。石细胞一般呈球形、椭圆形或多角形等，其细胞壁极度增厚（细胞腔小）并木质化、栓质化或角质化。石细胞主要存在于皮层。

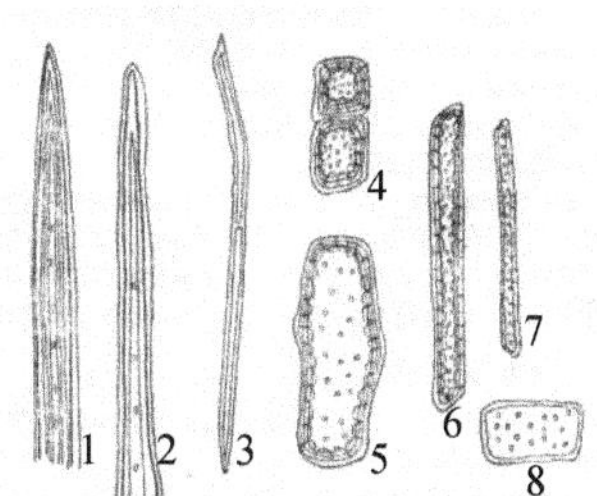

1–2 纤维细胞；3 具横隔的纤维细胞；4–6 石细胞；7–8 薄壁细胞

图 1.26　毛竹主要细胞形态 7

1.4　竹材、木材的化学特征

1.4.1　细胞壁的化学特征

木材和竹材的化学成分含量及其在细胞壁中的分布是综合利用原料、制定生产工艺与条件的基本依据，对高效合理地利用木材和竹材具有重要的意义，与产品的产量和质量有密切的关系。

木材和竹材的化学特征通常以它们的化学成分来表达，木材和竹材是由无数木质化细胞组成的，因此其化学特征实际上是木质化细胞化学成分的综合，由有机物和无机物两大类组成；木质化细胞分为细胞壁和细胞腔，此外还有胞间隙。因此，其化学组成可分为细胞壁物质和非细胞壁物质。细胞壁物质主要是纤维素、半纤维素和木质素，也是木材和竹材的化学成分的主体。因木材和竹材的种类、产地、存在部位等不同，其化学成分有较大差异，因此其化学成分是非常复杂的。木材和竹材可分为主要组分和次要组分，如图1.27所示。

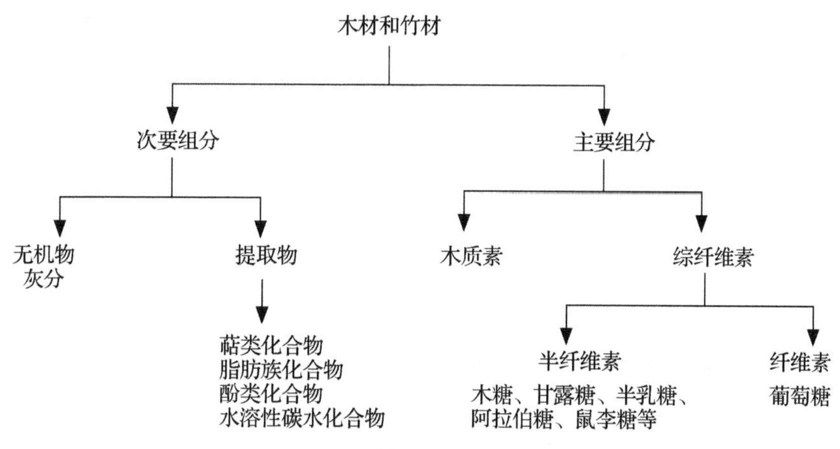

图 1.27　木材和竹材的化学组成

1. **主要组分**

木质化细胞的细胞壁主要成分是纤维素、半纤维素和木质素，纤维素和半纤维素属于高聚糖；木质素属于芳香族高聚物。

（1）纤维素：约占原料干重的50%，由β-D-吡喃型葡萄糖基通过1-4苷键连接起来的线型高分子，每个线型纤维素分子由n个葡萄糖基组成，其n为纤维素分子的聚合度，以DP表示。但每个纤维素分子的聚合度是不一样的，因此，通常测得的纤维素的聚合度，实际上是平均值。天然木材纤维素DP至少有9000，高的能达到15000。微纤丝是纤维素分子同向的聚集体，次生壁纤维素分子长短比较均匀，DP也比较高；初生壁纤维素分子长短差别大，DP也比较低。纤维素不溶于包括强碱在内的大多数溶剂。

（2）半纤维素：约占原料干重的20%～30%，细胞壁中非纤维素高聚糖的总称，是由两种或两种以上糖基（包括中性、脱氧和酸性糖基），并常含有乙酰基和具有支链的非均一高聚糖。针叶材中半纤维素以已聚糖为主，戊聚糖为副；阔叶材中半纤维素以戊聚糖为主，已聚糖为副；竹材则以戊聚糖为主体，已聚糖极少。半纤维素DP较低，通常为100～200，溶于稀碱，易为酸水解。半纤维素降解后产生*D*-木糖、*L*-阿拉伯糖等戊糖；*D*-甘露糖、*D*-半乳糖、*D*-鼠李糖、*D*-葡萄糖等已糖；*D*-葡萄糖酸、*D*-半乳糖酸等糖酸。

（3）木质素：约占原料干重的20%～30%，由苯丙烷为单元通过碳-碳键、醚键连接而成的具有三维空间结构的无定形高聚物，分布于细胞壁之间和细胞壁中微纤丝之间。针叶材木质素单元为愈创木基丙烷结构，阔叶材木质素单元为紫丁香基丙烷和愈创木基丙烷结构，而竹材的木质素单元为愈创木基丙烷、紫丁香基丙烷和对-羟基苯基丙烷结构。木质素性质活泼，遇酸、碱、温度、光照易变。

2. **次要组分**

木材或竹材中的次要组分分为有机物和无机物两大类。有机物大部分可溶于有机溶剂或水，可以用有机溶剂或水直接提取，因而又称提取物；无机物通常作灰分测定。

提取物：次要组分大部分可溶于有机溶剂或水，可以用有机溶剂或水直接提取。提取物的含量和组成因植物种类、存在部位及产地的不同而异。这些物质虽然含量不高，但它是天然有机物的重要原料。提取物通常分为萜类、芳香族化合物、脂肪族化合物和低分子碳水化合物四大类。

（2）灰分：无机物通常作灰分测定，一般来说，木材的灰分含量较低，温带树种灰分含量一般低于1%，多数为0.3%～0.5%（对绝干原料）。禾本科植物灰分含量较高，一般在2%～5%（稻草的灰分含量高达10%～15%），且禾本科植物原料的灰分中一半以上为SiO_2，与木材有明显的差异。

1.4.2　木材、竹材的化学成分

1. 植物细胞壁化学成分分析方法

植物细胞壁化学成分分析方法有Schorger法、Dore法和Wise法，美国制浆造纸协会标准TAPPI T222om《木材和纸浆的分析方法》基本上按照Wise法进行分析，我国《造纸原料分析国家标准》（GB/T 2677）是参照《美国制浆造纸协会标准》（TAPPI T222om）制定的。

（1）Schorger法：该法是以往的动物饲料分析法的改良方法，由Schorger于1917年提出。Schorger法是分别测定试料的灰分、冷水抽出物、热水抽出物、碱液抽出物、苯-醇抽出物、纤维素、（α、β、γ）-纤维素、木质素、甘露糖、半乳糖、戊糖、综纤维素等。但因分别测定，有些成分有可能重复测定，测定结果含量合计超过100%。

（2）Dore法：由Dore于1942年提出，对试料按照一定的顺序分析以避免有些成分重复测定，从而使测定结果合计达到100%。首先测干燥试料的含水率；其次依次用苯（苯抽出物）、乙醇（乙醇抽出物）提取，用提取后的残渣分别测定纤维素和木质素含量。另外，用定量纤维素时产生的滤液测定可溶性戊糖含量，用未处理过的试料测定甘露糖和半乳糖含量。

（3）Wise法：由Wise于1947年提出，分Wise Ⅰ和Wise Ⅱ两种方法。

Wise Ⅰ法是对试料用苯-醇混合液提取（苯-醇抽出物）、温水提取（温水抽出物），用提取后的残渣测定综纤维素含量，用综纤维素测定α-纤维素和半纤维素A和B。另外，用提取后的残渣分别测定灰分、木质素、乙酰基含量。

Wise Ⅱ法是对试料用苯-醇混合液提取（苯-醇抽出物）、温水提取（温水抽出物），用提取后的残渣测定综纤维素含量，用综纤维素测定α-纤维素（与Wise Ⅰ法一致），用提取后的残渣分别测定灰分、甘露糖、木糖、木质素、乙酰基含量。

总之，木材或竹材的化学成分分析必须遵照一定的顺序。常用的顺序：先测定水分，再测定灰分；测定提取物时，首先测定有机溶剂提取物，然后测定冷水、热水和1%NaOH提取物，脱去提取物试样称为脱脂试样；脱脂试样分别用于测定木质素、纤维素和半纤维素（三大素）含量，测定α-纤维素应以综纤维素为试样；综纤维素测定采用脱脂试样。

2. 植物细胞壁化学成分若干名词含义

（1）综纤维素（holocellulose）：植物纤维原料经脱脂之后，再除去木质素，残留下来的全部高聚糖，即纤维素和半纤维素总和。测定综纤维素的方法有以下三种：

① 脱脂木粉通氯气，再用乙醇胺的乙醇溶液除去木质素。如此反复处理，直至木粉白为止。

② 用酸性亚氯酸钠溶液反复处理脱脂木粉。

③ 用ClO_2+$NaHCO_3$的饱和溶液反复处理脱脂木粉。

为了保住全部综纤维素，往往残留部分木质素，计算时另行测定木质素和灰分含量予以扣除。

（2）α－纤维素：综纤维素在20℃条件下经17.5% NaOH（或24% KOH）溶液处理，保留下来的残渣称为α－纤维素。这种α－纤维素又称综纤维素的α－纤维素，其中绝大部分为纤维素，同时残留一小部分抗碱半纤维素。纤维素工业中α－纤维素的含量是纤维素原料的主要指标。

（3）化学浆中的α－纤维素、β－纤维素和γ－纤维素：在工业上，漂白化学浆在20℃条件下经17.5% NaOH溶液提取，余留残渣部分称α－纤维素；滤液部分用醋酸中和其沉淀部分称β－纤维素；醋酸中和其上清液部分称γ－纤维素。α－纤维素为纤维素和少量半纤维素，β－纤维素为高度降解的纤维素和半纤维素，γ－纤维素为半纤维素及其降解产物。

（4）克–贝纤维素（Cross & Bevan cellulose）：用3%亚硫酸钠的水溶液处理经氯气通过的润湿状态的木粉，除去氯化木质素，重复多次，直至加入亚硫酸钠溶液仅显微红色（被子植物原料）或微棕色（裸子植物原料）为止。因该方法原系克劳斯–贝文（Cross & Bevan）提出，故用此法所取得白色余留物，称为克–贝纤维素。克–贝纤维素较综纤维素降解较多，尤其是半纤维素。

（5）硝酸–乙醇法纤维素：木粉用浓硝酸乙醇混合液处理（3次/h）所得到的白色余留物称硝酸–乙醇法纤维素。此法由克施诺尔–郝非尔（K.Kurschner和K.Hoffer）创建，故又名克施诺尔纤维素。此法由于对纤维素有破坏作用，同时硝酸与乙醇混合具有潜在爆炸性，因而在科研中不常使用。但这种方法较简便，在工业生产中常用，用时应特别小心。

1.4.3 竹材、木材的化学组成

1. 木材细胞壁化学组成

试样种类不同、相同种类产地不同、分析方法不同等都会对分析结果有影响，因此植物细胞壁化学组成分析结果应标明采用的分析方法及试料的产地、部位等，且应用分析结果时也应注意这些不同点。

（1）温带产针叶材与阔叶材的分析结果

表1.2以日本产针叶材与阔叶材的试料按照Schorger法进行分析，并比较了针叶材和阔叶材的主要化学组成。针叶材的苯–醇混合液提取物含量较阔叶材多，尤其是松类的苯–醇混合液提取物含量高。针叶材的木质素含量为20%～35%，而阔叶材为17%～28%，针叶材的木质素含量较阔叶材高10%左右。阔叶材比针叶材半纤维素含量

高，针叶材半纤维素含量为5%~13%，而阔叶材为16%~29%。针叶材与阔叶材的半纤维素糖基组成差异较大，阔叶材比针叶材含更多的戊糖，而针叶材含有更多的甘露糖。

表1.2　温带产针叶材与阔叶材的分析结果

	树种	灰分	冷水提取物	温水提取物	1%NaOH 提取物	苯－醇提取物	综纤维素
针叶材	红松	0.1 ~ 0.4	0.5 ~ 0.9	1.6 ~ 3.6	10.7 ~ 24.5	1.9 ~ 3.9	48.6-58.3
	黑松	0.1 ~ 0.4	0.2 ~ 2.0	2.3 ~ 4.3	14.2 ~ 24.3	1.8 ~ 2.8	55.3-58.1
	日本杉	0.3 ~ 0.8	1.0 ~ 2.8	1.3 ~ 3.0	13.2 ~ 22.7	1.3 ~ 5.0	49.0-56.6
	日本扁柏	0.2 ~ 0.9	1.1 ~ 3.5	2.1 ~ 4.8	11.7 ~ 24.3	1.2 ~ 4.1	50.8-58.1
	虾夷松	0.3 ~ 0.6	1.1 ~ 3.9	1.8 ~ 5.5	8.3 ~ 15.0	1.3 ~ 4.0	49.5-60.3
	椴松	0.4 ~ 0.8	0.7 ~ 2.7	1.3 ~ 4.2	7.4 ~ 14.6	2.6 ~ 4.5	50.5-59.4
	冷杉	0.1 ~ 0.6	2.1	1.0 ~ 3.0	11.5 ~ 11.7	1.5	49.0-54.3
	落叶松	0.2 ~ 0.5	2.1 ~ 11.2	3.9 ~ 20.1	10.1 ~ 28.3	1.8 ~ 5.5	47.2-58.3
阔叶材	山毛榉	0.2 ~ 1.0	0.6 ~ 3.0	1.5 ~ 3.6	15.7 ~ 19.8	0.6 ~ 3.8	51.9-61.2
	栎树	0.1 ~ 0.6	2.1 ~ 5.0	3.3 ~ 8.0	14.9 ~ 24.3	0.6 ~ 1.0	50.4-62.0
	桦树	0.1 ~ 0.7	0.7 ~ 1.9	1.5 ~ 7.5	12.9 ~ 28.0	0.5 ~ 7.3	50.7-61.3
	朴树	0.2 ~ 0.6	2.0 ~ 2.3	2.9 ~ 4.1	21.1	6.0	55.2-61.5
	枫树	0.1 ~ 0.7	1.2 ~ 3.8	2.2 ~ 5.2	16.7 ~ 25.8	1.4 ~ 3.0	50.9-61.0
	树种	**α ~纤维素**	**戊糖**	**甘露糖**	**半乳糖**	**木质素**	**蛋白质**
针叶材	红松	31.0 ~ 41.3	9.9 ~ 12.9	3.5 ~ 10.1	0.3 ~ 0.8	24.9 ~ 31.6	0.8
	黑松	37.1 ~ 41.5	10.3 ~ 12.9	3.2 ~ 7.9	0.3 ~ 0.6	27.2 ~ 30.8	0.7
	日本杉	33.1 ~ 41.9	9.6 ~ 12.0	3.6 ~ 7.8	0.3 ~ 1.3	28.0 ~ 34.8	1.5
	日本扁柏	39.6 ~ 44.7	6.1 ~ 11.5	5.9 ~ 8.7	0.3 ~ 0.5	25.7 ~ 32.2	0.7
	虾夷松	33.9 ~ 48.8	5.3 ~ 12.3	4.7 ~ 7.8	0.2 ~ 1.4	23.0 ~ 32.5	0.3 ~ 1.3
	椴松	31.7 ~ 41.0	5.1 ~ 11.6	3.9 ~ 7.2	0.2 ~ 0.3	21.8 ~ 33.0	0.5 ~ 1.0
	冷杉	38.2	8.5 ~ 10.9	7.9	1.3	29.4 ~ 32.2	0.9
	落叶松	30.6 ~ 38.9	4.8 ~ 11.8	4.1 ~ 7.8	0.6 ~ 9.0	20.3 ~ 31.8	0.3 ~ 0.5
阔叶材	山毛榉	40.7 ~ 45.9	21.3 ~ 26.2	0	0.1 ~ 1.6	18.3 ~ 24.2	0.4 ~ 1.2
	栎树	37.1 ~ 43.5	18.3 ~ 24.0	0	0.4 ~ 1.8	20.5 ~ 22.8	0.7 ~ 1.0
	桦树	36.6 ~ 48.6	17.5 ~ 29.1	0	0.3 ~ 0.7	17.1 ~ 24.4	0.8 ~ 1.1
	朴树	33.1 ~ 42.3	20.4 ~ 20.7	0	0.1	23.5 ~ 26.9	0.7 ~ 1.0
	枫树	37.1 ~ 48.9	18.7 ~ 25.7	0	0.3 ~ 1.5	19.5 ~ 27.7	0.6 ~ 0.7

注：灰分及各种抽出物基于绝干试料的百分比；综纤维素及其以后的成分基于苯－醇抽出残渣的百分比

以上是木材的分析结果，其枝条中纤维素含量较木材略低，提取物含量略高以外，枝条的化学组分与木材的化学成分分析结果没有太大的差别。

总之，针叶材较阔叶材有机溶剂提取物含量高、木质素含量高，但戊糖含量低。表1.3是美国产木材按照Wise法分析的结果，结果基本上与表1.2一致。

表1.3　美国产木材的分析结果[a]

	Douglas fir	Western hemlock	Loblolly pine	Black spruce	Western red-cedar	Southern red-oak	Black tupelo
灰分	0.3	0.5	0.3	0.4	0.3	0.2	0.7
乙酰基	0.6	1.2	1.1	1.1	0.5	3.3	3.7
木质素	28.4	30.4	29.5	28.0	32.5	25.2	25.8
				Wise Ⅰ[b]			
α－纤维素	57.2	51.6	55.0	51.5	52.7	45.7	46.5
半纤维素	14.1	15.5	15.3	17.4	14.6	23.3	23.4
合计[c]	100.6	99.2	101.2	98.4	100.6	97.7	100.1
				Wise Ⅱ[b]			
α－纤维素[d]	48.3	44.5	46.6	45.6	47.5	43.7	45.6
甘露糖[e]	5.4	4.1	4.7	8.0	5.1	－	－
木糖	6.2	7.3	10.1	10.5	8.1	20.0	17.4
醛酸糖	2.8	5.0	3.8	4.1	4.2	4.5	4.7
CH_2	0	0.2	0.2	0.2	0.2	0.6	0.9
合计[c]	92.0	93.2	96.3	97.9	98.4	97.5	98.5

a: 基于提取残渣绝干试料的百分比; b:Wise 法 Ⅰ 和 Ⅱ; c: 包括灰分、乙酰基和木质素; d: 甘露糖、木糖、醛酸糖补正; e:phenyldran 法定量

（2）热带产木材化学组分分析

热带产针叶材化学组成与温带产针叶材基本一致，但热带产阔叶材的化学组成与温带产阔叶材的化学组成差异较大。表1.4为热带产木材按照Wise法分析的结果，与表1.3的结果相比，热带产阔叶材提取物和灰分较温带产阔叶材高，乙酰基含量低。热带产阔叶材的木质素和戊糖含量与温带产阔叶材的木质素和戊糖含量类似。

表1.4　热带产木材的分析结果

	Couralari pulchra	Esckweilera sagoliana	Dieorynia paraensis	Techlona grandis	Swielenia macrophylla	Ocotea rodiaei
全抽出物[a]	5.3	5.8	5.4	15.1	16.3	9.5
灰分	0.8	0.6	0.6	1.4	0.6	0.2
乙酰基	1.1	1.4	1.1	1.1	1.1	1.1
木质素	31.0	29.1	31.6	30.5	24.1	31.2
			Wise Ⅰ[b]			
α－纤维素	47.3	49.0	45.2	37.0	40.2	44.7
半纤维素	14.3	13.4	14.7	12.2	16.0	13.2
合计[c]	99.8	99.3	98.6	97.3	98.3	99.9
			Wise Ⅱ[b]			
α－纤维素[d]	45.1	46.4	42.6	33.9	37.2	38.5
甘露糖	1.2	0.2	0.3	1.4	1.4	4.9
木糖	12.5	13.2	12.0	11.7	10.9	10.0
醛酸糖	3.8	4.1	4.2	3.8	4.5	3.9
CH_2	0.2	0.3	0.3	0.1	0.5	0.4
合计[c]	101.0	101.1	98.1	99.0	96.6	99.7

a: 醚（氯仿）、50% 乙醇、丙酮、水（80℃）抽出物的合计; b:Wise 法 Ⅰ 和 Ⅱ; c: 包括灰分、乙酰基和木质素; d: 灰分、木质素、甘露糖、木糖、醛酸糖补正

此外，亚热带产阔叶材化学组分分析结果中，戊糖和木质素含量介于温带产阔叶材与热带产阔叶材之间。

（3）边材与心材化学组分

表1.5是美国产木材的边材与心材的分析结果。一般针叶材心材较边材提取物含量高，纤维素和木质素含量低；此外，阔叶材的边材与心材没有明显的差异。

表1.5　边材与心材的分析结果

树种	边材心材	灰分	冷水提取物	1%NaOH 提取物	醚提取物	纤维素	戊糖	木质素
Yellow cedar	边材	0.28	2.1	11.7	1.0	58.1	8.5	29.0
	心材	0.18	2.9	12.8	1.3	56.1	8.7	28.7
White pine	边材	0.23	3.6	17.2	5.5	54.3	9.3	26.5
	心材	0.42	6.0	19.2	3.6	50.2	8.6	26.1
White oak	边材	0.57	2.3	21.1	0.5	49.5	23.3	32.3
	心材	0.43	7.3	25.8	0.7	48.7	21.8	32.7
Yellow birch	边材	0.26	1.1	16.8	0.5	58.9	21.4	24.7
	心材	0.40	4.2	20.5	0.8	56.9	20.4	24.6
Yellow polaw	边材	0.36	1.5	16.9	0.1	58.0	18.8	23.9
	心材	0.33	1.5	17.6	0.6	59.5	19.1	23.7
White ash	边材	0.57	5.3	21.9	0.9	49.7	20.2	27.4
	心材	0.32	2.1	19.0	0.5	53.4	19.9	28.4

2. 竹材细胞壁化学组成

灰分含量：竹材灰分含量一般在1.0%～2.3%（见表1.6），随竹龄增加，其灰分含量降低（见表1.7），竹笋基部和中部灰分含量较高部位低（见表1.8）。

表1.6　几种竹秆中部的灰分含量

单位：%

1	2	3	4	5	6	7	8	9	10	11	12	13
1.02	1.30	1.28	1.30	1.20	1.30	1.26	1.26	1.25	1.85	1.12	2.19	2.27

注：1.单竹*Bambusa cerosissima*广东清远；2.刚竹*Phyllostachys bambusoides*浙江临安；3.石竹*Phyllostachys lithophila*浙江临安；4.淡竹*Phyllostachys nigra var. Henonis*浙江临安；5.毛竹*Phyllosttachys pubescens*浙江临安；6.苦竹*Arundinaria amarus* (*Pleioblastus amarus*)浙江临安；7.茶秆竹*Arundinaria amabilis* (*Pseudosasa amabilis*)广东怀集；8. 麻竹 *Dendrocalamus latiflorus* (*Sinocalamus latiflorus*)广东清远；9.龙竹*Dendrocalamus giganteus*云南思茅；10.毛竹*Phyllosttachys pubescens*云南昭通；11.甜龙竹*Dendrocalamus brandisii*云南思茅；12.黄竹*Dendrocalamus membranaceus*云南思茅；13.油簕竹*Bambusa lapidea McClure*云南思茅

表1.7　几种竹种不同生长期的灰分含量

单位：%

竹种	半年生	一年生	三年生	采集地
毛竹（*Phyllostachys pubescens*）	1.77	1.13	0.69	浙江安吉
青皮竹（*Bambusa textilis*）	2.39	2.08	1.58	广州市郊
水竹（*Phyllostachys heteroclada*）	–	1.24	1.27	浙江安吉
粉单竹（*Linhnania chungii*）	2.37	2.10	1.50	广州市郊
紫竹（*Phyllostachys nigra*）	1.98	1.84	1.71	浙江安吉
刚竹（*Phyllostachys bambusoides*）	2.22	1.25	0.98	浙江安吉
淡竹（*Phyllostachys nigra var. henonis*）	1.68	1.29	1.85	浙江安吉
早竹（*Phyllostachys praecox*）	3.24	1.96	2.28	浙江安吉

热水提取物：竹材热水提取物含量为20%～23%，竹笋基部和中部热水提取物含量较高部位低。

1%NaOH提取物：竹材的1%NaOH提取物含量达32%～36%，竹笋基部和中部1%NaOH提取物含量较高部位低，竹笋高部位的1%NaOH提取物含量高。

苯–醇提取物：竹材苯–醇抽提物为3%～5%，竹笋基部和中部苯–醇抽提物含量较高部位低，竹笋高部位的苯–醇抽提物含量较竹材平均值高。

纤维素：竹材的纤维素含量为40%～49%，竹笋基部较中部和高部位的纤维素含量高，达38%～45%。

戊聚糖：竹材的戊聚糖含量为24%～27%，竹笋基部较中部和高部位戊聚糖含量高，竹秆基部位戊聚糖含量高达36%～49%。

木质素：竹材的木质素含量为23%～26%。依竹笋基部、中部、高部位顺序，木质素含量减少，竹笋基部木质素含量高，表明木质化是从基部开始的。

甲氧基：是木质素的主要官能团，因此木质素中甲氧基[b]含量较绝干原料中甲氧基[a]含量高。竹笋基部甲氧基含量较中部和高部位的甲氧基含量高（见表1.8）。

表1.8　竹秆的化学组成

单位：%

原料		灰分	热水提取物	1%NaOH提取物	苯—醇提取物	纤维素[c]	戊聚糖	木质素	甲氧基[a]	甲氧基[b]
Phyllostachys pubescens	h.p	1.61	16.16	45.44	4.72	31.69	25.40	2.25	1.21	5.17
	m.p	0.70	15.78	34.17	3.60	35.44	31.62	6.21	1.64	7.76
	l.p	0.88	14.72	32.86	2.33	38.48	36.20	7.80	1.91	8.27
	m.b	1.31	19.96	32.19	4.63	49.12	27.70	26.06	6.69	14.48
Phyllostachys nigra Munro var. Henonis	h.p	2.15	19.26	58.14	6.32	43.89	25.56	2.14	1.39	4.26
	m.p	0.88	12.02	46.02	3.35	41.53	27.18	6.93	1.20	5.86
	l.p	0.68	14.14	39.28	2.38	45.41	42.97	7.08	1.62	7.47
	m.b	2.00	21.47	34.03	3.35	42.31	24.13	23.82	6.45	7.06

续表

Phyllostachys reticulata	h.p	1.39	10.84	57.49	6.64	34.36	24.94	3.84	1.47	3.36
	m.p	0.85	8.58	46.18	3.66	37.30	29.58	4.85	1.99	4.78
	l.p	0.78	8.31	34.87	1.21	38.39	49.74	9.17	2.38	6.46
	m.b	1.94	23.24	36.17	3.37	40.97	26.54	25.33	7.02	14.68

h.p:higher portion of bamboo–shoot; m.p:middle portion of bamboo–shoot; l.p: lower portion of bamboo–shoot; m.b:mature bamboo; a: methoxyl in water–free sample; b: methyoxyl in lignin; c: cellulose content was determined by modification of Jenkins' $NaClO_2$ method by S. Honda and was calculated for the pentosan free basis.

竹材原料热水提取物及NaOH提取物含量比木材高，灰分含量高于木材，而且灰分中主要化学组成为SiO_2，综纤维素、木质素含量接近阔叶材的平均值（见表1.9）。聚戊糖含量比针叶材高得多，相当于阔叶材的高值。竹材聚戊糖中木糖含量高，竹材半纤维素的90%是木糖（见表1.10）。

表1.9 竹材化学组成

单位：%

原料	硅	灰分	抽出物					聚戊糖	木质素	综纤维素
			冷水	热水	苯－醇	乙醚	NaOH			
Bambusa blumeana a	3.40	4.80	–	4.30	3.10	–	39.50	19.00	20.40	67.40
Bambusa vulgaris a	1.50	2.40	–	5.10	4.10	–	27.90	21.10	26.90	66.50
Gigantochloa levis a	2.80	5.30	–	4.40	3.20	–	28.30	18.80	24.20	62.90
Schizostachyum lumampao a	6.40	9.70	–	4.30	5.00	–	31.40	20.60	20.40	60.60
Bambusa arundinacea b	–	3.26	4.59	5.25	0.22	0.82	19.35	19.62	30.09	57.56
Dendrocalamus strictus b	–	2.10	4.20	5.93	0.25	0.56	15.00	19.56	32.20	68.80
Melocanna baccifera b	–	1.87	3.26	6.48	1.43	0.81	18.97	15.13	24.13	62.25
Oxytenanthera nigrociliata b	–	1.25	1.61	3.39	0.24	0.15	17.11	17.41	27.09	66.72

a: Tamolang et al (1980)；b: Singh and Guha (1981)

表1.10 毛竹材（节间）化学组成

单位：%

糖类							木质素		
木糖	阿拉伯糖	鼠李糖	甘露糖	半乳糖	葡萄糖	合计	KR[b]	ASL[c]	合计
24.4	1.2	0.1	0.9	0.4	44.9	71.8	26.8	1.9	28.7

a: 用苯－醇混合液抽出残渣；b: Klason 残渣；c: Klason 法的酸可溶木质素

1.5 提取物的化学

1.5.1 提取物概述

植物纤维原料中除木质素、纤维素和半纤维素主要组分外，还含有少量成分。它是指用极性和非极性有机溶剂、碱液或水可提取的物质，因此一般称为提取物、抽提物、浸出成分，有些文献也用内含物、非细胞组分、非构造组分或副成分等表示。本书中用“提取物”表示，包括萜类、脂肪酸类、芳香族化合物类、水溶性碳水化合物四大类。

（1）提取物：虽然提取物是植物纤维原料中的少量成分，但其中包括数千种各式各样的物质。提取物给予木材颜色和气味，其中一部分是细胞生命活动的能量来源（脂肪和蜡），而大部分树脂可保护树木免遭微生物和昆虫的侵害。提取物的含量和成分与原料的种类、生长期、产地、气候条件等有关，对同一种原料，提取物的含量和成分也因部位不同而异。提取物大多数为低分子物质，可溶于中性有机溶剂、稀碱液或水中，在分离过程中，因选用的溶剂不同而溶出的成分和程度不同。提取物可以分为亲脂性和亲水性两类物质。

① 有机溶剂提取物：是指植物纤维原料中可溶于有机溶剂的化合物，其含量随存在的部位和组成、原料种类的不同而各不相同。有机溶剂的种类对提取物的含量和组成有很大的影响，常用的有机溶剂包括乙醚、苯、丙酮、乙醇、苯–乙醇混合液、四氯化碳、二氯甲烷和石油醚等。

② 水提取物：原料中的部分无机盐类、糖、生物碱、单宁、色素及多糖类物质（如树胶、黏液、淀粉、果胶质）等成分均能被水抽出。根据水抽出物的抽提条件不同，水提取物分为冷水提取物和热水提取物两种。热水提取物的数量较冷水提取物多，且含有较多糖类物质。

③ 稀碱提取物：不仅可以溶出原料中的水提取物，还可以溶出部分木质素（低分子）、聚戊糖、树脂酸、糖醛酸等。植物纤维原料稀碱提取物含量，在一定程度上可用以表明造纸原料受到光、热、氧化或细菌等作用而变质或腐朽的程度。

（2）不同原料的提取物

① 针叶材有机溶剂提取物：主要是松香酸、萜烯类化合物、脂肪酸及脂类等。针叶材的有机溶剂提取物含量较高（尤其是心材中），如红松的乙醚提取物为4.69%，马尾松的乙醚提取物为4.43%。针叶材的有机溶剂提取物主要存在于树脂道和木射线薄壁细胞中。

② 阔叶材有机溶剂提取物：与针叶材有明显区别，阔叶材的有机溶剂提取物主要存在于木射线细胞和木薄壁细胞中，主要含游离的及酯化的脂肪酸、中性物质，不含或只含少量的萜烯类化合物。阔叶材的有机溶剂提取物含量较针叶材低，一般在1%以下，但内蒙古的桦木乙醚提取物较高，为2.16%。

③ 禾本科植物纤维原料的提取物：乙醚提取物含量少，一般在1%以下，其化学组成也与木材不同，主要化学成分为蜡质（高级脂肪酸与高级脂肪醇形成的酯类），伴有少量的高级脂肪酸、高级醇等。蜡质存在于禾本科植物纤维原料表皮层的外表面，对植物生长起着保护作用。由于含量少，故对制浆造纸过程及废液的回收利用影响不大。但禾本科植物纤维原料的苯–醇提取物的含量相当高，一般在3%～6%，有的

高达8%，原因是苯–醇提取物除含乙醚提取物的全部物质外，还含有单宁、红粉及色素等其他可被提取的物质。禾本科植物纤维原料较针叶材、阔叶材的稀碱提取物含量高（见图1.8和图1.9），因禾本科植物纤维细胞壁超微结构中的木质素–多糖复合体除包含针叶材、阔叶材具有的苯甲醚键、苯基糖苷键、半缩醛与缩醛键外，还具有阿魏酸和对–香豆酸为桥的醚键、酯键的独特结构，在稀碱中醚键、酯键易断裂。

1.5.2　提取物化学特征

植物纤维原料的提取物分为：萜类、脂肪族类、芳香族化合物类、水溶性碳水化合物等四类。

1. 萜类化合物

萜类的基本结构单元是异戊二烯（2–甲基–1，3–丁二烯，C_5H_8）$H_2C=\overset{CH_3}{\overset{|}{C}}-CH=CH_2$，根据萜类所包含的异戊二烯单元的数目，可分为单萜烯（*n*=2）、倍半萜烯（*n*=3）、二萜烯（*n*=4）、三萜烯（*n*=6）和多萜类等。根据分子结构是链状还是环状，又可分为链状萜类、单环萜类、双环萜类、三环萜类等。萜类早已有各种习惯命名，一般都以其来源命名。

（1）单萜类化合物：单萜类是由两分子异戊二烯构成的一类天然产物，有链状、单环、双环等多种结构（见图1.28）。

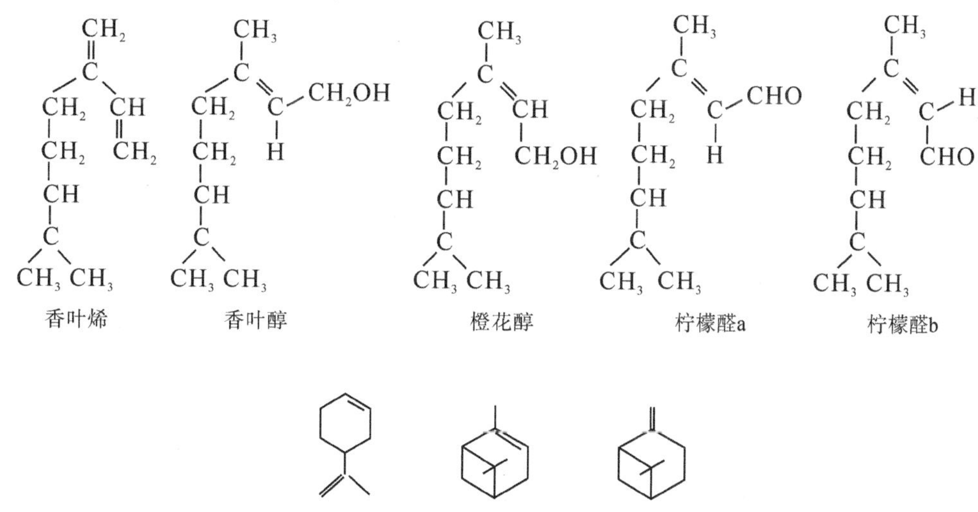

图 1.28　单萜类化合物

① 链状单帖：分子内的羧基、羟基、酮基及其他功能基等有多种结构，如樟树、香叶树、芸香科甜橙、芸香科佛手、忍冬科忍冬等提取的香叶烯、香叶醇、橙花醇、柠檬醛等。

② 单环萜：苧烯是单环萜中最重要的一种，存在于松树的松节油和精油中，虽然较稳定，但在空气中也会被氧化。水合作用生成水合萜二醇（1，8），在甲酸铜催化剂和加热下，发生歧化反应，生成对–伞花烃（对–异丙基甲苯）等。蒎烯是重要的单帖类，α–蒎烯是β–蒎烯的同分异构体，广泛存在于松节油、精油之中。蒎烯的化学反应主要发生在双键和异构化的环上，易发生氧化和加成反应，如在酸性条件下α–蒎烯与水分子起加成反应，使四节环断裂而生成水合萜二醇；在加热的条件下，异构化生成双戊烯、无环萜等；β–蒎烯易异构化为α–蒎烯。

（2）倍半萜烯类：由三分子的异戊二烯构成的天然产物，由于含15个碳原子，故称为倍半萜类，有开链、单环和双环等多种结构，一般都有俗名，是针叶树的典型组分，广泛存在于各种精油之中，如杜松萜烯类、雪松萜、罗汉柏萜、长叶烯等。

（3）二萜烯类：由四分子异戊二烯构成的天然产物，有开链、单环、双环、三环等多种结构，广泛存在于针叶树及其树脂之中，是针叶树（特别是松树）的典型组分，分为中性二萜和树脂酸。中性二萜是烃、氧化物、醇类、醛类化合物，无羧基。树脂酸是脂松香、浮油松香、木松香的主要成分，一般以游离态存在，但即使在活的树木中也有少部分被氧化或呈甲酯结构，松树中树脂酸的含量约占干材重量的0.2%～0.8%。树脂酸分子式为$C_{19}H_{29}COOH$，具有一个羧基和两个双键，羧基和双键决定了其化学性质。树脂酸有很多的异构体，可分为枞酸型与海松酸型两类（见图1.29）。

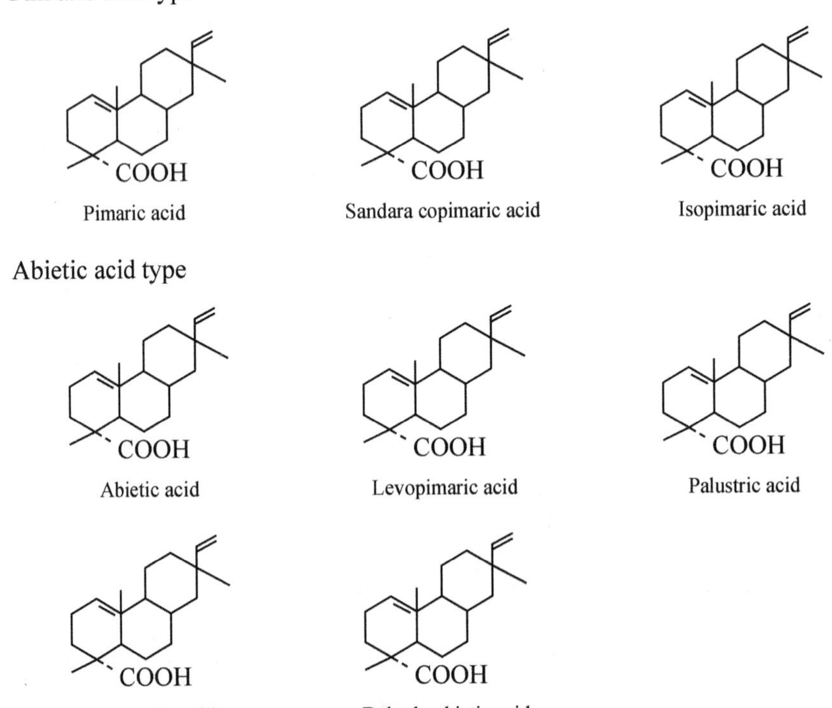

图 1.29　天然存在的树脂酸

枞酸型（abietic acid type）的C7上位含有一个异丙基侧链，大多具有共轭双键，易受热或酸异构化，易被空气中的氧所氧化，显示强的紫外吸收光谱，完全脱氢并脱羧基生成惹烯（1–甲基–7–异丙基菲），加氢时得到几种二氢异构体。

海松酸型（pimaric acid type）在C7位上有一个乙烯基和一个甲基，无共轭双键。对热或酸异构作用相对稳定，紫外光吸收弱，完全脱氢和脱羧基生成海松烯（1，7–二甲菲）。

（4）三萜烯类：由6个异戊二烯构成，有开链、四环、五环等多种结构。针叶树、阔叶树均含有开链的角鲨烯（三十碳六烯）和甾醇（steroid）。甾醇在C3位具有羟基的不饱和仲醇，一般植物油脂经皂化反应后转为可溶于水的皂化物，但其不溶于水，能溶于有机溶剂（如乙醚）中的所谓不皂化物质中就含有大量甾醇，如β–谷甾醇，C_3位有一仲羟基、C_5和C_6间有一双键、C_{10}和C_{18}各有一个甲基、C_{17}侧链有10个碳原子的脂肪烃。β–谷甾醇在木材和树皮中分布很广，如松树、云杉、落叶松和杨树等含甾醇，白色片状结晶，溶于乙醚和热醇，微溶于冷醇，其熔点是137～139℃，已发现有游离型和结合型两种β–谷甾醇，可从松树浮油和松针等不皂化物中分离和提取。甾醇是一种珍贵的药剂，用来预防和治疗动脉硬化，而且是制造生物激素的重要原料。

（5）多萜类：由8个以上异戊二烯构成的一类天然产物，一般都有俗名。具有经济价值的一些热带树的胶乳，如马来树胶、杜仲胶、橡胶，均为以1–4连接的异戊二烯聚合物，但聚合度和分子构型不同。马来树胶、杜仲胶是1，4反式聚异戊二烯，而橡胶是1，4顺式聚异戊二烯，故橡胶有弹性。

2. **脂肪族化合物**

脂肪族化合物在木材中主要包括脂肪、蜡及其组成的化合物等，脂肪和蜡在木材中的含量分别低于0.5%和0.1%。

$CH_2–O–C(=O)–R1$
$CH–O–C(=O)–R2$
$CH_2–O–C(=O)–R3$

脂肪是高级脂肪酸的甘油酯，蜡则是脂肪酸与高级脂肪醇所形成的酯$[CH_3–(CH_2)_n–O–CO–(CH_2)_m–CH_3]$。此外，还存在它们的组成物，即游离脂肪酸和高级醇，至今已鉴定出木材中含有30种以上的脂肪酸，木材脂肪酸的种类和若干性质如表1.11所示。脂肪酸主要是12～24个碳原子饱和或不饱和的一元羧酸。

表1.11　常见的脂肪酸

命名	分子式
饱和脂肪酸	
月桂酸（十二烷酸）	$C_{11}H_{23}COOH$
肉豆蔻酸（十四烷酸）	$C_{13}H_{27}COOH$
棕榈酸（十六烷酸）	$C_{15}H_{31}COOH$
硬脂酸（十八烷酸）	$C_{17}H_{35}COOH$
花生酸（二十烷酸）	$C_{19}H_{39}COOH$
山酸（二十二烷酸）	$C_{21}H_{43}COOH$
二十四烷酸	$C_{23}H_{47}COOH$
不饱和脂肪酸	
棕榈油酸（十六碳烯—[9]—酸）	$CH_3(CH_2)_5CH=CH—(CH_2)_7COOH$
油酸（十八碳烯—[9]—酸）	$CH_3(CH_2)_7CH=CH—(CH_2)7COOH$
亚油酸（十八碳二烯一[9，12]—酸）	$CH_3(CH_2)_4CH=CH—CH_2—CH=CH—(CH_2)_7COOH$
亚麻酸（十八碳三烯一[9，12，15]—酸）	$CH_3—CH_2—CH=CH—CH_2—CH=CH—CH_2—CH=CH—(CH_2)_7COOH$
酮酸（十八碳三烯—[9，11，13]—酸	$CH_3—CH=CH—CH=CH—CH=(CH_2)_7COOH$

① 饱和脂肪酸：没有双键，所以很稳定，不容易被氧化。摄入量过高是导致血胆固醇、三酰甘油、LDL–C升高的主要原因，易引发动脉硬化、患冠心病等疾病。

② 不饱和脂肪酸：化学结构中有一个或多个双键，尤其是多不饱和脂肪酸由于双键多，所以不稳定。多数脂肪酸是不饱和的，而且以酯化型为主，天然存在的不饱和脂肪酸，大多是顺式的，经热或化学处理后，可转变为反式。不饱和脂肪酸分子中的双键是不稳定的，受高温或伴随高温产生化学反应的影响，双键可能发生位移或部分发生位移或部分发生氧化和聚合；大多数含两个或三个双键的不饱和脂肪酸，分子中的双键不呈共轭体系，但在热碱作用下可发生异构化作用，使之变成共轭状态，如浮油中部分亚油酸异构成为具共轭双键的异构体。不饱和脂肪酸对人体健康有很大益处，人体所需的脂肪酸，就是多不饱和脂肪酸，可以合成DHA（二十二碳六烯酸）、EPA（二十碳五烯酸）、AA（花生四烯酸），它们在体内具有降血脂、改善血液循环、抑制血小板凝集、阻抑动脉硬化斑块和血栓形成等功效，对心脑血管病有良好的防治效果。

3. **芳香族化合物**

大多芳香族化合物是具有一个或一个以上的酚羟基和具有侧链的酚类化合物，一般在乙醚中的溶解度很低，但溶于乙醇、乙醇水和水中。木材组织中这类化合物有很多类型，现就芪类、木酚素类、黄酮类、单宁的结构及其性质分述如下。

（1）芪类（Stilbense）

芪类的碳骨架为C_6–C_2–C_6，是α、β–二苯乙烯（见图1.30），有顺式和反式两种，多数呈游离形式，而且苯环上往往被羟基、甲氧基等所取代，有些与糖结合成苷。松木心材含有少量芪的衍生物，其中一种为3，5–二羟反芪，俗称银松素或欧洲赤松素（Pinosylvin），该化合物及其单甲醚的熔点分别为155～156℃，122～123℃。与重氮联苯胺作用生成血红色含氮化合物，为鉴别松木心材提供一个简便的显色反应。由于这种化合物具有杀菌能力，能抑制真菌生长，故心材耐腐性大为增加。

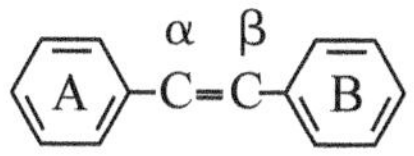

图 1.30　芪类的单元

芪的衍生物还存在于许多阔叶树的心材中（见图1.31），如毛榉心材中含欧洲赤松素和3，5，4–三羟基芪；桉树心材中除含有3，5，4'–三羟基芪外，还含有3，5，4–三羟基芪–β–D–葡萄糖苷；桑树心材中含有3，5，2'，4'–四羟基芪；紫檀心材中含有具抗糖尿病作用的紫檀芪（3，5–二甲氧基–4'–羟基芪）。

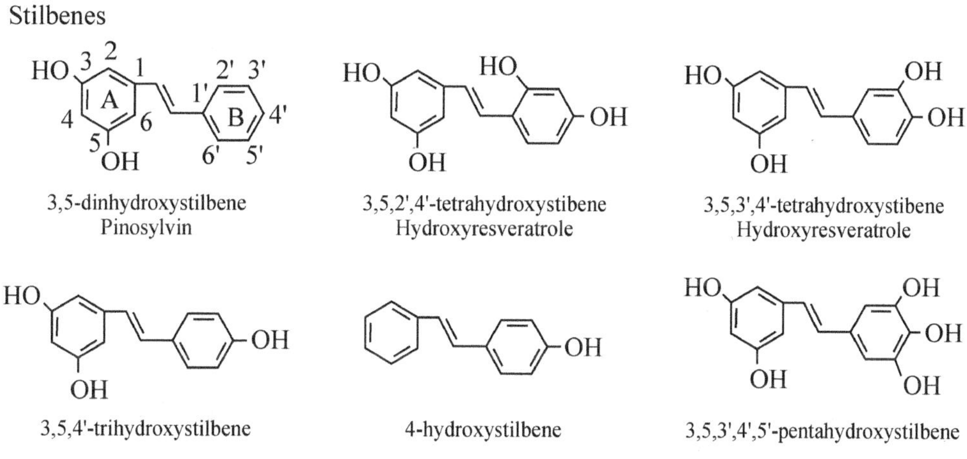

图 1.31　芪的衍生物

（2）木酚素类（lignans）

木酚素类的碳骨架为C_6–C_3–C_3–C_6，是两个苯丙烷（C_6–C_3）结构通过侧链β–β碳原子进行偶合的一类二聚物，侧链α–碳原子通常被氧化，并以醇、醚或内酯等形式存在。苯环上常带有1～2个羟基或甲氧基，而且一般都有1个或1个以上的不对称碳原子，因此均成光学活性。木酚素主要有如图1–32所示的结构类型。从树皮、果实、心材、树叶、树根和各种植物的树脂分泌物中已经分离出多种木酚素，这类物质的含量随树种不同变化很大。木酚素大多数是白色晶体，不挥发，难溶于水，易溶于苯、氯仿、乙醚、乙醇等溶剂中。很多木酚素有抗菌、杀虫和抗氧化等性质，在医药上具有止泻、补肾、抗流感病毒等功效。

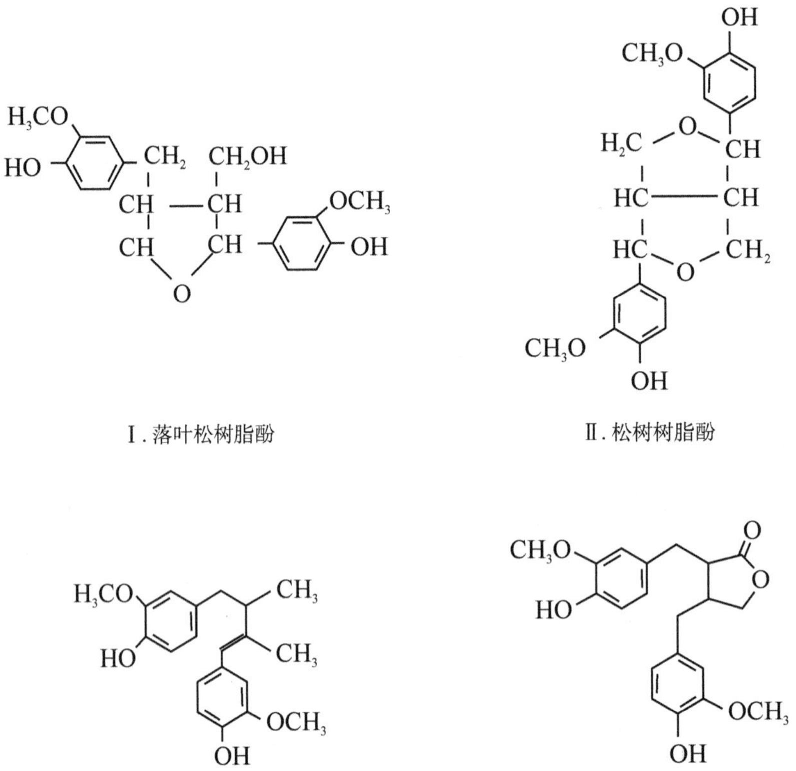

I. 落叶松树脂酚　Ⅱ. 松树树脂酚

Ⅲ. 与创木树脂酚　Ⅳ. 铁杉树脂酚

图 1.32　几种木酚素结构

（3）黄酮类（flavonoids）

黄酮类的碳骨架为C_6-C_3-C_6，是两个苯环（A环和B环）通过3个碳原子相互连接而成的一系列化合物的总称，即具有C_6-C_3-C_6结构的一类化合物的总称。黄酮类的经典含义是以2-苯基色原酮（2-phcnylchromone）衍生的一类化合物的总称，由于该类化合物大多呈淡黄色或黄色，且分子中多具酮基，因此称为黄酮。1952年以前，黄酮类化合物主要是指基本母核为2-苯基色原酮的一系列化合物（见图1.33）。

黄酮类化合物是广泛存在于自然界的一大类化合物，大多具有颜色，而且其分布与植物进化密切相关，植物越进化，所含物质的成分越多越复杂。黄酮类化合物广泛地分布在针叶材和阔叶材的树干之中，在植物体内大部分与糖结合成甙，一部分以游离形式存在。天然黄酮类化合物母核上常有$-OH$、$-OCH_3$等取代基，由于这些助色团的存在使该类化合物多显黄色。目前黄酮类化合物是泛指两个芳环（A与B）通过三碳链相互联结而成的一系列化合物，基本结构如图1.34所示。

根据B环（苯基）连接位置（2-或3-位）、三碳链氧化程度以及三碳链是否构成环状等特点，可将天然黄酮类进行分类，如图1.35所示。

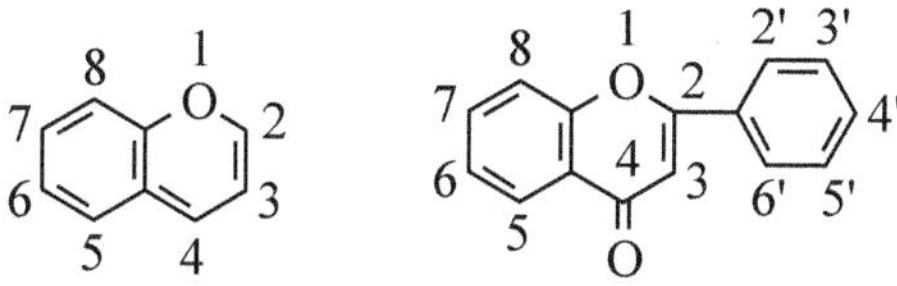

图 1.33　色原酮结构

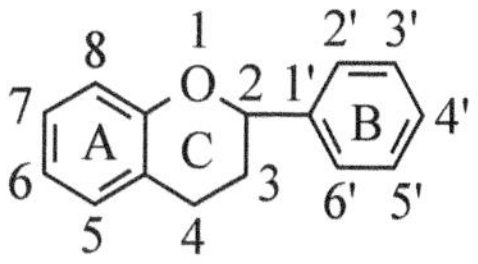

图 1.34　黄酮类化合物

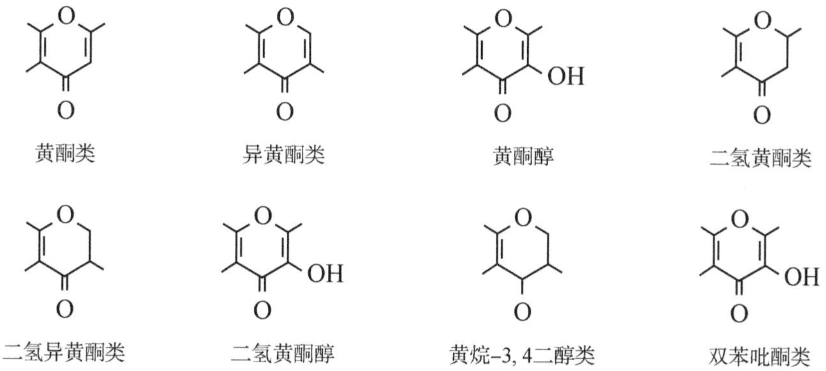

黄酮类　异黄酮类　黄酮醇　二氢黄酮类

二氢异黄酮类　二氢黄酮醇　黄烷-3, 4二醇类　双苯吡酮类

图 1.35　天然黄酮类三碳链部分结构

从针叶材、阔叶材分离和鉴定的黄酮类化合物如图1.36和表1.12所示。就紫杉叶素（二氢槲皮素）而言，在花旗松和西部落叶松心材中的含量分别为0 ~ 1.5%和0 ~ 1.8%，但两种木材的边材中的含量则为0 ~ 0.6%。此外，日本落叶松、西伯利亚落叶松和兴安落叶松的心材中含量分别为2% ~ 4%、1.5% ~ 2.5%和4.2%。

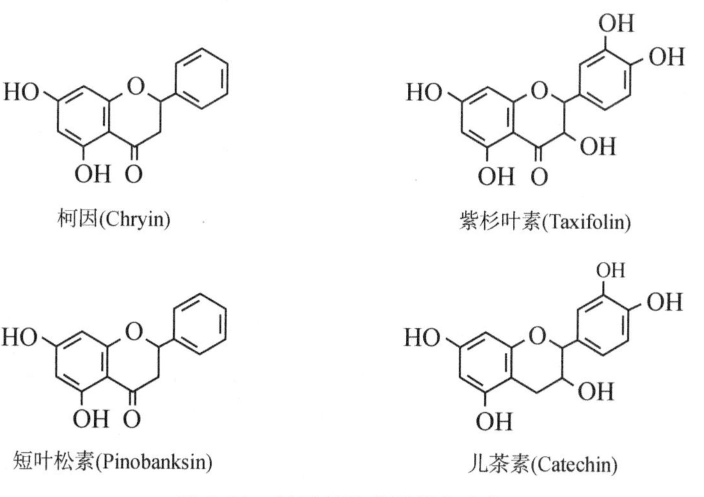

图 1.36　针叶材的黄酮类化合物

表1.12 从各种阔叶材分离的黄酮类化合物

主要结构	羟基-（甲氧基）位置	名称	存在
黄酮类	3、7、3′、4′	非瑟素	合金欢属、漆树属、破斧木属
	3、5、7、4′	山奈酚	缅茄属
	3、7、3′、4′、5′	刺槐乙素	合金欢属、刺槐属、破斧木属
	3、5、7、3′、4′	槲皮素	合金欢属、七叶树属、栎属
	3、5、7、2′、4′	桑色素	Chlorophora
黄烷醇类	3、7、3′、4′	非瑟酮醇	合金欢属
	3、4、7、3′、4′	黑荆素	合金欢属、皂荚属
	3、5、7、3′、4′	儿茶素	合金欢属、破斧木属
	3、4、5、7、3′、4′	白矢车菊甙元	破斧木属
二氢黄酮类	7、3′、4′	紫柳黄铜	合金欢属
	3、7、3′、4′	黄颜木素	合金欢属、破斧木属
异黄酮类	5、4′、（7）	洋李素	李属、紫檀属
	5、3′、4′、（7）	紫檀酸	紫檀属、檀香属
查耳酮类	3、4、2′、4′	紫铆因	合金欢属、假油楠属
	3、4、2′、3′、4′	Okanin	Cyclicoodiscus
	2、3、4、2′、4′	五羟基—查耳酮	Peltogyne Trachylobium
嗅啤类	6、3′、4′	Sulfuretin	假油楠属
	6、3′、4′、（4）	Rengasin	Melanorrhoea
	2、6、3′、4′	四羟基苯并二氢呋喃-3-酮	假油楠属、破斧木属
	2、6、3′、（4′）	甲氧基三羟基苯并二氢呋喃-3-酮	破斧木属

（4）单宁（tannins）类

单宁又称单宁酸、鞣质，存在于多种树木（如橡胶树和漆树）的树皮和果实中，是水抽提物中的一类能使生皮成革的多元酚类物质（包括简单酚类和缩合黄酮类体系），其分子量一般为500~3000。根据单宁的化学组成和化学键特征，通常分为水解单宁和凝缩单宁。

① 水解单宁：水解单宁通常是由没食子酸及其二聚体（双没食子酸或鞣花酸）与单糖（主要为葡萄糖）结合的酯类化合物。由于组分中具有酯键，故易被酸或酶水解为单糖和多元酚羧酸。根据所得多元酚羧酸的不同（如没食子酸或鞣花酸），又将水解单宁分为没食子单宁（又名倍单宁，见图1.37（a））和鞣花单宁（图1.37（c））两类。

没食子酸单宁类中的五倍子单宁，国际上称为中国鞣质，我国药典上称为鞣酸。五倍子是五倍子蚜（虫）（*Melaphis chinensis*）寄生在漆树科植物盐肤木（*Rhus chinensis*）叶翅上所形成的虫瘿或另外的蚜虫寄生在同属植物的叶上所形成的虫瘿，其主要成分为鞣质，含量约60%~70%，有的可达78%。五倍子鞣质为白色无定形粉末，$[\alpha]^{20}_{D}$ +12.1°（丙酮），它是由一分子葡萄糖与6~8个没食子酸结合所成的酯，即为1，3，4，6-四-O-没食子酰-β-D-葡萄糖，在2位上具有一个间—三没食子酰基

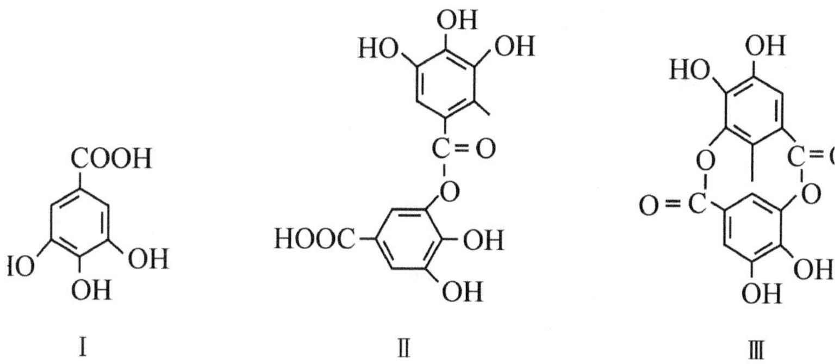

图 1.37　没食子酸（Ⅰ）及其二聚体（双没食子酸Ⅱ和鞣花酸Ⅲ）

链（平均值）的结构。欧洲栗（*Castanen sativa*）和无梗花栎（*Quercus petroea*）的水解单宁有四种主要化合物，其中栗木鞣花素和异栗木鞣花素（Vescalagin）含量分别为44%和78%，均属鞣花单宁类。桉木单宁组分之一是鞣花酸，鞣花酸甲基衍生物及两者的葡萄糖苷，白栎和赤栎的心边材的没食子单宁为金缕梅单宁。

凝缩单宁：又名缩合单宁，有时也称难水解单宁，凝缩单宁主要是由黄烷-3-醇和（或）黄烷-3，4-二醇缩聚形成的，其分子的苯核均以碳—碳键（—C—C—）相连。在水溶液中不受酸或酶水解，但与稀酸共热时则缩合成高分子无定型物质，俗称红粉（见图1.38）。

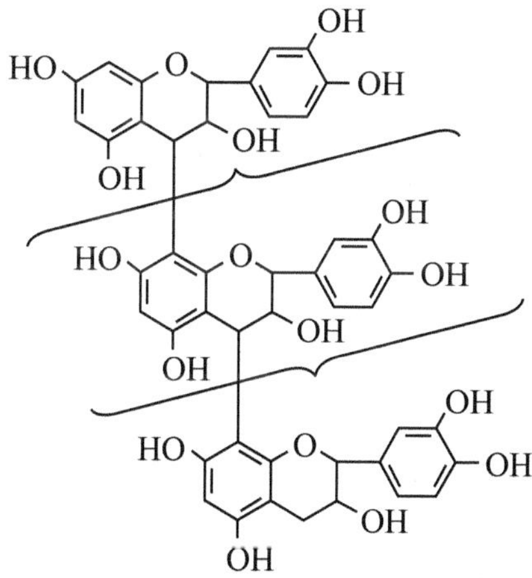

图 1.38　凝缩单宁结构及红粉结构

一般木材中凝缩类单宁的分布比水解类单宁广泛，如常见的松木、云杉、白桦和赤杨等均含凝缩类单宁，但若干材种含量较大，并有工业利用价值。

4. 水溶性碳水化合物

组成细胞壁的碳水化合物（纤维素、半纤维素）是不溶于水的，但在边材和内皮中，通过树液输送的蔗糖、葡萄糖、果糖，心材中的L-阿拉伯糖、桦木中少量的棉籽糖、水苏糖、毛蕊花糖等均能溶于水。落叶松中占木材质量的8%～18%的聚阿拉伯糖半乳糖是水溶性的聚糖，可被冷水或热水抽提出，但这类聚糖在其他木材中含量则很少。

果胶质是由D–半乳糖醛酸以1，4–α–苷键相连而形成的聚半乳糖醛酸，相对分子质量在5万～30万，其羧基中80%以上被甲基酯化，一部分被中和成盐，使其变成部分可溶于水的物质，而不含甲基酯的聚半乳糖醛酸称为果胶酸。由于多价金属离子（如Ca^{2+}、Mg^{2+}等）与存在于果胶质中未酯化的羧基作用，将果胶质的链分子连接成网状结构，使之成为不溶于水的果胶质。果胶质可以与其他聚糖如聚阿拉伯糖、聚半乳糖和少量L–鼠李糖等伴生形成复合体，称之为果胶质。果胶质主要存在于胞间层，是细胞间的黏结物质，果胶质也存在于细胞壁中，特别是初生壁中。韧皮纤维（麻、棉秆皮部、桑皮、檀皮等）中果胶质含量较高，例如，棉秆皮部果胶质含量在7%以上，但在棉秆木质部中果胶质含量仅有1%左右。木材及草类原料的果胶质含量一般较少，这些原料的胞间层大部分为木质素，只有少部分为果胶质。果胶质的性质取决于支链糖基的特性、甲氧基含量的多少（即酯化度的高低）以及聚合度的高低。果胶质中甲氧基含量一般为9%～12%（但也有很低的）。果胶质中未被酯化的羧基，与多价金属离子结合成盐，形成网状结构，降低溶解度。在聚合度相同时，果胶质中的甲氧基含量越高，生成盐的羧基越少，则果胶质在水中的溶解度就越大。果胶质的溶液是高黏度的，其聚合度越高，黏度越大。浓度为5%的高聚合度果胶质溶液能形成坚硬的凝胶。

1.5.3 无机物

造纸植物纤维原料中，除碳、氢、氧等基本元素外，还含有多种无机元素。无机物是植物细胞生命活动中不可缺少的物质，并且植物的种类及生长环境不同，植物所含的无机物种类及含量会有很大差异，即使是同一植物的不同部位也有差异。无机物一般以离子形式存在，是通过植物的根从土壤或水中吸收的。此外，植物中可能含有对植物有害的砷和多种重金属离子。

造纸植物纤维原料中无机物的总量以灰分含量表示，试样经高温碳化和燃烧后的残渣称为灰分。

1. 木材中无机物含量及组成

木材中无机物含量及组成与树种、生长条件、土壤、砍伐季节、树龄等均有关系。一般温带树木的无机物含量在0.1%～1.0%（见表1.13），但热带树木无机物含量可高达5%。木材中钾、钙、镁占总无机物含量的80%以上，许多其他的无机元素也可以在木材中被检测到，大约有70种，表1.14列出了木材中各种无机元素含量。

表1.13　木材中灰分含量

单位：%

木材种类	灰分	木材种类	灰分
栎	0.37	桦	0.27
山毛榉	0.57	青杨	0.32
松	0.39	冷杉	0.28
云杉	0.37	落叶松	0.27

表1.14　针叶材和阔叶材树干中无机元素的含量

含量（mg/kg）	元素组成
400 ~ 1000	K Ca
100 ~ 400	Mg P
10 ~ 100	F Na Si S Mn Fe Zn Ba
1 ~ 10	B Al Ti Cu Ge Se Rb Sr Y Nb Ru Pd Cd Te Pt
0.1 ~ 1	Cr Ni Br Rh Ag Sn Cs Ta Os
<0.1	Li Sc V Co Ga As Zr Mo In Sb I Hf W Re Ir Au Hg Pb Bi

注：另外还含有原子序数在 57 ~ 71 的镧系元素，其含量均小于 1mg/kg。

2. 禾本科纤维原料中无机物含量与组成

禾本科植物纤维原料的无机物含量比木材高，除少数原料如竹子在1%左右外，一般多在2%以上，稻草无机物含量高达10%甚至有的达到17%。稻草与麦草的无机物中60%以上为SiO_2，尤其是叶部和梢部SiO_2含量均很高（见表1.15）。

表1.15　某种小麦草各部分的灰分与灰分中的SiO_2含量

单位：%

项目	节间茎	叶	梢	节	总草
原料质量（绝干）	52.40	29.10	9.30	9.20	100.00
灰分	3.24	11.18	9.88	5.12	5.97
灰分中的 SiO_2	61.11	67.26	77.22	41.80	65.15

不同的无机物，对生产过程及产品质量等所造成的影响不同。草类原料中的SiO_2，在碱法制浆过程中形成不同形式的硅酸钠（$Na_2O_nSiO_2$），溶于碱法制浆的废液中。大量硅酸钠的存在，使废液黏度升高，洗涤时黑液提取率降低，给黑液的蒸发、燃烧、白泥回收等过程都带来了影响，即所谓的硅干扰。

第 2 章　木质素

木质素是植物界中仅次于纤维素的最丰富和最重要的芳香族有机高聚物。木质素广泛存在于具有维管束的高等植物（蕨类植物、裸子植物、被子植物）中，是细胞壁的主要组分之一。木质素是由苯丙烷单元通过醚键和碳碳键连接的复杂的无定型天然高分子。木质素作为一种填充和黏结物质，在细胞壁中能以物理或化学的方式使细胞壁和纤维素微纤丝之间黏结和加固，减小细胞壁横向的透水性，加强茎干的纵向输导能力。木质素增加植物的机械强度和抵抗微生物侵蚀能力，使植物直立挺拔和不易腐朽。木质素在针叶材中的含量为25%～35%，在阔叶材中为18%～22%，在禾本科植物中为15%～25%。研究木质素的目的主要是阐明木质素的化学结构、进一步理解纺织、制浆造纸、木材水解、生物质材料、生物质能源等产业的各个工序，促进木质素的高值化利用。木质素的研究始于1830年左右，但对木质素的实质性研究是从1930年开始的。

2.1　木质素的存在及其生物合成

2.1.1　木质素的存在

19世纪初，Gay-Lussal开始研究木材的元素组成，发现虽然树种不同，但元素组成却非常相似，均由碳、氢、氧组成，于是提出了木材是由一种均一的物质构成的，即由“木材质”构成。1838年，法国化学家A. Payen首先用实验证明了木材不是由“木材质”构成的观点。他将木材用硝酸和碱交替处理，然后用乙醇和乙醚洗净，得到一种残余物质，这种残余物质为固体纤维状，A. Payen称其残渣为纤维素。然而他注意到在这种分离过程中如果不除去比纤维素含碳量更高的其他物质就不能很好地分离出纤维素，他把这种必须去除的物质称为“真正的木材物质”（The true woody material），以后他又将此物质命名为“被覆物质”（The incrusting material）。因此他认为纤维素可能被此物质所包围，或者沉积在这些物质之中。于是他想从木材中将这些被覆物原形取出，但没有成功。他在分离方法上做了各种改进，认为这些物质是纤维素和被覆物以不同比例构成的。总之，他的实验证明了木材是由纤维素和另一种物质构成的，也可以说他提示了木质素的存在。

1857年，德国人F. Schulze将被覆物称为Lignin。Lignin是由木材拉丁语Lignum衍生而来的，中文译为“木质素”。1866年，J. Erdmann首次由木材分解物得到芳香族化合物，他将木材在碱中熔融，获得了琥珀酸、邻苯二酚、原儿茶酸等，确定了木质素的芳香族特性。此后Bente又进行了几乎相同的实验，证实了上述结论，1890年，Benedikt等发现了木材中含有甲氧基（$-OCH_3$）。由于甲氧基很难被认为是纤维素的官能团，因而被认为可能是木质素的官能团，并指出了甲氧基作为木质素主要官能团的重要性。总之，19世纪关于木质素的研究可以说是由Payen确认有木质素存在开始的，接着J. Erdmann发现木质素的芳香族特性，Benedikt发现甲氧基等，零零散散地发现了木质素的芳香族性质。

1866年，美国Tilghman兄弟发明了钙盐基的间接蒸煮法，但由于要用复杂的连续式设备而失败。19世纪70年代初，欧洲有些地方进行了亚硫酸盐法制浆实验，1874年瑞典的Ekman首先将亚硫酸盐法制浆工业化。这件事不仅是制浆工业的起点，而且也揭开了木质素研究新的一幕。新兴的制浆工业在瑞典得到了飞速的发展，其结果引起了瑞典化学家对制浆反应的兴趣和关心，开展了木质素在蒸煮中的行为、木质素磺化反应的研究。1893年，瑞典皇家科学研究院P. Klason发表了第一篇关于亚硫酸盐制浆废液和硫酸盐制浆黑液的研究报告。此后大约四十年间，P. Klason献身于木质素化学与木材利用等应用研究，主要功绩：首先，发明了木材中木质素的定量方法，即Klason法，目前仍然是国际木质素定量的标准方法；其次，提出了松柏醇学说，将松柏醇在亚硫酸盐蒸煮条件下处理，得到了磺酸化衍生物，并证明了此衍生物与木质素磺酸盐非常相似。松柏醇学说成为以后继续研究木质素生物合成的基础。1939年，Freudenberg（德国）发现了木质素在碱介质中用硝基苯氧化可以得到大量的香草醛，针叶材可得到25%（基于Klason木质素）的香草醛，这个事实有力地证明了木质素具有芳香族的性质。1944年，美国化学家Hibbert将木材与乙醇盐酸一起回流，得到约10%的苯丙烷单元，而且发现在苯丙烷侧链上都有羰基，这些分解产物用发现者的名字命名为Hibbert酮类。总之，到20世纪40年代初，确定了木质素的芳香族性质，并且在某种程度上证明了P. Klason提出的木质素是由苯丙烷结构单元构成的松柏醇学说。那么苯丙烷单元如何形成木质素高分子的问题就成为下一步需要解决的课题。Freudenberg的酶脱氢聚合学说使这个问题得到了圆满解决，并提出了木质素结构模型。

2.1.2 木质素的生物合成

木质素是最复杂的天然高聚物之一，由于木质素结构的复杂性，以及它在细胞壁中与高聚糖之间错综复杂的关系，给木质素的研究带来了很大的困难，研究植物成分的常规方法用于木质素研究时受到了很大的限制。木质素的生物合成研究对了解木质素的形成过程和确定木质素的结构起了重要的作用。

1. **木质素生物合成研究**

J. Erdtman（1939、1950）从天然物的生源说出发，研究各种酚的氧化聚合作用，提出木质素是由松柏醇形式α、β不饱和的C_6–C_3先体经酶脱氢生成的。1940–1970年，Freudenberg及其同事们对木质素生物合成进行了全面的研究。他们在0.5%松柏醇的磷酸缓冲液中加入伞菌虫漆酶，在20℃条件下通入空气或氧气，数小时后产生白色的沉淀，即松柏醇的脱氢聚合物（Dehydrogenation polymer，DHP），得率为60%～70%，其结构与针叶材木质素很相似。他们又将松柏醇和芥子醇一起进行上述实验，生成淡褐色的脱氢聚合物，其元素组成、化学结构和光谱性质都与阔叶材木质素相似。如果在实验初期中断反应，则可分离出多种松柏醇脱氢聚合的二聚体（见图2.5）及三至六聚体。他们发现将松柏醇溶液一次加入含有过氧化氢酶的过氧化氢溶液中（混合法），产生的脱氢松柏醇（β–5）二聚体和松脂粉（β–β二聚体）的含量比愈创木基–β–松柏醚（β–O–4二聚体）的含量高得多；但如将松柏醇溶液极缓慢地滴入酶溶液中（滴入法），则生成的β–O–4二聚体含量增加。用混合法和滴入法所得的松柏醇人造木质素（DHP），其数均分子量分别为1000～1200和2500。Freudenberg根据松柏醇脱氢聚合的研究和化学分析，首次提出了针叶材的木质素结构模型。根据木质素的生物合成的研究以及对木质素结构及官能团的分析，得出针叶材木质素是由松柏醇脱氢聚合，阔叶材木质素是由松柏醇和芥子醇聚合，禾本科植物木质素是由松柏醇、芥子醇和对–香豆醇混合脱氢聚合的结论。

2. **木质素先体（Precursor. 的合成**

生物合成的大量研究结果证明了木质素是由其先体脱氢聚合而成的。碳14（^{14}C）示踪试验结果证明了木质素的先体是松柏醇、芥子醇和对香豆醇（见图2.1）。

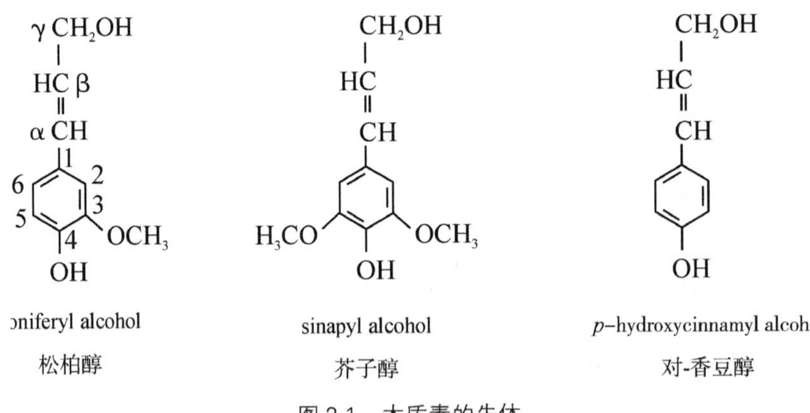

图 2.1　木质素的先体

木质素的三种先体是由葡萄糖经莽草酸和肉桂酸途径合成的。在莽草酸途径中，葡萄糖先转化为此途径的最重要的中间体—莽草酸，再经过预苯酸生成莽草酸途径的最终产物酪氨酸和苯基丙氨酸。这两种广泛存在于植物体中的氨基酸是肉桂酸途径的起始物，酪氨酸和苯基丙氨酸在各种酶的作用下发生脱氢、羟基化、甲氧基化、还原等一系列反应，最后合成了木质素的三种先体，即松柏醇、芥子醇和对–香豆醇（见图2.2）。

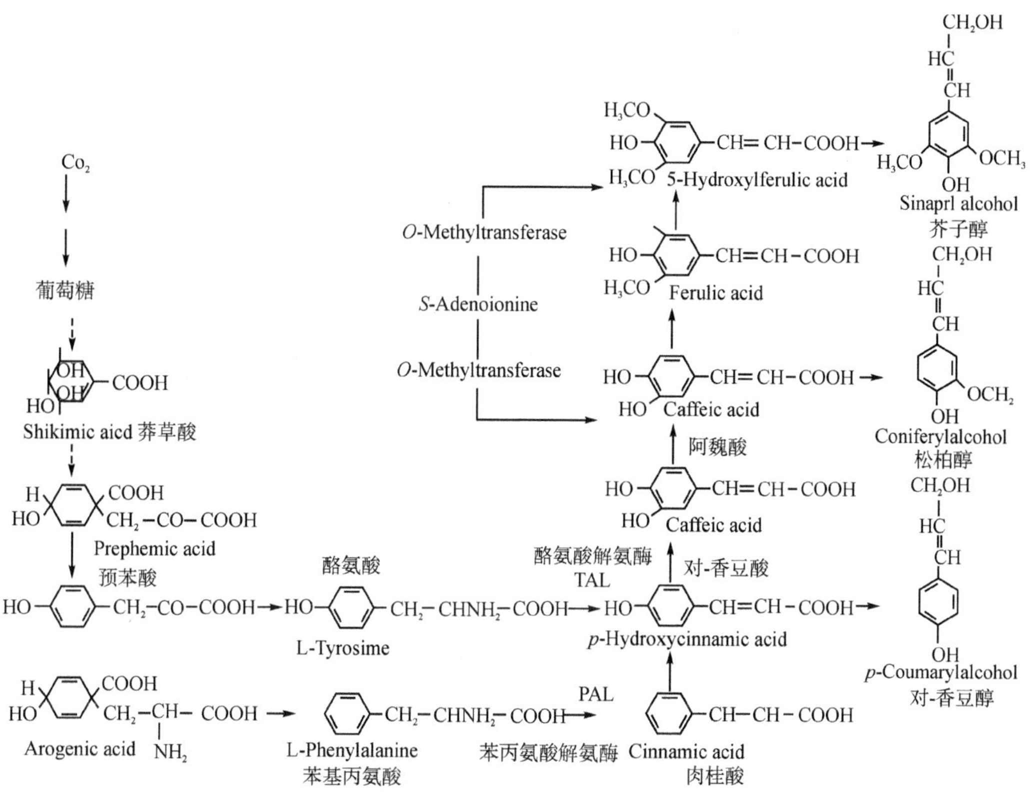

图2.2　木质素先体的生物合成途径

^{14}C示踪研究证明，在针叶材、阔叶材木质素合成中，只有L–苯基丙氨酸参与反应，而在禾本科植物木质素合成中，L—苯基丙氨酸和酪氨酸都参与反应。此外，又由于不同植物中各合成阶段酶活性的特异性，使针叶材、阔叶材和禾本科植物中合成的木质素的三种先体的含量有所差别，最后导致针叶材、阔叶材和禾本科植物木质素结构的不同。

3. 木质素大分子的合成

木质素的三种先体各以稳定的β–葡萄糖苷的形式存在于细胞壁中，经过β–葡萄糖苷酶的水解作用（见图2.3）降解为相应的醇类参与木质素大分子的合成反应。

（1）苯氧游离基和二聚木质酚的生成

木质素大分子合成的第一步是木质素的先体经酶的催化作用（细胞壁中的过氧化氢酶）通过单电子传递，脱氢后生成稳定的共振苯氧游离基，图2.4以松柏醇为例。

由松柏醇（芥子醇、对–香豆醇）脱氢生成的苯氧游离基，通过电子传递分别成

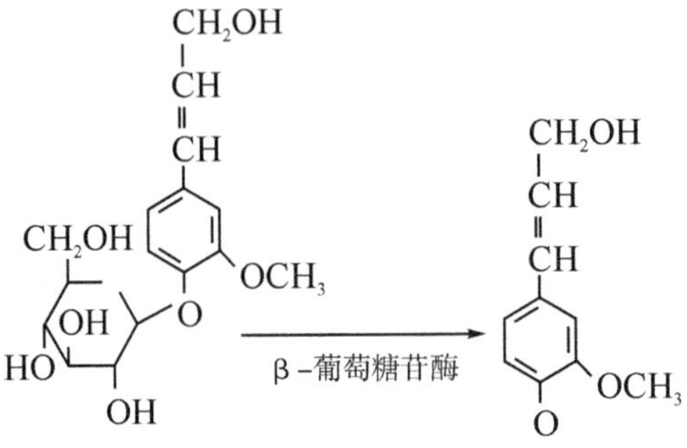

图 2.3 松柏苷的水解

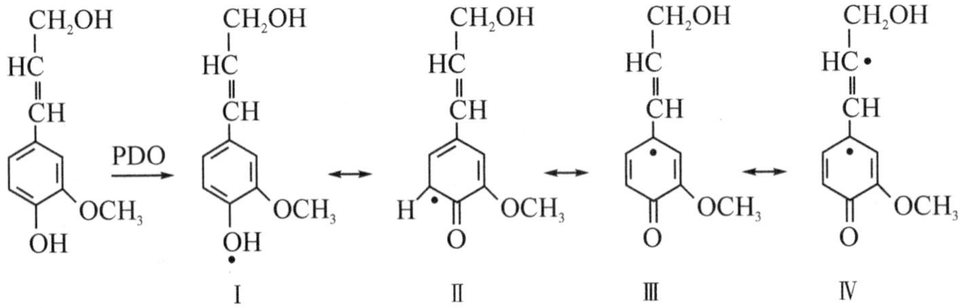

图 2.4 松柏醇脱氢生成苯氧游离基

为Ⅰ（4-O游离基）、Ⅱ（5-游离基）、Ⅲ（1-游离基）、Ⅳ（β-游离基）等游离基。每两种游离基在电子自旋密度最大的位置互相偶合，生成二聚体。游离基主要偶合方式如表2.1所示，偶合生成的主要二聚体结构如图2.5所示。

表2.1 苯氧游离基的偶合方式

	Ⅰ	Ⅱ	Ⅲ	Ⅳ
Ⅰ	不稳定的过氧化合物	5-O-4	1-O-4	β-O-4
Ⅱ	4-O-5	5-5	1-5	β-5
Ⅲ	4-O-1	5-1	1-1	β-1
Ⅳ	4-O-β	5-β	1-β	β-β

在偶合反应时，每个位置上发生的相对概率是由其相对电子云密度决定的。电子云密度高的位置偶合的概率大，生成二聚体的比例也高。根据量子学计算，得知在所有苯氧游离基中，最高电子云密度出现在酚氧原子处，因而有利于生成芳醚键，如β-O-4键，其他偶合方式生成的二聚体如β-5、β-1、4-O-5、5-5等的比例要比β-O-4少。

（2）木质素大分子的生物合成

在植物体中进行木质素的生物合成时，因细胞中单木质酚（monolignol，即木质素的各种先体）的浓度低，单木质酚游离基之间相互碰撞的概率小，而与已经形成的

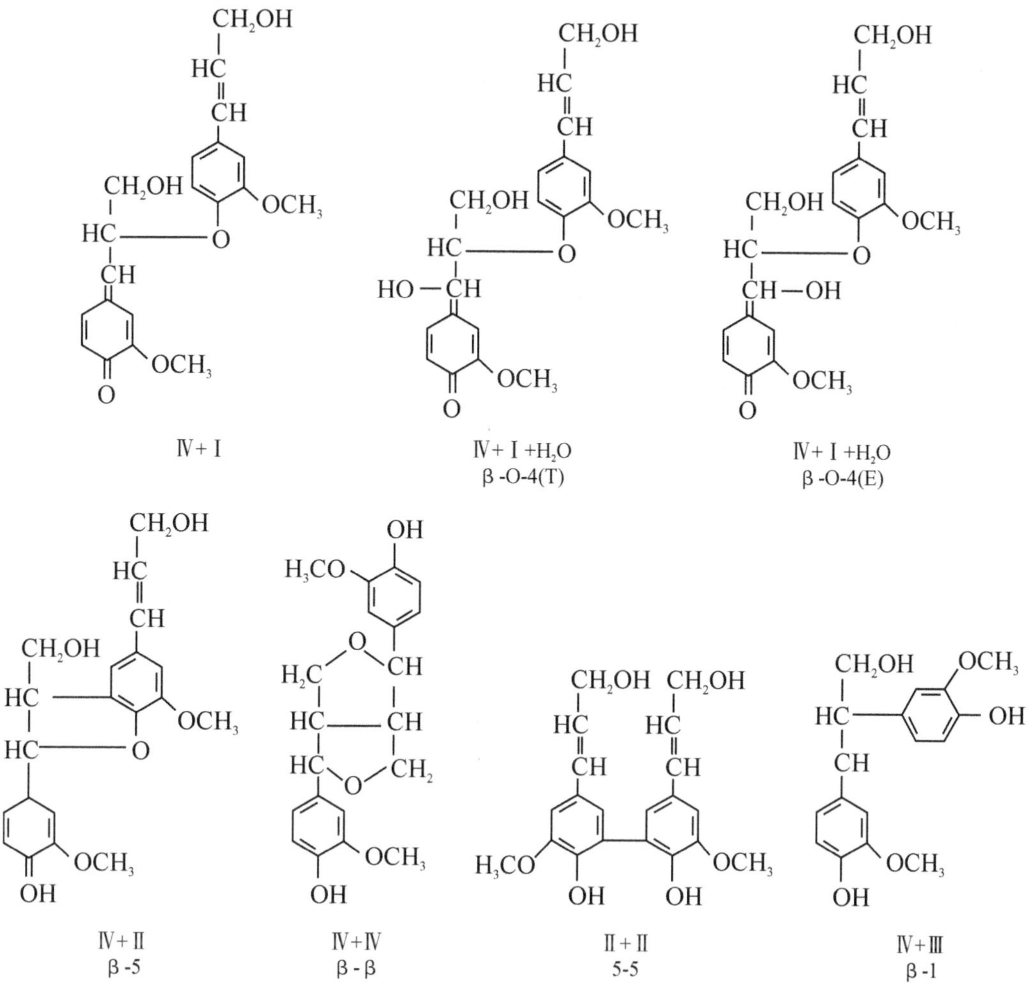

Ⅳ+Ⅰ

Ⅳ+Ⅰ+H_2O
β-O-4(T)

Ⅳ+Ⅰ+H_2O
β-O-4(E)

Ⅳ+Ⅱ
β-5

Ⅳ+Ⅳ
β-β

Ⅱ+Ⅱ
5-5

Ⅳ+Ⅲ
β-1

图 2.5　典型的二聚体结构

二聚体或三聚体脱氢生成的苯氧游离基碰撞的概率高。因此，单木质酚游离基偶合到一定程度之后，生成的二木质酚主要是通过“末端聚合”（Endwise polymerization）的方式继续增长，即单木质酚（或多木质酚）的酚氧游离基偶合，生成线型分子结构如β–O–4、β–5结构，构成木质素分子骨架，又通过5–5或4–O–5的方式偶合，生成分枝结构。除上述游离基偶合反应外，木质素大分子的合成过程中还有非游离基形式的偶合反应，如在α–位上加入水分子或与另一个酚型末端相结合，生成苯甲基芳醚结构如α–O–4分枝型的结构，最后生成木质素的空间网状的无定形结构。木质素大分子合成的过程可以图2.6和图2.7解释。在图2.6中，单木质酚β游离基与另一个单元的酚氧游离基4–O′偶合，生成醌甲基化合物（1）。水分子加成（1）后，生成愈创木基甘油–β–芳醚结构（图2.5：Ⅳ+Ⅰ，E和T），E和T互为异构体，分别为赤式(Erythro)和苏式(Threo)；酚羟基加成入（1）后，生成愈创木基甘油–α，β–二芳醚结构。图2.7中愈创木基甘油-β-芳醚脱氢生成的共振游离基中的5-游离基与松柏醇脱氢生成的共振游离基中的β-游离基进行β-5偶合，生成产物（3），经过互变异构体和分子内的环闭合，生成苯基香豆满结构。木质素大分子主要通过“末端聚合”方式，依次供给木质素结构单元而结合下去，这样不断结合生长合成木质素高分子。

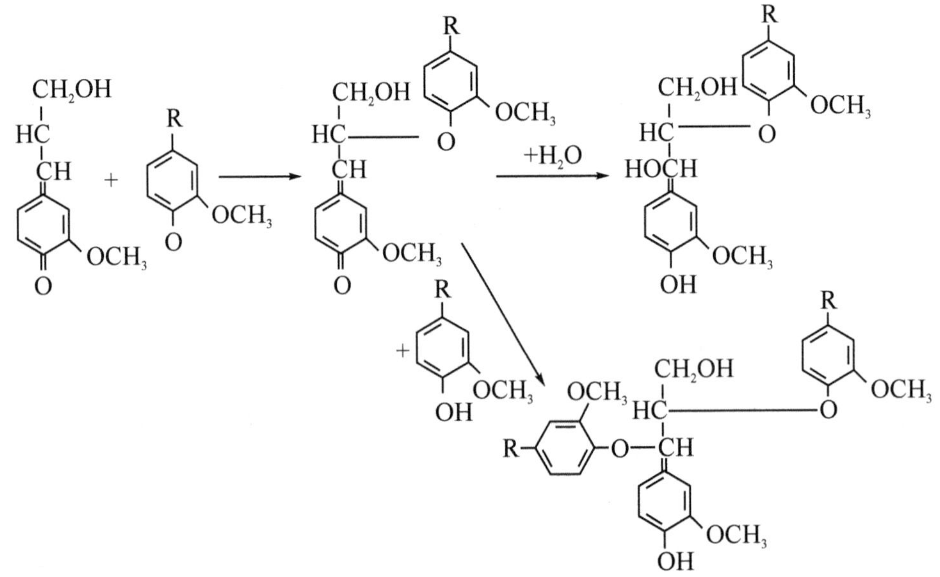

图 2.6　游离基反应和加成反应

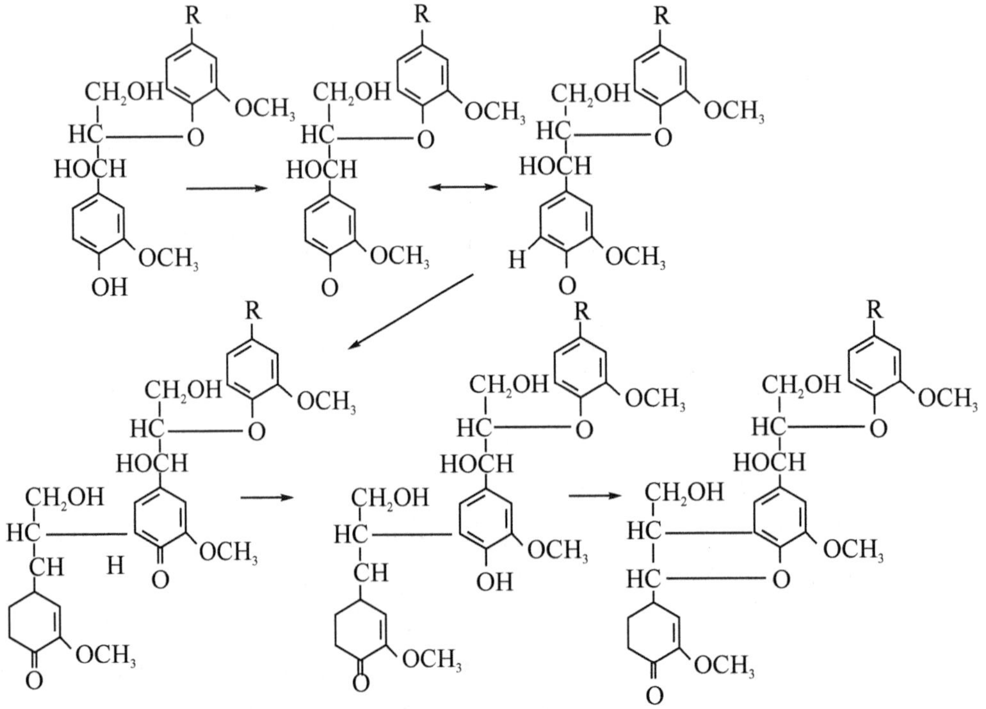

图 2.7　末端聚合作用

在细胞壁中木质素开始沉积之前，已沉积纤维素和半纤维素（高聚糖或碳水化合物），因此，若在木质素沉积之初向亚甲基醌加成的是碳水化合物（纤维素或半纤维素），就会形成木质素和碳水化合物之间的化学结合，即木质素—碳水化合物复合体（LCC）。

木质素的生物合成过程和其他天然高分子的生物合成过程比较，其突出的特点是，一旦自由基生成后，就与酶的作用无关，自由基之间任意结合而高分子化。因此，尽管木质素结构单元中有几个不对称中心，但因为形成外消旋体而没有光学活性。而在生物合成及化学结构方面与木质素相似的木酚素是有光学活性的。此外，碳水化合物、蛋白质等多数天然高分子化合物也是具有光学活性的。作为天然高分子木质素的这种独特的生物合成过程，带来了化学结构的不规则性，进而造成其特异的反应性能，如对生化分解的抵抗性。

2.1.3　植物细胞壁的木质化过程

细胞分裂新生成的细胞壁薄，富含果胶等酸性多糖类，接着逐渐生成纤维素及半纤维素，细胞则分化成各种特有的木质部细胞（木纤维、管胞、导管等），当形成次生壁S1层时，才开始由初生壁（P）的角隅部分形成木质素，这种现象一般称为木质化（Lignification）。木质化作用随树木组织的成熟，向胞间层、初生壁和次生壁发展，因木质素的芳香环吸收280nm附近的紫外光，用紫外显微镜可以观察到木质化过程。

图2.8为杉木管胞的木质化过程，木质部切片木质化的紫外显微镜照片，由图可知，形成层附近主要是初生壁形成的细胞壁，几乎没有紫外吸收（黑色部分），伴随着次生壁的形成，紫外线吸收才逐渐进入到胞间层、初生壁以及次生壁，由此可了解到木质化的进程。木质素的形成是木质化植物组织的正常代谢的结果，而且即使没有木质化的组织，作为对病害、伤害的反应，也经常能见到木质化现象而生成木质素。

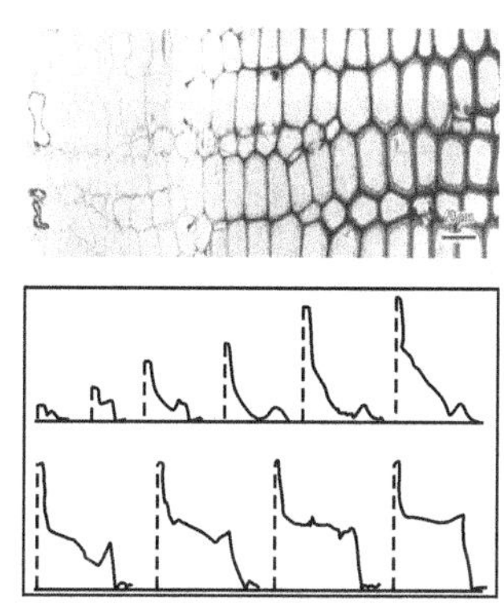

图 2.8　杉木管胞木质化过程及其紫外显微镜照片

1978年，D.A.I. Goring等将黑云杉（Picea mariana Mill）及银枞（Abiea alba Mill）木片用高锰酸钾（KMnO4）溶液染色，制成超薄横切切片（25～30nm），在电子显微镜下观察，阐明了已木质化的管胞的S2层为层状构造，木质素和高聚糖在细胞壁中以层状结构存在，如黑云杉和银枞的层间距离分别为7.1nm和8.6nm。因此，木质素在细胞壁中分布的推断如图2.9所示。

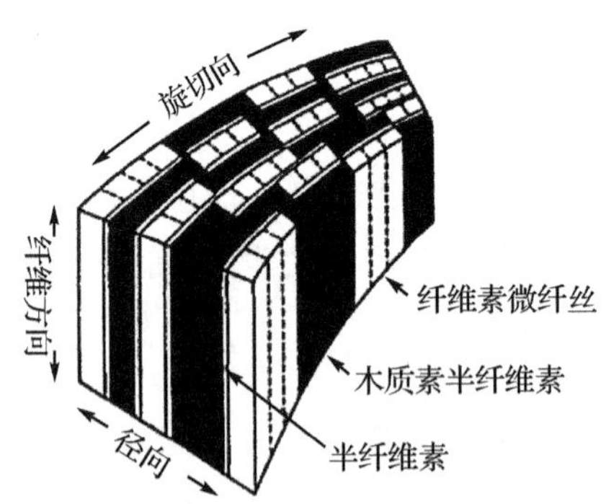

图 2.9　木质部细胞壁中木质素和聚糖的间断层状排列示意图

D.A.I. Goring等发现完全木质化的黑云杉管胞细胞壁的木质素70%～80%分布在次生壁，其余的20%～30%在复合胞间层中（包括胞间层和初生壁）。过去，由于木质素在复合胞间层中浓度高（黑云杉为85%～100%），曾认为复合胞间层含有全部木质素的50%～70%。现已明确次生壁木质素的浓度虽低（黑云杉为22%），但其容积（87%～94%）却比胞间层（6%～13%）大得多，所以大部分木质素存在于次生壁。

木质素生物合成的各个阶段的酶活性因树种、季节、部位、细胞种类、木质化阶段等而异，所以生成的木质素结构多样且不均一。此外，酶的生成也受光、植物生长调节物质等的影响。应压材的木质素与其正常材就不同，这也是因为植物激素的分布不均一造成的。

针叶树主要由管胞细胞构成，复合胞间层中碳水化合物沉积完成之时，愈创木基木质素在胞间层和细胞角隅开始沉积，接着依次在初生壁、次生壁的S_1、S_2、S_3沉积。阔叶树主要由导管和木纤维细胞构成，木纤维细胞主要是愈创木基和紫丁香基木质素，而导管主要是愈创木基木质素，在细胞壁中沉积模式认为和针叶树一样。关于细胞壁的形成和木质素沉积及其构造的不均一性如图2.10所示。

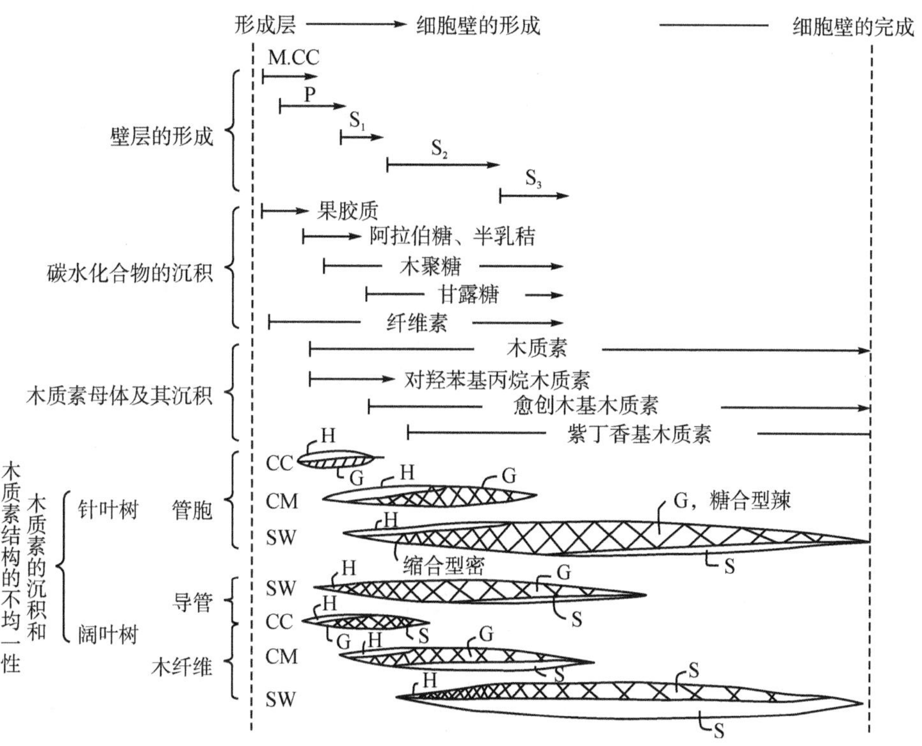

图 2.10　细胞壁的形成和木质素的沉积及其结构的不均一性

2.1.4　木质素在细胞壁中的作用

植物细胞壁中木质素作为一种填充和黏结物质，在细胞壁中能以物理或化学的方式使纤维素微纤丝之间黏结和加固。木质素和半纤维素一起作为细胞壁物质填充在初生壁和次生壁的纤维素微纤丝之间，使细胞壁加固。同时也存在于胞间层，使相邻细胞黏结在一起。这种填充和黏结不仅使细胞壁加固，同时也把各种细胞粘结在一起，赋予细胞及植物茎秆很高的机械强度，使植物挺立，甚至高达数百米。此外，木质素也能减小细胞壁横向的透水性，加强植物茎秆的纵向疏导能力。木质素是芳香族高聚物，使木质化的细胞壁能阻止微生物的进攻，使植物不易腐朽。

2.2　植物中的木质素

木质素是由苯丙烷（Phenyl propane）结构单元通过醚键和碳—碳键连接而成的，具有一定量的甲氧基的三维立体结构的芳香族高分子化合物的总称。本节介绍木质素分类、各类细胞中的分布及其不均一性。

2.2.1 木质素的分类

木质素广泛存在于具有维管束的蕨类以上的高等植物中，基本不存在于菌类、苔藓类植物。木质素根据芳香核结构不同分为三种：较原始的蕨类植物、裸子植物（主要是针叶树）的木质素主要是愈创木基丙烷（G型）木质素；较进化的被子植物（主要是阔叶树）的木质素含有G型木质素和紫丁香基丙烷（S型）木质素；进一步进化的单子叶植物除G型和S型木质素之外，还含有对-羟基苯基丙烷（H型）木质素（见图2.11）。木质素结构单元随植物进化而变得复杂化。

图 2.11　木质素结构单元

木质素在蕨类植物、针叶树、阔叶树和禾本科植物等不同种类的植物中的含量及化学结构也有差异。长期以来，研究者们把植物中的木质素分为针叶材木质素、阔叶材木质素和禾本科植物的木质素。这样的分类方法虽然能反映大多数的针、阔叶材和禾本科植物的木质素结构，但由于未考虑到双子叶植物中的草本植物木质素以及针、阔叶材中少数树种木质素结构的特殊性，不能认为是一种严格的和满意的分类方法。

Gibbs（1958年）将植物中木质素按其结构分为两大类，即愈创木基木质素和愈创木基-紫丁香基木质素，分别简称为G木质素和GS木质素。愈创木基木质素主要是由松柏醇脱氢聚合而成，其结构均一，呈现负的Mäule反应（呈黄褐色或褐色），硝基苯氧化产物大多为香草醛，仅生成极少量的紫丁香醛，一般小于1.5%，对羟基苯甲醛量在5%左右，大多数针叶材都属于愈创木基木质素，有少数例外，如罗汉松属中的一些树种等，具有愈创木基-紫丁基木质素的特征。愈创木基-紫丁香基木质素是由松柏醇和芥子醇脱氢共聚而成，呈正Mäule反应（呈红紫色），硝基苯氧化产物除大量的香草醛外，还有大量的紫丁香醛。大部分温带阔叶材以及禾本科木质素都属于这类。温带阔叶材木质素硝基苯氧化产物中紫丁香醛为20%～60%，对-羟基苯甲醛量极少。但也有例外的情况，如刺桐和重阳木的木质素具有愈创木基木质素的特征。禾本科木质素的硝基苯氧化产物中紫丁香醛的平均量低于温带阔叶材，而对-羟基苯甲醛含量较高。热带阔叶材木质素介于G木素和GS木质素之间，更接近于G木质素的特征。

Nimz（1981年）根据木质素^{13}C核磁共振波谱的研究结果，认为禾本科植物木质素中有较多量的呈醚键连接的对-羟基苯丙烷单元，把它分类为GSH木质素。此外，应压木的木质素中含有比正常的针叶材高数倍的对-羟基苯丙烷单元，分类为GH木质素。

2.2.2　木质素的分布

木质素是自然界中仅次于纤维素的最丰富和最重要的有机高聚物，广泛分布于具有维管束的高等植物中，是维管束植物所特有的化学成分，在针叶材和阔叶材中的含量为20%～35%，禾本科植物中为1%～25%。

1. 木质素在木材中的整体分布情况

木质素在木材中的分布是不均匀的，随着树种、树龄、部位的不同，木质素的含量和组成都有差别，针叶材木质素含量高于阔叶材和禾本科植物。不同树种间木质素含量的差别也很大，热带阔叶材的木质素含量与针叶材接近。同一株树木，从上到下，随着样品采集的部位越高木质素含量越少；同一株树木同一高度的横切面，心材部分木质素含量较边材多，心材部分紫丁香基木质素含量较边材高。同一年轮层中的早材和晚材，木质素的含量都有差别。

针叶材的应压木中木质素的含量明显增加。除含量上的差别外，树木各部位木质素的组成也有变化，如阔叶材成熟的木质部比幼年木质部紫丁香基木质素含量高，心材部分的紫丁香基木质素含量比相应边材高（见表2.2）。山毛榉根部的木质素愈创木基木质素含量比树干高。针叶材的树皮木质素比木材中的对-羟基苯丙烷木质素含量高，阔叶材树皮木质素愈创木基木质素含量比木材也有增加。

表2.2　木质素在木材横切面中的分布

树种	样品号	边材 /%	心材 / %	
			外层	内层
Cedrus deodara	1	30.7	32.7	35.6
	7	28.5	31.6	32.1
	11	28.1	30.2	32.1
Cupresses torulosa	1	34.9	35.9	35.3
	6	28.2	31.8	32.6
	10	26.9	29.8	—
Shorea robusta		29.5	29.3	—
Dalbergia sisso		25.4	30.2	—

2. 木质素在竹材中的整体分布情况

木质素在竹材中的分布是不均匀的，随着竹种、竹龄、部位的不同，木质素的含量和组成也有差别。不同竹种间木质素含量有差别；同一株竹子，从上到下，随着样品采集的部位越高木质素含量越少（见表2.3）。

表2.3 木质素在竹材中的分布

单位：%

Phyllostachys pubescens				*Phyllostachys nigra*				*Phyllostachys reticulata*			
竹笋			成熟竹材	竹笋			成熟竹材	竹笋			成熟竹材
高	中	低		高	中	低		高	中	低	
2.25	6.21	7.80	26.06	2.14	6.93	7.08	23.82	3.84	4.85	9.17	25.33

3. **植物细胞壁中木质素分布**

木质素在细胞壁中的分布研究始于Ritter（1925），此后Bailey（1936）分离出冷杉（Douglas fir）复合胞间层，测得木质素浓度为71%。Lange（1954）用紫外显微镜研究木质素的分布，也证实了胞间层木质素浓度为60%～90%。Goring等（1969年）改进了紫外显微镜的研究方法，制备木材的超薄横切面，确立了木质素在细胞中分布的定量研究法。Goring等研究结果表明，分布在次生壁：初生壁：胞间层的木质素相对吸光度为1：1.97：3.77（见图2.12）。应该注意的是，浓度与含量的区别，胞间层的木质素浓度高，因其体积小，木质素在春材和夏材胞间层中含量分别为28%和18%，其余的72%和82%分布在春材和夏材的次生壁中。木射线细胞约占木质部重量5%，木射线细胞较管胞、木纤维等细胞木质素含量高，如spruce木材的木质素含量为28.6%，而其木射线细胞木质素含量为42.7%。

一些研究者用紫外显微镜先后研究了黑云杉和花旗松中木质素的分布，证明针叶材管胞中次生壁木质素浓度比胞间层木质素的低得多，但由于次生壁的体积比胞间层大得多，所以木材中木质素主要存在于次生壁中（见表2.4）。

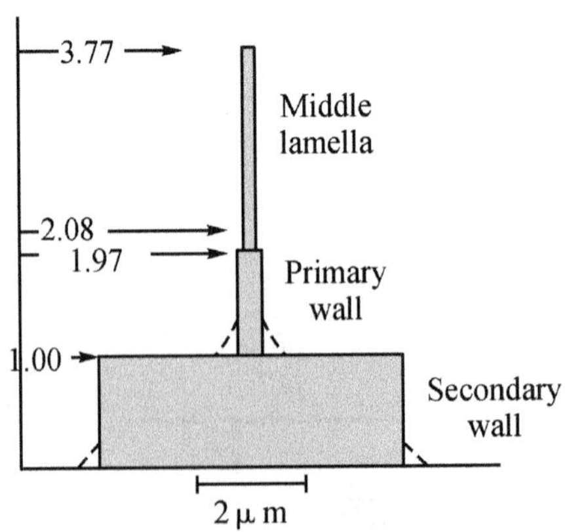

图 2.12 春材细胞壁中木质素分布

表2.4　紫外光度法测定黑云杉（*Picea marinna*）和花旗松（*Pseudoisuga menzaesii*）中的木质素分布

木材	形态区域	组织体积 /%		总木质素 /%		木质素浓度 /（g/g）	
		黑云杉	花旗松	黑云杉	花旗松	黑云杉	花旗松
早材	管胞 S	87	74	72	58	0.23	0.25
	管胞 ML	9	10	16	18	0.5	0.56
	管胞 MLCC	4	4	12	11	0.85	0.83
	木射线薄壁细胞 S	—	8	—	10	—	0.40
	木射线管胞 S	—	4	—	8	—	0.28
晚材	管胞 S	94	90	82	78	0.22	0.23
	管胞 ML	4	4	10	10	0.60	0.60
	管胞 MLCC	2	2	8	6	1.00	0.90
	木射线薄壁细胞 S	—	3	—	4	—	—
	木射线管胞 S	—	1	—	2	—	—

Saka等（1978—1984）在非水介质（$CHCl_3$）中将木质素溴化，再用扫描电镜和能量分析仪（SEM-EDXA）测定木材中各形态区的溴浓度，从溴的相对量间接测定细胞不同部位木质素的分布。这种方法能测出次生壁S_1、S_2和S_3层中木质素的浓度（见表2.5），研究的结果与用紫外显微镜测定的结果类似。

表2.5　SEM-EDXA法测定火炬松（Pinus taeda）的木质素分布

木材	形态区域	组织体积 /%	木质素	
			总量 /%	浓度 /（g/g）
早材	S_1	13	12	0.25
	S_2	60	44	0.20
	S_3	9	9	0.28
	ML	12	21	0.64
	MLCC	6	14	0.64
晚材	S_1	6	6	0.23
	S_2	80	63	0.18
	S_3	5	6	0.25
	ML	6	14	0.51
	MLCC	8	11	0.78

2.2.3　木质素的不均一性

1. 植物细胞壁中木质素结构的不均一性

Goring等用紫外显微镜研究了桦木（Birch）材的不同细胞的细胞壁中的木质素含量（见图2.13），导管次生壁紫外吸收光谱的最大吸收波长（λ_{max}）为279nm，木纤维次生壁λ_{max}为270nm，木纤维胞间层角隅λ_{max}为275～276nm。另外，愈创木基木质素模型物的紫外吸收光谱的最大吸收波长 λ_{max}为280nm，而紫丁香基木质素 λ_{max}为270nm。因此，由图2.13可知，导管次生壁主要由愈创木基木质素、木纤维次生壁由紫丁香基木质素，而细胞角隅由愈创木基与紫丁香基木质素混合构成。

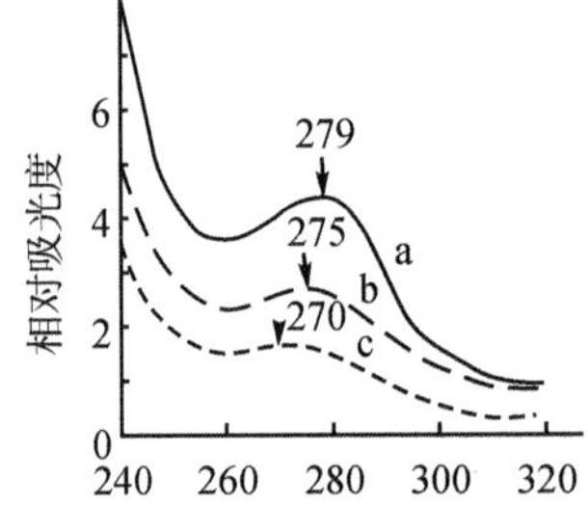

（a：导管次生壁；b：木纤维的胞间层角隅；c：木纤维的次生壁）

图 2.13　桦木材的不同细胞壁木质素紫外吸收光谱（箭头指 max 吸收）

Saka等用扫描电镜和能量分析仪（SEM-EDXA）也证实了上述结论，不同形态区域的木质素中愈创木基与紫丁香基这两种结构单元的比例不相同（见表2.6）。

表2.6　愈创木基和紫丁香基木质素在白桦中的分布

形态区域	愈创木基：紫丁香基	
	溴化及 SEM-EDXA	UV
木纤维 S_2	12:88	紫丁香基
导管 S_2	88:12	愈创木基
薄壁细胞 S	49:51	紫丁香基
MLCC（F/F）	91:9	50:50
MLCC（F/V）	80:20	愈创木基
MLCC（F/R）	100:0	50:50
MLCC（R/R）	88:12	50:50

F：木纤维；V：导管；R：木射线细胞。

研究结果表明，木纤维的次生壁木质素主要是由紫丁香基丙烷组成，而导管分子次生壁木质素主要由愈创木基丙烷构成。射线薄壁细胞用UV法测得是由紫丁香基构成的，但SEM-EDXA测得的结果是S：G为1：1。此外，胞间层细胞角隅的木质素组成也有差别。以UV-EDXA法测得的纸皮桦木质素分布情况列于表2.7。木纤维和导管分子次生壁各层木质素均匀分布，但导管次生壁的木质素浓度是木纤维的1.9倍。薄壁细胞次生壁木质素浓度比木纤维和导管都低，细胞角隅的木质素浓度最高。由于木纤维次生壁占总组织体积的70%以上，因此纸皮桦中木质素主要存在于木纤维的次生壁中。

表2.7　纸皮桦（*Retula papyrifera Marsh*）木质素的分布（UV-EDXA法）

细胞	形态微区	组织体积/%	木质素浓度/(g/g)
木纤维	S_1	11.4	0.14
	S_2	58.5	0.14
	S_3	3.5	0.12
	ML	5.2	0.36
	MLCC（F/F）	2.4	0.45
导管分子	S_1	1.6	0.26
	S_2	4.3	0.26
	S_3	2.3	0.27
	ML	0.8	0.40
	MLCC（F/V）	≈ 0	0.58
木射线薄壁细胞	S	8.0	0.12
	ML	2.0	0.38
	MLCC（F/R）	≈ 0	0.47
	MLCC（R/R）	≈ 0	0.41

根据SEM-EDXA法对芦苇和麦草中纤维细胞壁木质素分布研究，与木材情况大致相同。大部分的木质素存在于次生壁，木质素浓度以复合胞间层最高，S_2层最低，各区域木质素浓度为ML>S_1>S_3>S_2。

2. **木质素结构中三种结构单元的比例**

根据碱性硝基苯氧化产物的研究，典型的针叶材木质素紫丁香醛与香草醛的克分子比S/V接近于零，温带阔叶材为1～3，禾本科植物木质素为0.3～1，说明禾本科植物木质素中紫丁香基丙烷的比例比针叶材高，但比阔叶材低；禾本科植物硝基苯氧化产物中H/V（对-羟基苯甲醛/香草醛）为0.5～1，说明对-羟基苯丙烷单元比例较针、阔叶材木质素高。在针叶材木质素中对-羟基苯丙烷单元仅占5%左右，而温带阔叶材中对-羟基苯丙烷结构单元的量可以忽略不计。

3. **键型与数量**

禾本科植物木质素中的对-羟基苯丙烷单元有相当部分是以酯的形式与其他苯丙烷单元相连。如麦草木质素中，对-香豆酸为2.1%，约占对-羟基苯丙烷单元的60%。竹、蔗渣、芦竹、芦苇木质素中对-香豆酸各占10%、10.1%、4.1%和6%。竹木质素中G：S：H为68：22：10，含有7%～10%的对-香豆酸（a），其中80%左右与木质素侧链γ-碳成酯键（c）连接。

除了对-香豆酸酯外，还有一部分阿魏酸（b）的酯，但数量较对-香豆酸酯少。阔叶材的杨木木质素中存在一定量的对-羟基苯甲酸酯。禾本科植物木质素中的对-羟基苯丙烷单元如对-香豆酸和阿魏酸还通过其酚羟基与木质素成醚键结合，如α-O-4

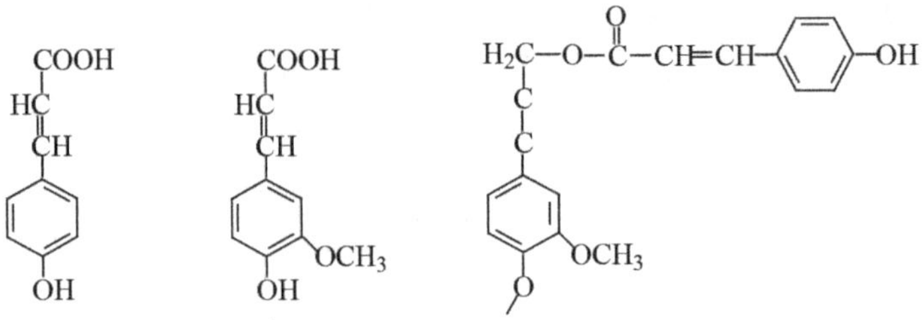

a　　b　　c

醚键，这已由酸水解和^{13}C核磁共振谱的研究证明。表2.8为麦草和杨木的不同级分的木质素经过两次碱性水解（使酯键彻底断裂）和一次酸解（使醚键断裂）后产生的各种酚酸数量。麦秆木质素中的对-香豆酸主要以酯的形式存在于各级分中，而阿魏酸主要以醚键（α-O-4）与其他单元相连，特别是在碱溶木质素中较多。杨木中的酚酸，对-羟基苯甲酸主要以酯键与木质素相连。这些都反映了由于酚酸种类和键型不同造成的木质素结构的不均一性。

表2.8　麦草和杨木木质素皂化和酸解产生的酚酸（mg/g木质素）

木质素级分	麦秆				杨木	
	对-香豆酸		阿魏酸		对羟基-苯甲酸	
	酯	醚	酯	醚	酯	醚
LM	23.7 ± 1.4 （2.3 ± 0.1）	1.1 ± 0.1	2.3 ± 0.1 （0.2 ± 0.1）	1.2 ± 0.1	23.1 ± 0.1 （0.5 ± 0.1）	3.6 ± 0.1
LE	22.3 ± 0.9 （4.1 ± 1.3）	1.5 ± 0.1	1.5 ± 0.2 （0.2 ± 0.1）	4.3 ± 0.6	24.0 ± 1.8 （1.2 ± 1.8）	3.9 ± 0.1
LA	2.0 ± 0.1 （0.9 ± 0.1）	3.4 ± 0.1	1.6 ± 0.4 （0.7 ± 0.1）	11.3 ± 0.9		

LM：磨木木质素；LE：醇木质素；LA：低温碱溶木质素。

稻草木质素中也存在这两种酚酸，而对-香豆酸主要也是以酯键结合。Nimz根据^{13}C核磁共振谱法对几种禾本科植物木质素研究结果指出：禾本科植物木质素中β-O-4键的比例既低于阔叶材，也低于针叶材，但并不比应压木低。另外，已有试验证实针叶材木质素中β-O-4键的比例低于阔叶材。由此可见，禾草类木质素的主要键β-O-4的数量更接近于针叶材。同时考虑到β-5和β-β键以及紫丁香基丙烷所占的比例，禾本科植物木质素与阔叶材木质素有较大的差别，因此认为，禾本科植物木质素在其化学反应，特别是制浆中的降解作用与阔叶材木质素的差别较针叶材更大。

2.3　木质素的分离方法

木质素与纤维素、半纤维素共存于植物细胞壁中，为研究原本状态木质素（原本木质素）的结构和性质，需将木质素从细胞壁中分离出来。分离出的木质素只有当数量上和结构上都足以代表原本木质素，并且不含其他组分时，才能作为研究的试样。迄今为止还未能分离到一种完全代表原本木质素的木质素试样，其原因主要有以下四点：

（1）木质素性质不稳定性：木质素受到光照、温度、化学试剂和机械作用等，木质素结构都会或多或少发生变化；

（2）木质素溶解性差：木质素大分子具有三维空间网状结构，几乎不可能用某种溶剂在不改变木质素结构的前提下，将其溶解出来；

（3）木质素多糖复合体（LCC）：木质素与纤维素、半纤维素之间错综复杂的物理和化学上的结合，因此完全分离而又不改变木质素的化学结构是不可能的；

（4）木质素结构单元特点：木质素结构单元是苯基丙烷（C_6–C_3），其侧链丙烷的化学结构与糖类的结构具有某些相似性，该特征也增加了分离的难度。

因此，不改变木质素化学结构而完全分离出木质素，实际上是不可能的。无论采用何种方法分离木质素，其结构都或多或少发生了变化，从而不同于植物体中的原本木质素。木质素在分离过程中的变化随分离方法不同而异，因此分离木质素通常冠以分离方法、分离试剂、研究者的名字命名。

2.3.1　木质素分离方法分类

木质素的分离方法按照分离原理的不同可以分为两大类（见表2.9）。

表2.9　木质素分离方法

分类	分离方法	特征
不溶木质素	硫酸木质素 盐酸木质素	化学变化大
	铜氨木质素 高碘酸木质素	发生化学变化
溶解木质素	木质素磺酸盐 碱木质素 硫化木质素 氯化木质素	发生化学变化 用无机试剂分离，与制浆有关
	乙醇木质素 二氧六环木质素 酚木质素 巯基醋酸木质素 醋酸木质素	发生化学变化 除二氧六环木质素外，试剂与木质素结合
	有机胺木质素	胺与木质素结合
溶解木质素	Björkman 木质素 丙酮木质素 酶木质素 Brauns 天然木质素	化学变化极少， 用中性有机溶剂提取

（1）溶解木质素：直接溶解木质素而进行分离的方法；

（2）不溶木质素：将木质素以外的组分溶解除去，把木质素作为残渣保留下来。

2.3.2 溶解木质素

溶解木质素包括与制浆工业有关的分离木质素，如木质素磺酸盐、碱木质素、硫化木质素等；在有机溶剂中加入少量无机酸作催化剂而分离的木质素，如乙醇木质素、二氧六环木质素和巯基醋酸木质素等；用中性有机试剂提取的木质素，如Brauns“天然木质素”、磨木木质素、酶解木质素等方法。

用溶剂可以从植物纤维原料中提取部分木质素，蒸馏去除溶剂或分级沉淀可得到各种分离木质素，而糖类和不溶于溶剂的部分木质素则保留于残渣中。此法的优点是分离过程中未引起木质素结构的剧烈变化，但分离木质度的得率较低，占原料木质素的1/4～1/2。

1. 中性有机溶剂分离的木质素

（1）磨木木质素（Björkman木质素，或Milled Wood Lignin，MWL）

磨木木质素是由A. Björkman于1957年提出的。

分离：将试料粉碎成40目，脱去提取物，然后在震动球磨仪中磨72h，达10μm。用96%二氧六环水溶液提取3次，旋转蒸发仪浓缩、冷冻干燥，得粗磨木木质素。

纯化：粗磨木木质素经80%醋酸水溶液溶解，在水中沉淀，冷冻干燥；又以1，2-二氯甲烷-乙醇（2:1，V:V）溶解，乙醚中沉淀，获得磨木木质素，得率一般为原料木质素的50%～70%。磨木木质素中含有一定量的糖类，针叶材MWL中含糖量0.6%～5%，阔叶材木质素中含糖量3%～9%，禾本科植物木质素中含糖量高达10%以上。

磨木木质素是在不加酸、不加热条件下，用中性溶剂提取的木质素。依靠机械力破坏木质素和糖之间的键，得到的木质素是浅乳酪色的粉末。随着磨碎、提取及纯化条件的不同，制得的MWL在分子量、含糖量和结构上都有差异。虽然公认磨木木质素是当前最接近原本木质素的分离木质素，广泛地使用于木质素结构和性质的研究，但由于在制备过程中不可避免地发生脱甲氧基、氧化以及游离基的偶合反应，因而在结构上或多或少与原本木质素有所区别。另外，磨木木质素得率50%左右不能代表植物原料中的全部木质素。

（2）Brauns“天然木质素”（Brauns Native Lignin, BNL）

Brauns“天然木质素”是由Brauns于1939年提出的。将木粉粉碎100～200目，依次用水和乙醚抽提之后，用96%的乙醇彻底提取，将乙醇提取物浓缩后注入水中沉淀，离心得到粗木质素；再将粗木质素溶于二氧六环中，在乙醚中沉淀而得纯化的木质素，称为Brauns“天然木质素”。

由于在酸性条件下制备乙醇木质素时，往往伴随着一些化学变化，为了使溶剂和木质素不产生反应，Brauns提出了在室温条件下，不加酸，用96%乙醇从云杉木粉中分离出木质素的方法。Brauns认为在此条件下，试剂和木质素不起反应，因此不至于引起木质素结构的变化，故把所分离出的木质素称为“天然木质素”，亦称“Brauns木质素”。但其分离得到的木质素得率低，得率不过Klason木质素的8%～10%，且木质素分子量低，因此，该“天然木质素”加上引号，以示与原本木质素的区别。

（3）纤维素酶解木质素（Cellulolytic Enzyme Lignin，CEL）

Chang等人（1975年）将脱去提取物的木粉以甲苯为分散剂置于振动球磨仪中研磨48h，再以具有很强的分解纤维素和半纤维素活力的酶处理球磨后的木粉，继以96%和50%（V/V）的二氧六环水溶液提取酶处理过的试样，得到两个不同级分的分离木质素。

以云杉为原料，用96%和50%（V/V）的二氧六环水溶液提取的得率各占原料木质素的27.8%和29.2%，含糖相应为4.3%和9.8%。而同样球磨条件得到的云杉磨木木质素得率仅为16.8%，含糖量为4.1%。如以美国枫香为原料所得到的纤维素酶解木质素的量为磨木木质素的4倍。精制后的纤维素酶解木质素得率为原料木质素的50%～70%，且化学和光谱分析的结果与磨木木质素相近，也是目前用作结构研究的较理想的木质素制备方法。

2. 酸性有机溶剂分离的木质素

在含有少量无机酸的有机溶剂中加热提取木质素，木质素结构单元之间的醚键断裂，形成溶于这些有机溶剂的木质素。将滤液浓缩之后注入水中沉淀，形成褐色的木质素，收集沉淀干燥之后，再溶于相应的有机溶剂中，使其在乙醚中沉淀，便得到纯化的木质素。

提取木质素的有机溶剂，主要有醇类（乙醇、甲醇、丁醇、异丙醇、异丁醇、乙二醇、苯甲醇等）、二氧六环、苯酚等有机溶剂。用醇类提取的木质素侧链的α位通常含有烷基，苯酚提取的木质素也含有苯酚（苯酚的邻位或对位与木质素侧链的α位碳碳键结合），而用二氧六环提取的木质素中没有二氧六环的连接。此外，还可用巯基乙酸提取木质素。

乙醇木质素：将干燥的木粉用含5%盐酸的10倍量的乙醇提取，加热回流6～10h，提取液浓缩，在水中沉淀，获得6%～7%的褐色乙醇木质素。乙醇木质素通常在木质素侧链的α位含有乙基。

二氧六环木质素：用二氧六环水溶液（9:1，V/V）中加入少量的盐酸使溶液的酸浓度为0.2mol在90～95℃下处理得到的二氧六环木质素，针叶材得率为10%～13%，阔叶材为22%～35%，禾本科植物为44%～55%。二氧六环木质素的特点是没有溶剂（二氧六环）结合到木质素结构上，因此分离得到的二氧六环木质素比较纯。

巯基乙酸木质素：将脱脂木粉和巯基乙酸在2mol HCl的混合液中煮沸之后，过滤，残渣用2%氢氧化钠溶液抽提，得到的溶液以盐酸酸化使生成巯基乙酸木质素沉淀。将沉淀干燥之后，再溶于二氧六环，使其在乙醚中沉淀，得到纯化的木质素。巯基乙酸木质素得率高，但常含有较多的$-SCH_2COOH$基团。

3. **无机溶剂分离的木质素**

在特定的条件下木质素能溶解在一些无机试剂（氢氧化钠、硫化钠的碱液、亚硫酸盐等）的水溶液中，经沉淀分离后，即可获得相应的分离木质素（碱木质素、硫代木质素、木质素磺酸盐等）。制浆造纸工业通常采用无机溶剂分离木质素的方法。

（1）硫酸盐木质素（Kraft lignin）

在氢氧化钠水溶液中加入硫化钠为催化剂，在170℃左右加热（硫酸盐法蒸煮），木质素被降解而生成在碱水溶液中可溶解的木质素衍生物，即硫代木质素。硫酸盐法的制浆废液中加入酸进行酸化沉淀，该沉淀物中除硫代木质素外，还含有大量的半纤维素，通常将其沉淀物溶于二氧六环，使其在乙醚中再沉淀，而制得较纯化的硫代木质素。工业上为减少酸的消耗，通常进行两段中和，第一段以烟道气（主要是CO_2）中和到pH值为9，硫代木质素以钠盐的形式沉淀滤出，第二段以硫酸使这个沉淀在pH值为3，分离出硫代木质素。

如果不用硫化钠为催化剂，只以氢氧化钠处理植物纤维原料，得到的便是碱木质素。

（2）木质素磺酸盐（Lignosulfonate）

在酸性条件下亚硫酸盐水溶液处理植物纤维原料（亚硫酸盐法蒸煮），木质素大分子中α-醚键水解断裂，引起木质素大分子局部碎片化，同时在木质素单元侧链α-位引入磺酸基团，α-C上普遍磺化增加木质素分子亲液性，成为水溶性的木质素磺酸盐。在蒸煮液中由于无机盐、糖及其衍生物与木质素磺酸盐共存，为了分离木质素磺酸盐，必须将无机盐、糖等杂质除去，其方法有无机盐或有机盐沉淀法、透析法、凝胶过滤法等。

工业上从亚硫酸盐法制浆废液中分离木质素磺酸盐多采用石灰乳中和，除去不溶解的亚硫酸钙，用发酵法脱除糖之后喷雾干燥获得木质素磺酸盐。近年来还采用反渗透法分离木质素磺酸盐。木质素磺酸盐是少数的水溶性木质素之一，基于其水溶液的界面活性、分散性、螯合性等性质，具有广泛的用途。

2.3.3 不溶木质素

把植物纤维原料中的高聚糖溶出，从而使木质素以不溶状态残留下来，所得的分离木质素称为不溶木质素，包括酸木质素、铜氨木质素、过碘酸盐木质素等。不溶木质素由于酸的作用或氧化作用，使木质素结构产生相应的变化，其中以硫酸木质素的化学变化较大。

1. **酸木质素**

不溶木质素分离方法中以酸木质素最重要。用浓硫酸、浓盐酸、浓硫酸—浓盐酸、氢氟酸等使植物纤维原料水解，溶解除去高聚糖（纤维素和半纤维素），作为残渣得到的木质素，总称为酸木质素。

硫酸木质素和盐酸木质素在木材水解工业中作为木材糖化的残渣也可得到，故也称为水解木质素。硫酸木质素和盐酸木质素分离的原理是用72%硫酸或42%盐酸处理植物纤维原料，使高聚糖（纤维素、半纤维素）润胀，并稀释成稀酸，在高温下水解，纤维素和半纤维素降解成单糖溶于酸液中，保留下来的残渣即为酸木质素。用浓硫酸处理得到的木质素为硫酸木质素（Klason lignin），用浓盐酸处理得到的木质素为盐酸木质素（Willstätter lignin）。

作为盐酸木质素分离法的一例，叙述如下：脱脂木粉中加入相对密度1.2，浓度约为42%的冷盐酸，振动25h后，加入冰水放置1夜，过滤，残渣木质素接着加入5%盐酸煮沸5～6h，过滤、水洗、干燥。如果不在盐酸中加热而在水中煮沸，木质素结构化学变化较少，得到的盐酸木质素是淡褐色的粉末，虽然在部分有机溶剂和碱性溶液中发生润胀，但极难溶解。

即使在缓和的处理条件下，木质素对无机酸也极为敏感，因此，在酸木质素的分离过程中，原本木质素发生了相当程度的变化，主要是缩合反应。研究证明，盐酸木质素的变化程度比硫酸木质素较小些。

硫酸木质素完全不适合于木质素化学结构和反应性能的研究。硫酸木质素的分离被广泛用作植物纤维原料中的木质素定量法。一般可用硫酸木质素含量代表植物纤维原料中木质素的含量，但在用于阔叶材和禾本科植物的木质素定量时，还必须考虑到一部分溶解于酸中的酸可溶木质素的含量。

2. 铜氨木质素

铜氨木质素制备法是Freudenberg（1929）为减少酸不溶木质素的缩合程度而提出的。为充分除去高聚糖（纤维素和半纤维素），首先加入稀酸使纤维素和半纤维素部分水解，即将木粉与1%硫酸煮沸3～4h，之后以铜氨溶液（$Cu(OH)_2$溶于NH_4OH中的络合物溶液）在室温下抽提12h，如此重复多次处理，直到糖不再溶出为止，通常要反复4～5回，这样得到的木质素称为铜氨木质素。通常其颜色比酸木质素淡，由于要反复以酸碱处理，制备时间长，应用不甚广泛。

3. 过碘酸盐木质素（Peroidate lignin）

过碘酸盐木质素是用5%过碘酸盐（$Na_3H_2IO_6$）的水溶液在20℃、pH值为4的条件下处理木粉，把高聚糖（纤维素和半纤维素）氧化转变为水溶性产物，然后用水煮沸而分离，重复数次，得到的残渣即为过碘酸盐木质素。

2.3.4　木质素含量定量方法

近年来木材微细部分的木质素分布定量的研究，也快速发展。而且，由于在制浆工业中，纸浆的质量和浆的木质素含量之间有密切的关系，因此，木质素含量的定量法得以发展。然而，树皮、叶部、草以及木材以外的植物纤维原料，包括食品和饲料等的木质素的定量法，还没有完全确立，特别是近年，关系到环境污染，废水、河水以及海水中木质素的定量法也变得重要起来。因此，木质素的定量法，还有待进一步的研究。

常用的木质素定量方法可分为3种：①直接法，用强酸或酶水解除去纤维素和半纤维素，使木质素作为不溶残渣而分离出来的方法；②物理法，将木质素溶解在溶剂中，用分光光度法定量木质素含量的方法；③间接法，根据甲氧基含量、氧化剂消耗量等推算木质素含量的方法。

1. 直接法

木质素作为不溶残渣的定量方法是先将植物纤维原料抽提（苯-醇混合液）去除少量组分，脱脂试料用浓无机酸在室温下处理，润胀纤维素和半纤维素，接着在稀酸中加热，纤维素和半纤维素水解变成单糖而溶解去除，得到不溶性残渣，即为木质素，将其称量，便可定量木质素。所用无机酸，可以是硫酸、盐酸或氢氟酸，其中用得最广的是硫酸，即硫酸木质素（Klason Lignin）。

硫酸木质素是瑞典皇家科学研究院Peter Klason提出的木材（针叶材）中木质素含量的定量方法，作为木材中木质素的直接定量法，该法被认为是最值得信赖的方法，为世界各国作为标准法，我国也作为定量木材中木质素的国家标准方法。

将木粉粉碎成40～80目，在索氏提取器中以苯-醇（体积比为2：1）混合液脱脂6～8h。脱脂试料风干后，再在真空干燥箱中干燥至绝干。精确称量1g移入100mL的烧杯中，加入72%硫酸10mL，在20℃下充分搅拌润胀3h，加水稀释成3%硫酸，移入耐热带盖瓶中，在121℃下水解30 min，取出冷却，用砂芯（G4）漏斗过滤，用水洗净，连同漏斗一起在105℃下干燥至恒重，取出放入干燥皿中冷却，称重，即为Klason残渣木质素（Klason Residue, KR）。

该方法对于针叶材是适用的，而像桉木等热带阔叶材，稻草、秸秆等草本植物，叶子等植物纤维原料部分低分子量的木质素溶于酸液中，即为木质素中的一部分，尤其是低分子量的部分溶于Klason木质素定量的母液中，成为酸可溶木质素（Acid Soluble Lignin，ASL）。针叶材酸可溶木质素在1%以下，而阔叶材、草本植物等植物纤维原料酸可溶木质素3%～4%，也有的达6%，因此，必须测酸可溶木质素，用于补正（见表2.10）。另外，由于灰分中的成分（钙盐和硅）在硫酸处理时不溶解，因此，对草类原料中硅含量高的植物纤维原料需用灰分含量进行补正校正。

表2. 10　木材中酸可溶木质素含量

针叶材	KR[a]	ASL[b]	阔叶材	KR[a]	ASL[b]
云杉（*Picea abies*）	26.9	0.2	桦树（*Betula verucosa*）	19.5	3.3
黑云杉（*Picea mariana*）	28.4	0.3	桉树（*Eucalyptus globulus*）	21.1	3.9
松（*Pinus silvestris*）	27.3	0.3	杨树（*Populus tremuloides*）	17.6	3.2

a: Klason Residue（残渣木质素）；b:Acid Soluble Lignin（酸可溶木质素）

Klason法定量木质素含量：

Klason木质素 = 残渣木质素（KR）+ 酸可溶木质素（ASL）

酸可溶木质素（Acid Soluble Lignin, ASL）：根据TAPPT测试方法（T222om-83），利用木质素在205nm的特征吸收，采用紫外（UV）吸收分光光度法测定酸可溶木质素。

将稀酸水解的滤液定容1L，放进一个有1cm光路长的石英比色皿。用3%硫酸溶液作为空白或参比溶液，测量其在205nm处的吸光度。如果滤液吸光度高于0.7，那么要用3%的硫酸稀释稀酸水解液，使其吸光度在0.2～0.7范围内。根据朗伯-比尔定律计算稀酸水解液中的酸可溶木质素含量：

$$\text{ASL} = [(D \cdot V \cdot A)/(a \cdot w)] \times 100$$

式中：A为吸光度；D为稀释倍数；V为定容体积（L）；w为原料绝干质量（g）；a为205nm的吸光系数(L · g^{-1} · cm^{-1}，针叶材吸光系数为110；阔叶材吸光系数为113)。

Klason法是最可信赖的方法，且操作比较简单，因此广为采用，目前仍然是国际的木质素定量的标准方法。只是其所需时间较长，且不适于微量法。

2. **物理法**。

紫外光（UV）、荧光、X射线等都可用作木质素的定量，其中用得最广泛的是紫外吸收光度法。由于木质素在205nm和280nm附近对紫外光有最大吸收，可以用这个波长的吸光度定量木质素。

紫外吸收光度法定量木质素的原理是朗伯-比尔定律，即该溶液最大吸收波长的吸光度与其浓度和光程成正比，公式为：

$$A = a \times b \times c$$

式中：A为吸光度；a为吸光系数，单位是L/(g · cm)；b为光程，通常为1cm；c为浓度（g/L）。

采用紫外吸收光谱法定量木质素含量，始于20世纪40年代，其难点在于试料的溶解。到1961年Johnson等发明了乙酰溴法，才得以广泛地用于定量木质素含量。

溴乙酰法适用于微量法定量木质素含量。粉碎80～100目的样品去除少量组分（提取物）后，精确地称取10～25mg脱脂样品放入反应试管中，加入浓度为25%的乙酰溴的醋酸溶液（体积比）10ml，在70℃搅拌30min，冷却后转移到一个含有2MNaOH（9ml）的100mL的容量瓶中，用醋酸定容，测280nm的吸光度，根据朗伯-比尔定律计算木质素含量。

$$\text{木质素含量} = [(D \cdot V \cdot A)/(a \cdot w)] \times 100$$

式中：A为吸光度；D为稀释倍数；V为定容体积（L）；w为原料绝干质量（g）；a为280nm的吸光系数（L · g^{-1} · cm^{-1}，针叶材吸光系数为20；阔叶材吸光系数为14）。

此外，以溶液状态存在的木质素，例如前述的酸可溶木质素，用溶剂分离出的木质素溶液，或制浆工程废液中的木质素等，均可应用紫外吸收光度法进行测定。但是，有木质素以外的对紫外光有吸收的物质存在时，会产生误差。酸可溶木质素定量时，由于碳水化合物，特别是半纤维素的一部分，在酸性条件下高温处理时，生成糠醛或羟甲基糠醛，这些产物在280nm处有强吸收，因此，为避免碳水化合物降解产物的干扰，测酸可溶木质素含量时采用205nm的吸光度进行定量。

3. **间接法**

利用测定不与碳水化合物反应而与木质素有特异反应的试剂的消耗量、甲氧基含量等推算木质素含量的方法。

基于甲氧基含量的推算方法：木材以外的植物纤维原料如树皮、叶部、草等采用Klason法定量木质素不准确，因此可采用基于甲氧基含量的推算方法。金贞福等发现采用Klason法测树木叶子的木质素含量比其木材部分高，因而探讨了基于甲氧基含量推算木质素含量的方法。

表2.11　基于甲氧基含量推算的木质素含量

	G.biloba	*C.camphora*	*Z.serrata*	*F.simplex*
甲氧基 (mmol/kg)[a]	519.3	1217.0	806.4	1174.2
Klason 残渣 (% SR[b])	37.1	38.1	46.7	42.7
推算木质素[c] (% SR)	3.9	9.2	7.6	10.0

a:Klason 残渣的甲氧基含量；b:SR（抽提后的绝干样品）；c: methoxy/1000 × (200/1000) × KR

基于高锰酸钾消耗量的定量方法：特别是在制浆工业中，为掌握脱木质素的程度和漂白时漂白剂的需要量以及评价浆的质量，快速测定木质素含量是非常必要的。这时，与其说是测定木质素含量的绝对值，倒不如说多是测定这个指标的数值。例如，在一定条件下木质素对高锰酸钾的消耗量的卡帕值（Kappa值）、氯消耗量的罗衣（Roe）价等评价纸浆。该法在制浆造纸工业生产和研究中广泛应用。

卡帕值（Kappa值）的测定是根据氧化剂的氧化原理，高锰酸钾氧化木质素，然而对碳水化合物却相对稳定。在纸浆试样的悬浮液中添加过量的0.02mol/L高锰酸钾并准确确定反应时间，并对剩余的高锰酸钾进行滴定来测定高锰酸钾的消耗量。高锰酸钾值是指在测试条件下1g绝干浆所消耗的0.02mol/L高锰酸钾的量。高锰酸钾值还受纸浆试样量和所用高锰酸钾量的影响，有时会有较大的偏差。卡帕值测定方法已经被许多国家的制浆造纸技术组织定为标准的方法，我国许多工厂也使用高锰酸钾值作为评价纸浆的指标。卡帕值可以换算为木质素含量（Klason lignin），或通过适当的经验转化因子使其换算为木质素含量，如Klason木质素含量= 0.15 × 卡帕值。

2.4　木质素的化学结构研究方法

研究木质素的化学结构可以了解木质素的反应机理，对制浆过程中研究木质素的降解、溶出、漂白规律及木质素的改性与利用，都具有非常重要的意义。但由于天然木质素大分子的复杂性，使得木质素化学结构研究的进展较慢，至今对其结构的认识仍然有不够清楚的地方。

木质素的化学结构主要包括：木质素的结构单元的类型、各种类型结构单元量的比例、结构单元之间的连接方式、官能团分布等。木质素化学结构研究方法主要有化学降解法和光谱分析法，在分析研究过程中往往同时采用化学降解法和光谱分析法。

木质素化学结构研究通常借用模型物进行对比研究，如松柏醇在酶作用下脱氢聚合以及人造木质素（DHP）的合成研究，阐明了木质素大分子生物合成的途径，并提出木质素大分子中基本结构单元间的各种主要键型。以分离木质素为试样进行化学降解的研究，不仅为二聚体之间连接的键型及其频率提供信息，而且证实并补充了木质素生物合成的研究成果。

2.4.1　基于木质素模型物的研究方法

为阐明木质素的化学结构及其在化学反应特别是降解反应中的行为，选择合适的与木质素结构有关的模型物配合研究的方法极大地促进了木质素化学的进展。

由于木质素是一种复杂的天然高聚物，因而其模型物的选择有一定的困难。在木质素化学中根据从简单到复杂的原则，选择一系列已知结构的化合物作为木质素模型物。将模型物、分离木质素、植物细胞壁中的木质素在同样条件下进行化学反应或物理分析，可为木质素的结构和化学行为提供全面的知识。

简单的模型物是一些能够代表木质素某一结构特征的单体，通常用的是芳香族化合物，如带有烷氧基、伯醇羟基和仲醇羟基的酚类化合物；或者选用一些能够反映木质素结构中某种键型的二聚体。常用模型物如图2.14所示。

简单的模型物虽然能代表木质素结构的某种特征，但与木质素真实结构还有很大差距，这类模型物化学反应时在均相中进行的，没有考虑与非均相反应有关的一些问题，诸如表面性质、质量传递、扩散速度等。然而，不采用简单模型物的配合研究，木质素化学的现状也是不可设想的。用木质素的三种先体脱氢合成的DHP可能是接近于真实木质素的一种较理想的模型物，但是也不能完全代表原本木质素，因为在合成过程中并没有考虑到木质素与碳水化合物的关系，其结构与用缓和方法分离的木质素也有差别。

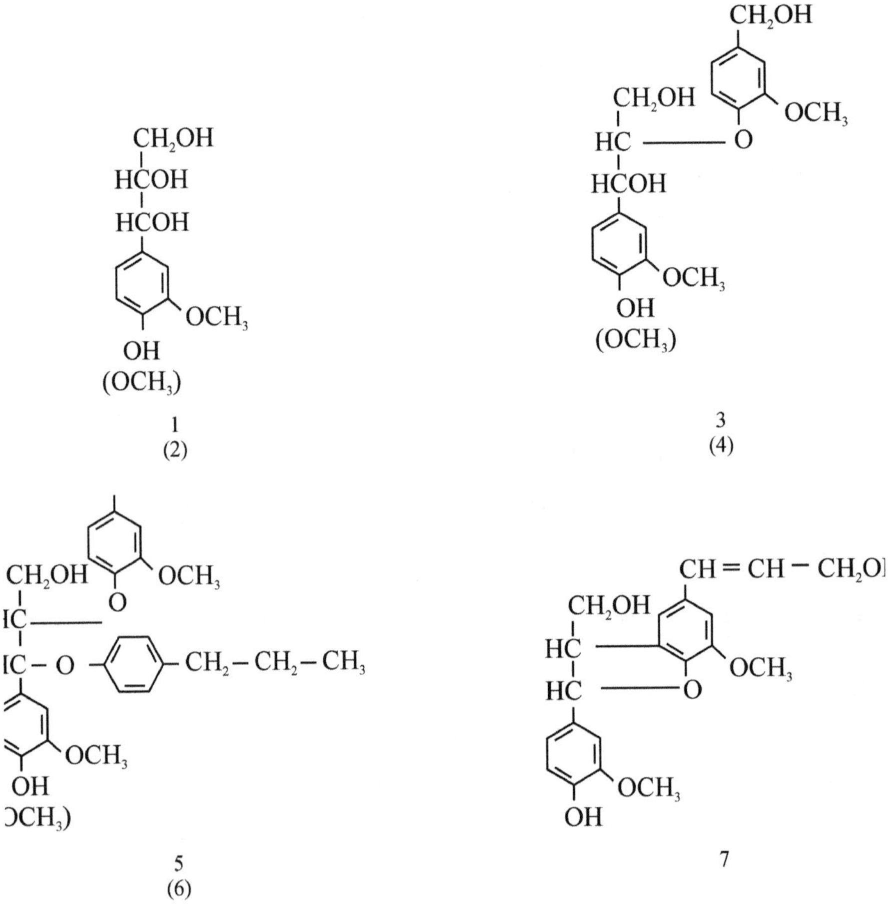

1. 愈创木基甘油；2. 藜芦基甘油；3. 愈创木基甘油－愈创木基醚；4. 藜－3－愈创木基醚；5. 愈创木基甘油－α，β－二芳基醚；6. 藜芦基甘油－α，β－芳基醚；7. 脱氢二松柏醇。

图 2.14　木质素的模型化合物

β－O－4是木质素的主要键型，占木质素结构的50%以上，因此β－O－4是木质素化学结构研究中最常用的结构，东京大学木材化学研究室采用4种不同苯环结构（GG、GS、SG、SS）、2种不同侧链结构（erythreo和threo）、2种酚型结构与非酚型结构、2种α－位有或无羰基的木质素结构等十种β－O－4二聚体（见图2.15），研究不同的β－O－4二聚体在碱性条件下的反应速率，结果表明不同的β－O－4二聚体反应速率不同。

2.4.2　木质素的化学降解研究

为了解木质素的化学结构，1940年至今采用氧化降解（高锰酸钾氧化法、硝基苯氧化法）、乙醇解、硫代醋酸解、温和水解、还原降解（氢解）等方法，对木质素进

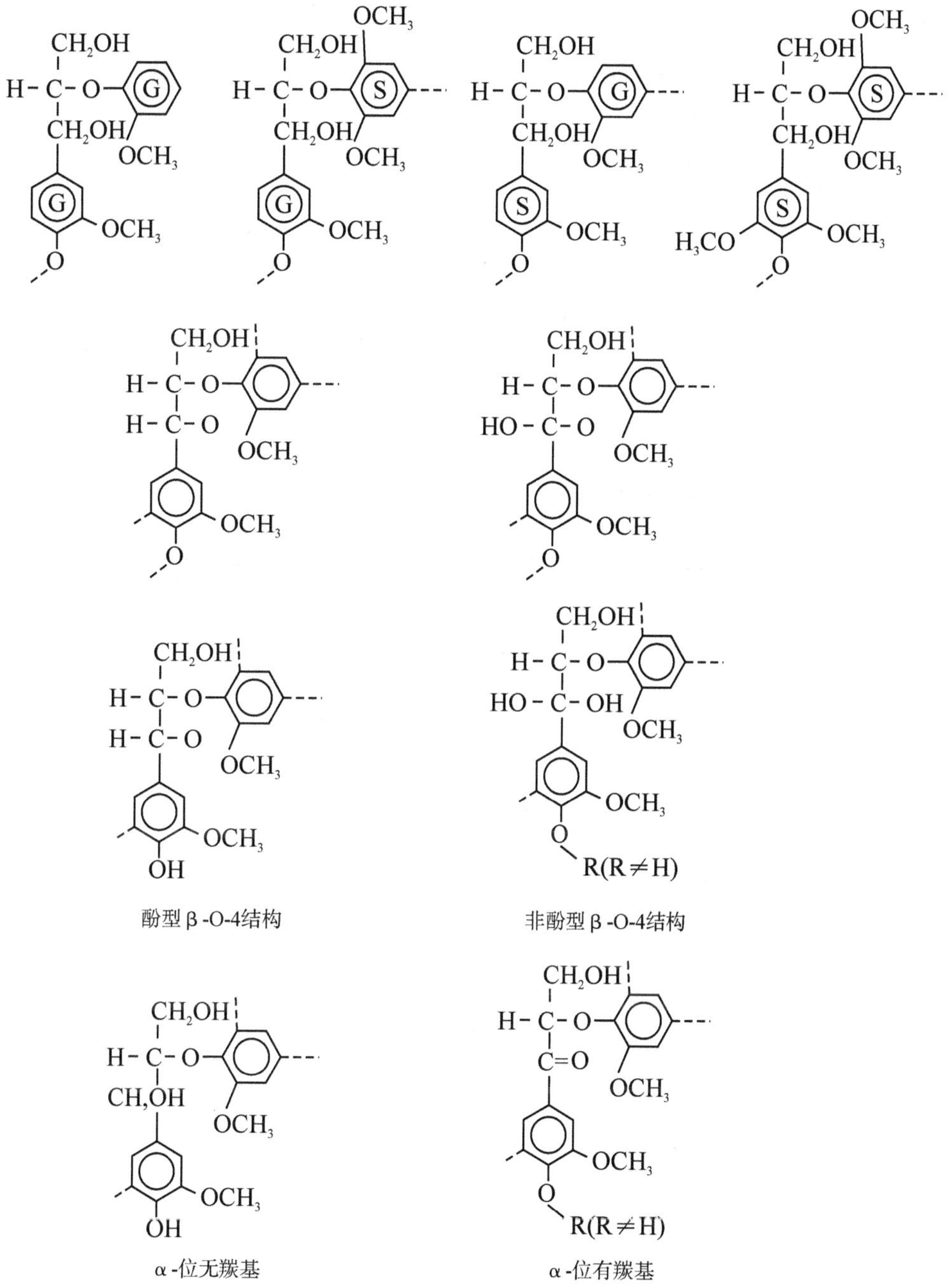

酚型β-O-4结构

非酚型β-O-4结构

α-位无羰基

α-位有羰基

图 2.15 木质素的模型化合物

行了大量的降解研究。特别是近年来，由于采用色谱和光谱技术，使分离和鉴定复杂的木质素降解产物成为现实，为木质素的化学结构提供了大量的信息。

1. 碱性硝基苯氧化降解

Freudenberg于1939年将碱性硝苯氧化降解方法用于木质素研究，在碱性条件下以硝基苯为催化剂氧化降解挪威云杉，作为分解产物，析出大量的香草醛。硝基苯是一种较温和的氧化剂，它能使木质素发生保留苯环的氧化反应。硝基苯氧化产物的鉴定对木质素结构的研究和木质素的分类都具有重要的意义。

将植物纤维原料粉末或木质素以硝基苯为催化剂，在2mol NaOH溶液中于170～180℃反应2～2.5h。在此条件下，硝基苯发生逐步还原反应，经过亚硝基苯、苯基烃胺，最后还原成苯胺；与此同时，木质素发生氧化反应，产生大量的芳香醛，还有少量的芳香酸及其他的氧化降解产物。以典型的针叶材如挪威云杉为原料，经硝基苯氧化后可得到大量的香草醛，少量的对-羟基苯甲醛和紫丁香醛，降解产物列于表2.12。

表2.12 挪威云杉硝基苯氧化产物（%/Klason木质素为基准）

产物结构		得率 /%
香草醛（vanillin）	CHO; OCH; OH	27.5
对羟基苯甲醛（p-hydroxyl benzaldehyde）	CHO; OH	0.25
紫丁香醛（syringaldehyde）	CHO; H_3CO; OCH; OH	0.06
香草酸（vanilic acid）	COOH; OCH; OH	4.8
紫丁香酸（syringic acid）	COOH; H_3CO; OCH_3; OH	0.02
对羟基苯甲酸（p-hydroxyl benzoic acid）	COOH; OH	0.02
脱氢二香草醛	CHO CHO; H_3CO; OH OH; OCH	0.80
脱氢二香草酸	COOH COOH; H_3CO; OH OH; OCH	0.03

阔叶材经硝基苯氧化产物除与针叶材一样生成大量的香草醛外，还生成大量的紫丁香醛和少量的对-羟基苯甲醛；而禾本科植物的氧化产物除大量的香草醛和紫丁香醛外，还有相当量的对-羟基苯甲醛（见表2.13）。

表2.13 硝基苯氧化产物

样品	木质素氧化产物含量 /%			单元比例		
	香草醛	紫丁香醛	对－羟基苯甲醛	香草醛	紫丁香醛	对－羟基苯甲醛
黑松	15.1	–	+	1	–	+
日本柳杉	21.9	–	+	1	–	+
日本山毛榉	7.2	16.1	+	1	1.9	+
日本泡桐	10.1	13.5	0.5	1	1.2	0.05
刚竹	20.0	13.3	6.7	1	0.6	0.4
毛竹	15.0	13.8	7.1	1	0.9	0.7
小麦	3.0	7.6	1.7	1	0.8	0.3
芦竹	16.1	22.1	8.0	1	1.1	0.6
麦草	14.6	13.6	3.6	1	0.9	0.2
稻草	6.6	6.0	1.5	1	0.9	0.2
芦竹	9.5	12.9	2.6	1	1.4	0.3
甘蔗渣	6.5	13.3	5.0	1	2.0	0.8
芦苇	8.4	6.6	5.3	1	0.8	0.6
荻	11.5	8.1	4.9	1	0.7	0.4

木质素的碱性硝基苯氧化结果证明了木质素结构中存在以下三种类型的结构：愈创木基、紫丁香基、对-羟基苯基（见图2.16）。紫丁香醛（S）和香草醛(V)的比称为S/V比，在阔叶材和禾本科植物中，S/V比随植物种类不同而不同。

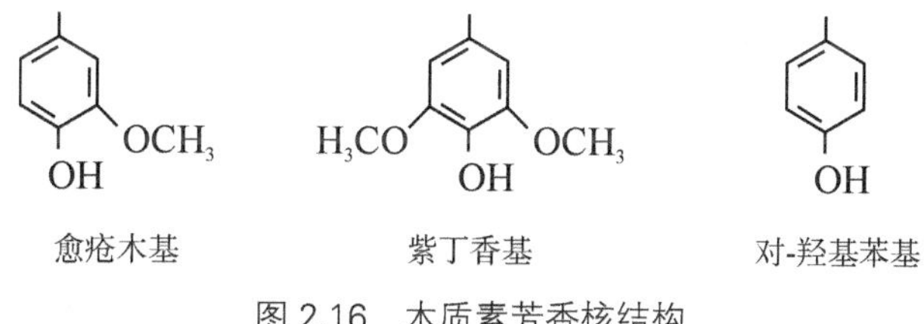

图 2.16 木质素芳香核结构

这三种结构基团在不同植物的木质素中存在的量是不同的，针叶材经硝基苯氧化得到大量的香草醛和少量的对-羟基苯甲醛，说明针叶材木质素中可能存在大量的愈创木基和少量的对-羟基苯基丙烷木质素；阔叶材经硝基苯氧化得到大量的香草醛与紫丁香醛，其对-羟基苯甲醛的量比针叶材少，说明阔叶材木质素中可能存在大量的愈创木基和紫丁香基木质素，少量的对-羟基苯基丙烷木质素；禾本科植物经硝基苯氧化得到大量的香草醛和紫丁香醛，还得到较多的对-羟基苯甲醛，说明禾本科植物木质素中存在愈创木基、紫丁香基、对-羟基苯基丙烷木质素；在被子植物（阔叶材和禾本科植物）中，紫丁香基/愈创木基木质素比随植物种类不同而不同。

木质素模型物碱性硝基苯氧化的研究也证实木质素结构中存在以上结构，证明了木质素硝基苯氧化产物主要来自苯环上无碳—碳连接的苯丙烷单元，即非缩合型结构。

通过硝基苯氧化降解研究得出，硝基苯氧化得到的是非缩合型木质素降解产物，针叶材经硝基苯氧化产生大量的香草醛，阔叶材生成大量的香草醛和紫丁香醛，禾本科植物除大量的香草醛和紫丁香醛外还有相当数量的对-羟基苯甲醛。硝基苯氧化产物中紫丁香醛（S）和香草醛（V）的比称为S/V比，在被子植物中S/V比随植物种类不同而不同，是植物化学分类重要依据。总之，硝基苯氧化法确定了木质素的芳香族特性，是木质素结构研究的重要手段。

2. 高锰酸钾氧化降解

高锰酸钾氧化是由Freudenberg等开始研究的，后经Larson和Mikshe等人改进，减少了对苯环的破坏，提高了降解产物的得率。

将脱脂植物纤维原料或分离木质素先用热的NaOH溶液在CuO存在下于180℃反应2h（使醚键断裂）之后，以硫酸二甲酯（或硫酸二乙酯）进行甲基化（或乙基化），以保护酚羟基，然后加高锰酸钾和高碘酸钠的混合液在丁醇存在下进行氧化反应，再在碱性条件下用过氧化氢氧化降解，使其中的苯甲酰甲酸氧化降解为苯甲酸，并用重氮甲烷使其羧甲基化。最后以气相色谱分离和鉴定，反应过程如图2.17所示。

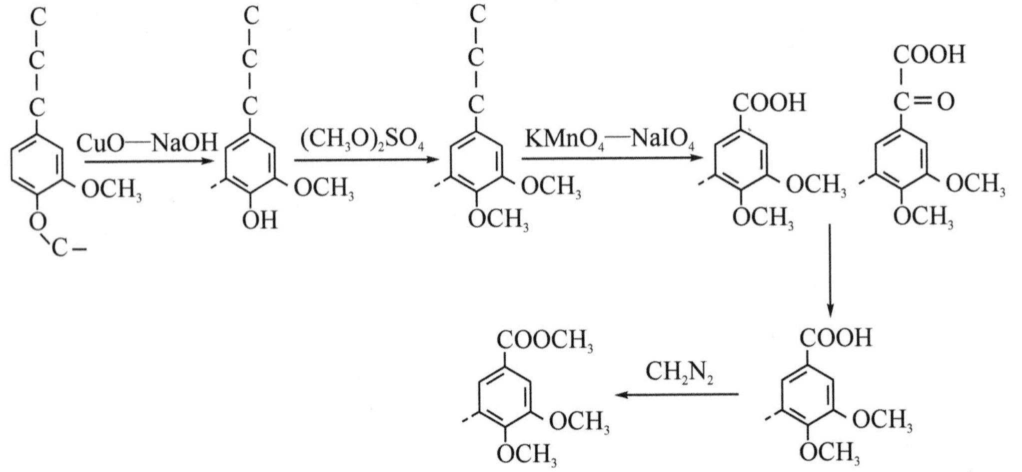

图 2.17　木质素高锰酸钾氧化降解

针叶材甲基化木质素主要产物（见图2.18）为（1）-（5）,（7）和（9）；阔叶材木质素降解产物为（2）（9），由这些降解产物可以知道构成木质素的芳香核特性。高锰酸钾的氧化产物对木质素结构单元之间的连接形式给予启示，如降解产物（9）表示有5-5位结合的二芳基结构，即C-C键的存在；（7）（8）表示有二芳基醚的存在。

总之，高锰酸钾氧化法进一步确定了木质素的芳香族特性，同时证明了缩合型木质素的存在，即芳香核上有碳-碳键存在。

木质素的硝基苯氧化和高锰酸钾氧化降解研究证明了木质素的芳香核结构特征。

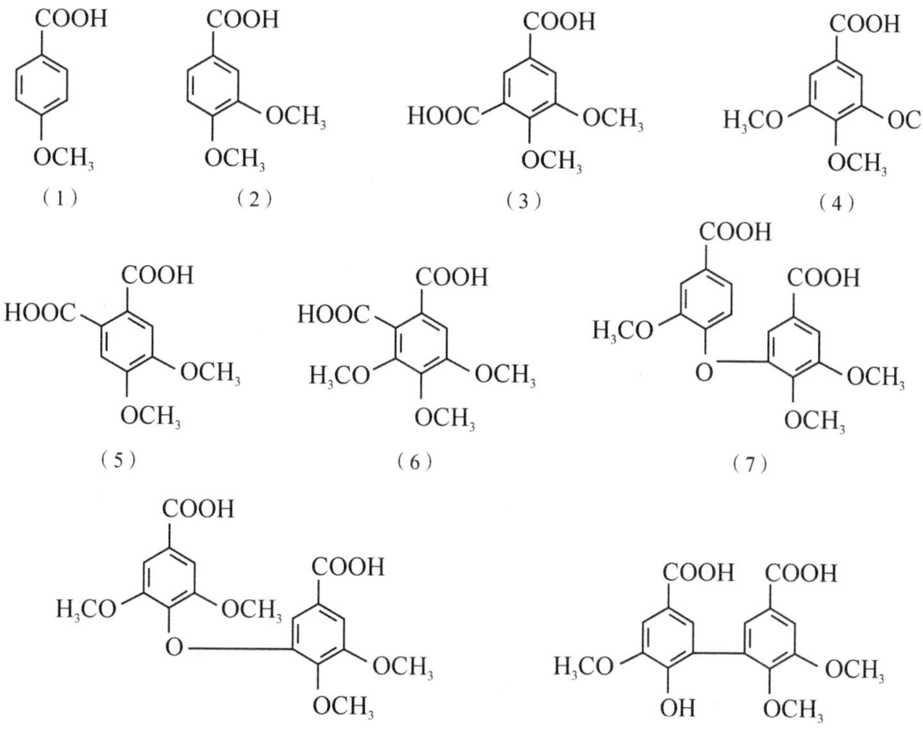

图 2.18　针、阔叶材的甲基化木质素高锰酸钾氧化降解主要产物

3. **乙醇解和酸解**（Ethanolysis and Acidolysis.

加拿大植物化学家希伯特（H. Hibbert）于1939年，首先将乙醇解反应用于木质素的研究，证实了木质素的苯丙烷（C6–C3）结构。

乙醇解：在针叶材脱脂木粉中加入300ml含2.5% HCl的乙醇溶液，在100℃回流48h，对木质素进行降解，得到10%（基于木质素的百分比）的一系列在愈创木基木质素苯丙烷单元侧链上具有羰基的（1）–（7）的产物。如果是阔叶材木粉，经乙醇解，得到除了（1）–（7）产物外，还有（8）–（10）等紫丁香基木质素苯丙烷单元侧链上具有羰基的产物（见图2.19）。木质素经乙醇解，在木质素苯丙烷单元的侧链上具有羰基的产物称为“Hibbert”酮（以研究者名字命名）。

Adler等将乙醇换成二氧六环作为反应溶剂，进行酸解，二氧六环不会导入木质素苯丙烷单元的侧链，因此，除了没有乙醇解的（2）（3）（8）的产物外，其他降解产物基本与乙醇解降解产物一样。

Lundguist等将spruce（云杉）与含有0.2mol HCl的二氧六环水溶液（9∶1，V/V）加热回流，酸解得到了一系列“Hibbert”酮类降解产物，通过鉴定降解产物结构，提出了“Hibbert”酮类产生的反应机理。

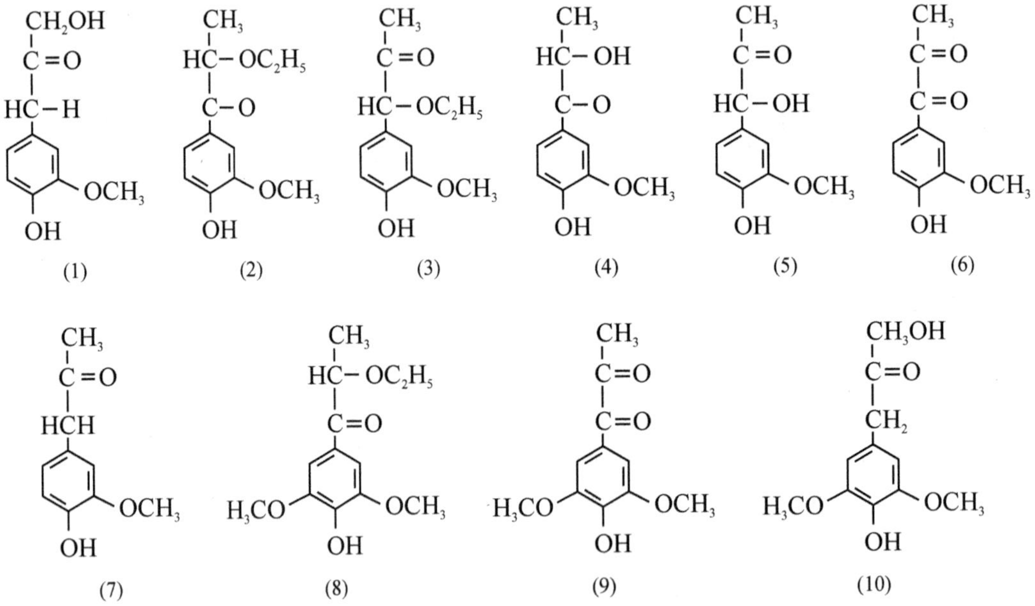

图 2.19　乙醇解产物

通过木质素的模型化合物的酸解反应，阐明了酸解的反应机理。用愈创木基甘油-β-愈创木基醚为模型化合物进行酸解，经过4h的反应，β-芳香醚键断裂，可分离出占降解产物53%的γ-羟基愈创木基丙酮（1），认为β-芳基醚是经过苯甲醇鎓离子（a），即碳正离子和酸对水解敏感的烯醇芳基醚（b）而断裂的。主要产物γ-羟基愈创木基丙酮再转变成各种“Hibbert”酮类的产物，反应机理如图2.20所示。

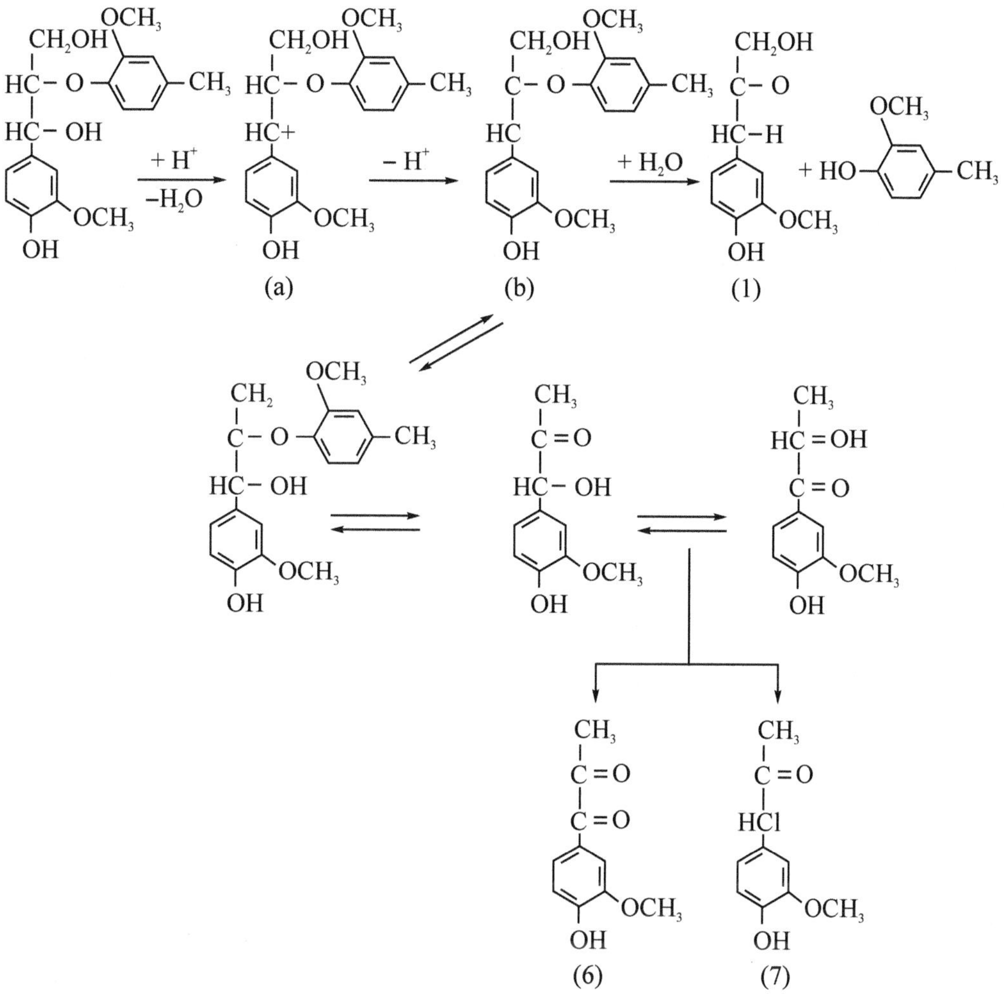

图 2.20　酸解的降解机理

Lundguist将云杉MWL酸解，酸解产物的单体级分中鉴定出产物（1）占云杉木质素的5%～6%，桦木MWL酸解产物除（1）外还有紫丁香基类的产物（10），得率各为桦木木质素的3%和5%。从模型物、云杉MWL和桦木MWL的酸解产物的单体级分的鉴定结果，证明在木质素结构中存在愈创木基-甘油-β-芳基醚结构。

从二聚体的级分中分离出如图2.21所示中（1）-（8）产物。

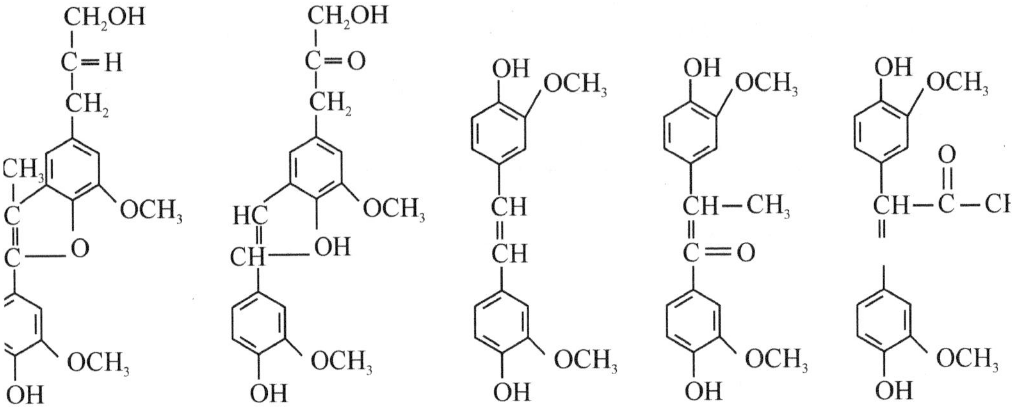

（1）　（2）　（3）　（4）　（5）

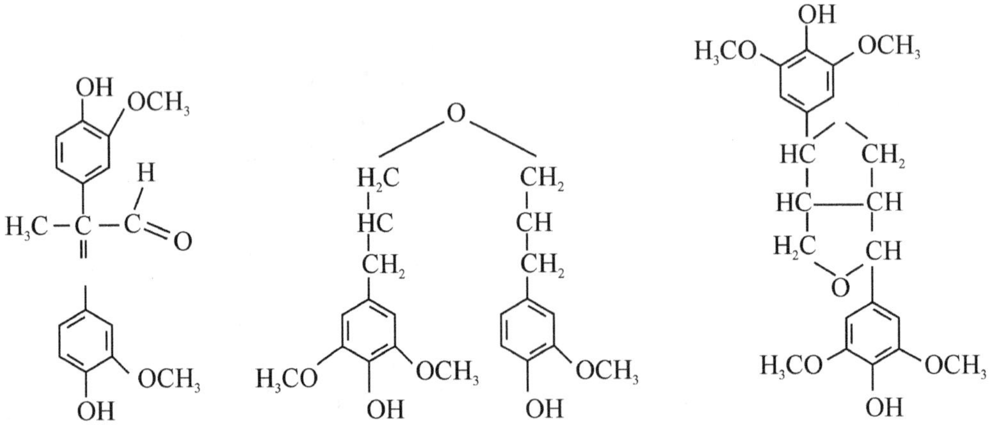

（6）　（7）　（8）

图 2.21　酸解二聚体产物的结构

根据模型物酸解产物证明产物1与2是来自苯基香豆满结构［见图2.22（b）］。产物（3）~（6）由1.2–二愈创木基–1，3–丙二醇（β–1）结构［见图2.21（e）］，从鉴定出的单体和二聚体中揭示出木质素中存在图2.22所示的结构，并从产物的量计算各种键的比例。

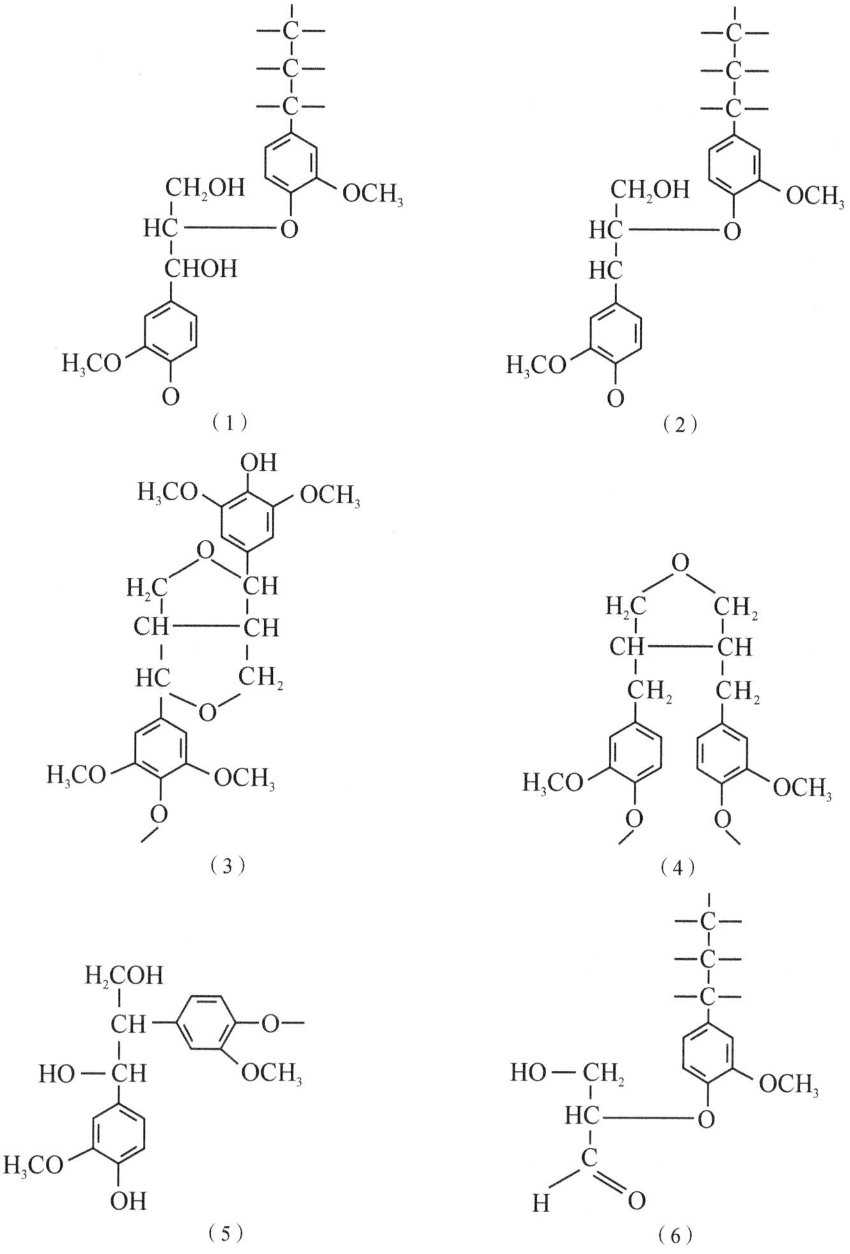

图 2.22　从酸解产物推导的二聚体结构

樋口等进行竹木质素的酸解研究时，从降解的单体产物推论：约有等量的愈创木基和紫丁香基的β-O-4结构，并从产物中鉴定出对-羟基苯基型的“Hibbert”酮类产物。禾本科植物在硝基苯氧化所得到的对-羟基苯甲醛比在乙醇解所得到的对-羟基苯基型的“Hibbert”酮类产物多，其原因是在禾本科植物硝基苯氧化所生成的对-羟基苯甲醛大部分不是来自木质素本身的对-羟基苯基-甘油-β-芳基醚结构，而是来自木质素与碳水化合物复合体（LCC）的对-香豆酸的酯键，因为在草粉的碱溶级分的醚提取物中发现有颇多的对–香豆酸和阿魏酸（特别是前者），而对–香豆酸和阿魏酸在碱性硝基苯氧化时分别生成对羟基苯甲醛和香草醛，因此事实上在禾本科植物木质素中对–羟基苯基结构也是很少的（见图2.23）。

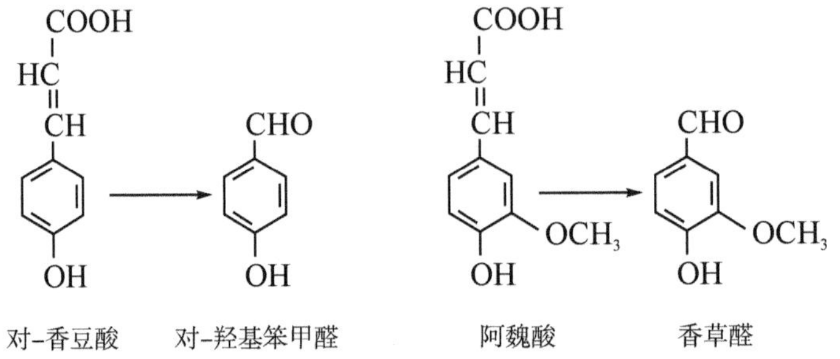

COOH HC CH CHO OH COOH HC CH OCH$_3$ CHO OCH$_3$ OH OH OH

对–香豆酸　对–羟基笨甲醛　阿魏酸　香草醛

图 2.23　对 – 香豆酸和阿魏酸的硝基苯氧化产物

木质素酸解产物的鉴定阐明乙醇解和酸解的反应机理，产物中大量二聚体的分离、鉴定和定量研究为木质素结构提供极为重要的信息，酸解是目前研究木质素结构最好的方法之一。酸解研究不仅证明了木质素结构单元是由C6–C3构成的，也说明了“Hibiert”酮来源于木质素中的β–芳基醚结构，即证实了木质素结构中存在β–O–4结构。因此，测定酮的生成量，就可以推测木质素中所含的β–芳基醚结构的量。同时，由于β–芳基醚结构是木质素化学结构中特有的、存在量最多的单元间的结合形式，因此，“Hibiert”酮类的存在也可以作为木质素存在的判定法之一。

针叶材主要由愈创木基型木质素单元构成，不同品种的针叶材的木质素在结构和性质上没有显出多大差别；但阔叶树的木质素由紫丁香基和愈创木基木质素单元构成，紫丁香基和愈创木基木质素的比例随树种不同在结构、组成、化学反应性上变化较大。K.V. Sarhanen等人对加拿大白杨、槭木、鼠李木和麦当娜木4种阔叶材的磨木木质素进行了研究，发现木质素中的紫丁香基木质素含量由白杨的26%到麦当娜木的60%，差别很大。

表2.14列举了不同种的针叶材、阔叶材木质素中，相对于每个C_9（C_6–C_3）单位的甲氧基含量及其在硫酸盐蒸煮中第一阶段的反应速度常数。从表2.14中可以看出，不同品种的针叶材木质素甲氧基含量基本一致，脱木质素速度也一致；但阔叶材木质素甲氧基含量差别较大，在相同条件下，槭树脱木质素速度为针叶材的2倍多，麦当娜树脱木质素速度为针叶材的5倍，这是阔叶材木质素甲氧基含量高造成的。

表2.14　木质素甲氧基含量与脱木质素速度常数的关系

针叶木	MeO/C_9	速度常数 /h^{-1}	阔叶木	MeO/C_9	速度常数 /h^{-1}
西方真杉	0.97	0.028	槭树	1.34	0.067
西方铁杉	0.97	0.028	麦当娜木	1.59	0.147

同一树种不同部位的木质素，由于其结构不同也显出不同的化学特性。弗吉斯大（B.J. Fergns）在桦木硫酸盐蒸煮中发现，细胞种类不同脱木质素的速度不同，木纤维主要是紫丁香基木质素，比含愈创木基木质素的导管脱木质素速度快。另外，桦树木纤维次生壁中的木质素主要是紫丁香基木质素（S/G比值大），而在木纤维的胞间层木质素则含有愈创木基和紫丁香基两种形式（S/G比值小），木纤维次生壁的脱木质素速度较胞间层大。因此，不同种的阔叶材以及同种不同部位的阔叶材木质素反应能力不同，是由于阔叶材木质素基本结构单元在结构上的差别所决定的。

4. **硫代醋酸解**（Thioacetolysis）

Nimz用硫代醋酸在三氟化硼存在下处理云杉和山毛榉木材，再经碱性水解，使β-O-4醚键断裂，木质素大分子发生“深度”碎片化，降解产物中单体和四聚体各占云杉和山毛榉木质素的77%和91%（见图2.24）。

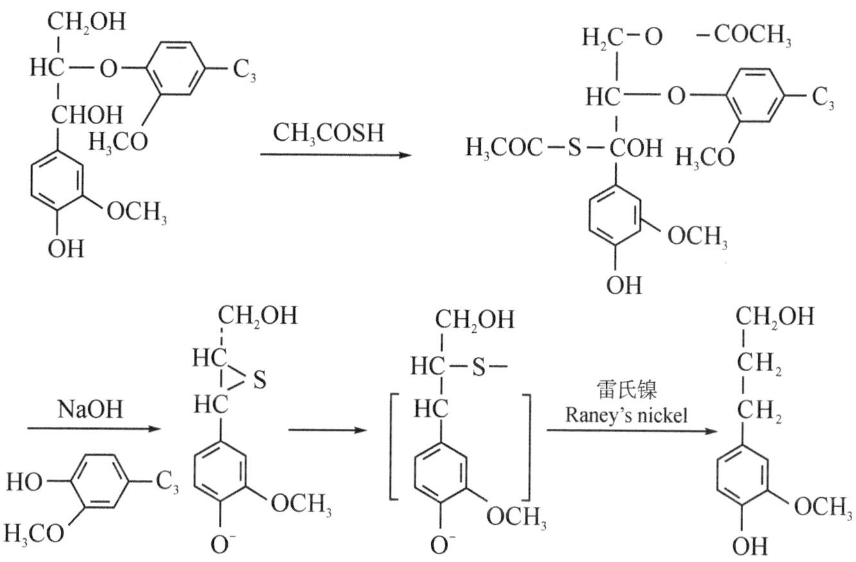

图 2.24 硫代醋酸解中 β-O-4 键的断裂

此降解法的原理如下：硫代醋酸和三氟化硼使芳基甘油-β-芳基醚经过苯甲基鎓离子转变成苯甲基硫代醋酸酯；以2mol NaOH在60℃下使酯皂化，生成苯甲基硫醇负离子再发生亲核攻击生成环硫化合物；经Raney镍和碱在115℃作用，脱硫，生成还原的产物。

此法的优点是能选择性地使α和β-芳醚键断裂，减少了缩聚反应，降解产物较酸解中简单，得率也比酸解高，特别对阔叶材木质素更为明显。Nimz从山毛榉木质素降解产物检出20种侧链γ-碳已脱溶的二聚体，根据产物的得率计算了各种键的频率，提出了山毛榉木质素结构图。

综合上述的几种降解方法，木质素的硝基苯氧化和高锰酸钾氧化降解研究证明了木质素的芳香核结构特征；乙醇解、酸解和硫代醋酸解直接证明了木质素的C_6–C_3结构特性；木质素由愈创木基丙烷、紫丁香基丙烷、对–羟基苯基丙烷三种主要结构单元构成（见图2.25），在针叶材、阔叶材和禾本科植物的木质素中存在的比例不同。

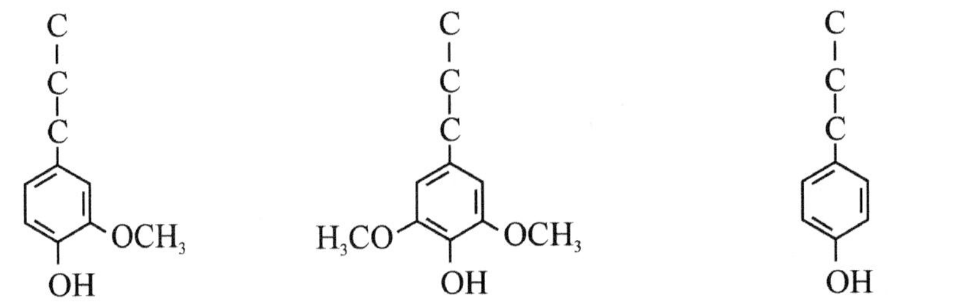

愈创木基丙烷　　紫丁香基丙烷　　对-羟基苯基丙烷

图 2.25　木质素苯丙烷结构单元

在针叶材木质素中主要存在愈创木基丙烷结构单元，含有少量的对–羟基苯基丙烷结构单元；在阔叶材和禾本科植物木质素中，主要存在紫丁香基丙烷与愈创木基丙烷结构单元，还含有少量的对–羟基苯基丙烷结构单元。

在木质素结构单元中苯环和侧链三个碳原子的结构，也存在不同的类型，按照命名规则，把与侧链α–碳原子相连的苯环的碳原子是1碳原子，顺时针方向依次为2、3、4、5、6碳原子（见图2.26），愈创木基木质素在苯环的3位具有甲氧基，紫丁香基木质素在苯环的3位和5位分别具有甲氧基；把与苯环相连的侧链的碳原子称为α–碳原子，其他依次为β–碳原子、γ–碳原子。在木质素苯丙烷单元侧链的三个碳原子上，已发现存在着不同类型的基团，例如在α–碳原子上可以是羟基、烷氧基、芳氧基、羰基等基团；在β–碳原子上存在芳氧基、羰基等基团；在γ–碳原子上存在羟基、醛基等，使得木质素单元侧链上形成了各种形式的结构。尽管木质素结构单元的苯环和侧链有各种不同的基团，其C_9（C_6–C_3）的基本骨架是相同的。

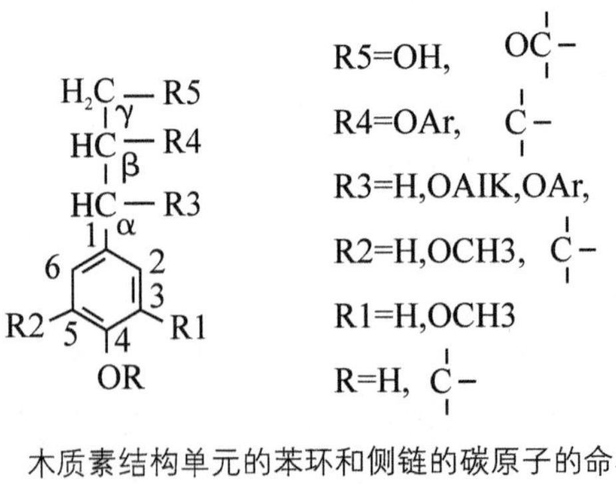

R5=OH,
R4=OAr,
R3=H,OAIK,OAr,
R2=H,OCH3,
R1=H,OCH3
R=H,

图 2.26　木质素结构单元的苯环和侧链的碳原子的命名规则

木质素化学降解研究还证明了结构单元间的连接形式，并从产物的量推算出各种键的频率，为木质素结构模型图的提出提供了有力的依据。

5. **还原降解**

（1）木质素的加氢还原降解

木质素的还原分解研究，始于20世纪30年代后期，为了明确木质素化学结构，对木质素进行加氢还原降解，得到了高得率的苯基丙烷以及环已基丙烷的衍生物。此外，用液态氮中的金属钠对木质素进行还原降解，其结果也同样证明了木质素的结构单元是由C_9（C_6–C_3）骨架结构构成的。

1938年，哈瑞斯（Harris）等人以氧化铜铬为催化剂对木质素进行加氢还原降解，得到25%的3-（4-羟基环己烷基）丙醇。1961年Coscia等人将桦木及山毛榉的MWL以氧化铜铬催化剂，在240–260℃下氢化得到二氢化松柏醇、二氢化芥子醇（见图2.27）；Pepper及Steck等人将山杨木质素加氢还原降解得到相当于木质素55.2%的C_6–C_3衍生物为主体的芳香族物质，这些都可以说明木质素是由苯丙烷单元构成的。

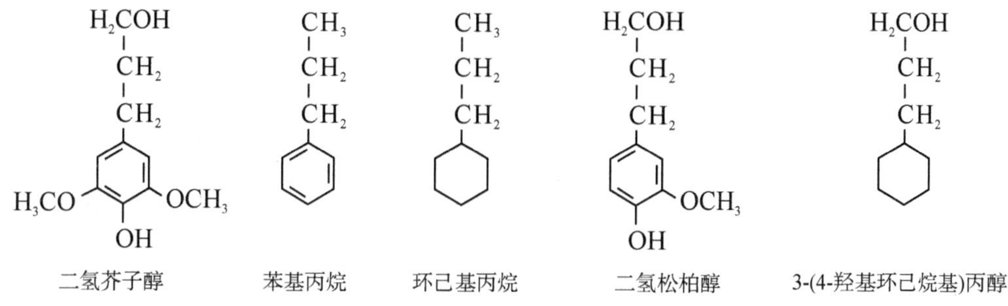

图 2.27 山杨木质素的氢化还原降解产物

桥原等以氧化铜铬作为催化剂的加氢还原降解得到多种苯基丙烷单体、二聚体和三聚体，对木质素的化学结合形式给予了直接的证明。这些降解产物中有相当于苯基丙烷单元的二氢松柏醇，作为二聚体的苯基香豆满、β-芳基醚、松脂醇、二芳基丙烷、二苯基、二苯基醚结构等加氢还原降解产物。进一步还分离出来如下的加氢还原降解产物（见图2.28），明确了木质素单元间的一些连接形式。

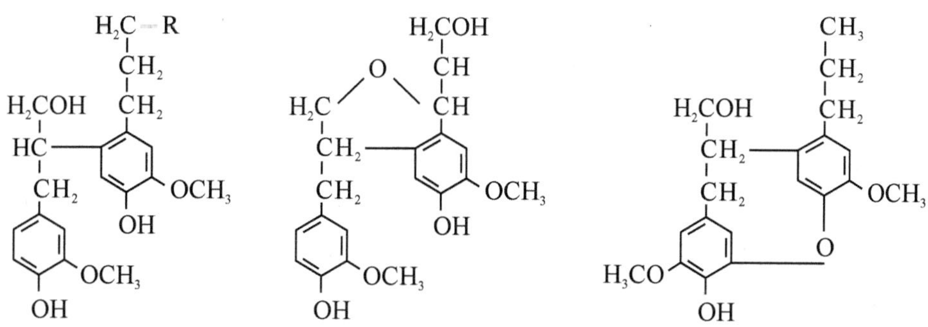

图 2.28 桥原等木质素加氢还原降解产物

（2）木质素在液态氨中金属钠还原降解

Shorygina等人将木质素在液态氨中用金属钠还原分解，分离出了苯基丙烷类化合物。后来，山口等人以此方法分解鱼鳞松MWL及模型化合物，得到含愈创木基丙三醇等多种单体，同时还分离出含有二芳基丙烷以及含有对–羟基苯基丙烷单位的β–O–4型二聚体（见图2.29）。

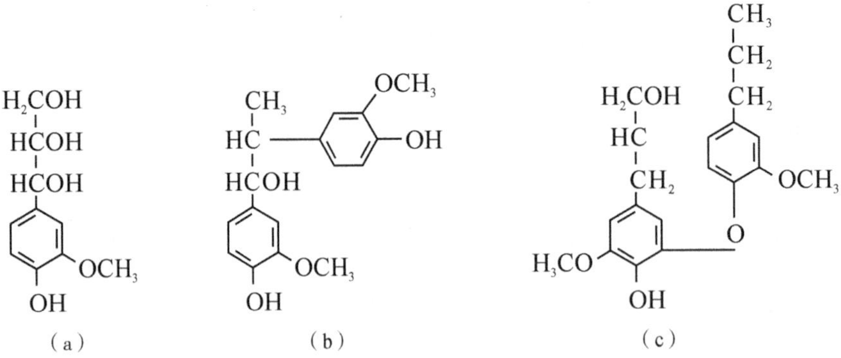

图 2.29　木质素在液态氨中金属钠还原降解产物

最近，Shorygina等人再次对松树木质素进行金属钠还原分解，得到多种单体，其中就含有愈创木基乙烷（C_6–C_2产物）。为阐明愈创木基乙烷结构在木质素分子中是本来就存在的还是分解过程中生成的，山口等采用愈创木基甘油模型物，分解得到香草酸及愈创木基乙二醇，说明金属钠还原分解能够使侧链上的C–C发生断裂（见图2.30）。

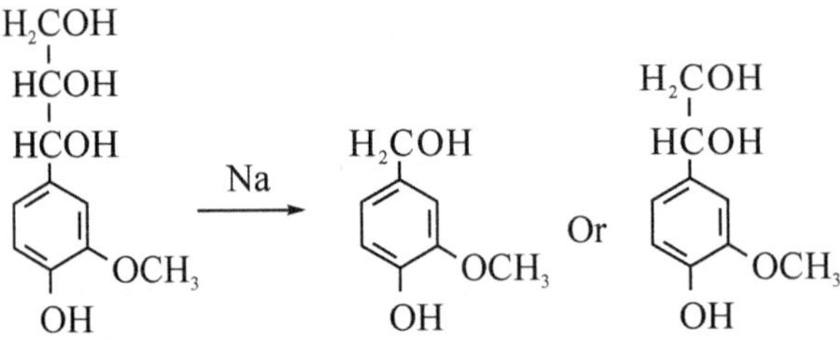

图 2.30　木质素金属钠还原降解得到的 C6–C2 产物

6. 木质素的热分解

木质素热解的主要产物是焦炭，得率约为55%，是具有高度缩聚结构的化合物。热解产物的第二种成分是热解的馏出液，主要成分是甲醇、丙酮、醋酸等。针叶材木质素馏出液中甲醇得率占木质素的1%，来自木质素中的甲氧基。从阔叶材木质素得到的甲醇为针叶材的2倍，醋酸量也高得多。醋酸是从苯丙烷的三碳侧链来的，丙酮的得率不超过甲醇和醋酸总量的1/10，它也是来自侧链。第三种产物是焦油，焦油状的热解产物约为木质素的15%，由一批酚类化合物组成。主要化合物是苯酚、愈创木酚和2，6–二甲氧基苯酚的衍生物，在以上三种酚类的羟基对位有甲基、乙基、丙基、异丙基、乙烯基、丙烯基、丙烯醇基、羧基及羧甲基等取代基，针叶材木质素热解焦油的组成如图2.31所示。

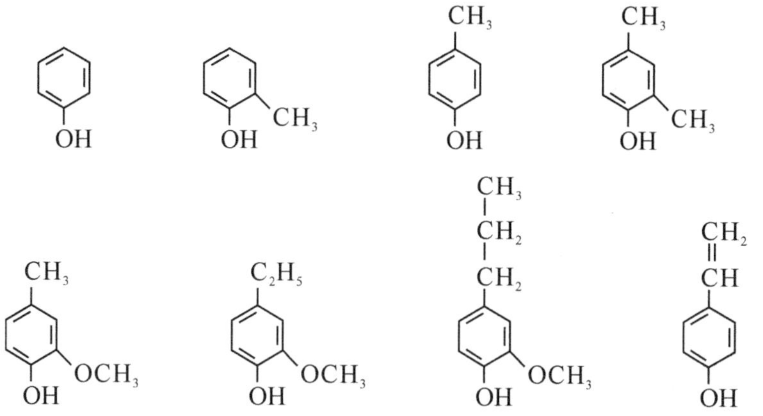

图 2.31　针叶材木质素热解焦油的主要产物

脱甲基和苯丙烷侧链的碳碳键的断裂需要不同的能量。在400~450℃对木质素结构主要引起内部键的断裂，在900℃快速热解也能得到含有甲氧基的酚类。木质素热解最后产物是气体，占木质素的12%，有二氧化碳、甲醛、一氧化碳、乙烷等。

7. **木质素的微生物降解**

木质素的微生物降解与生物制浆、生物漂白、生物处理制浆废液及木材糖化工业密切有关。木质素在植物细胞壁中的功能之一就是保护植物细胞不受外界微生物的侵蚀，木质素本身不能被大多数微生物所分解。在已知能降解木质素的微生物中，研究得最多的是白腐菌对木质素的降解。根据对白腐菌降解后的木质素降解产物及低分子产物的结构研究以及对具有木质素基本构造的模型物降解产物的研究，证明白腐菌对木质素的降解主要有以下几种反应：

（1）侧链C_{α}–C_{β}氧化断裂，生成芳香酸，如香草酸、紫丁香酸等芳香酸的木质素降解产物，这是最重要的木质素微生物降解产物；

（2）侧链C_{β}–C_{γ}断裂，生成 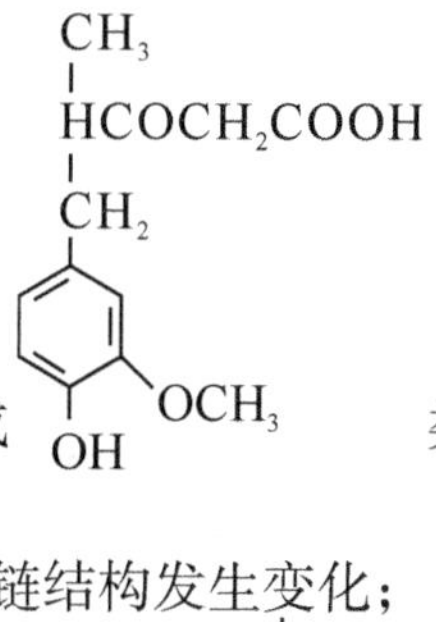　　类产物；

（3）β–芳香醚键断裂，侧链结构发生变化；

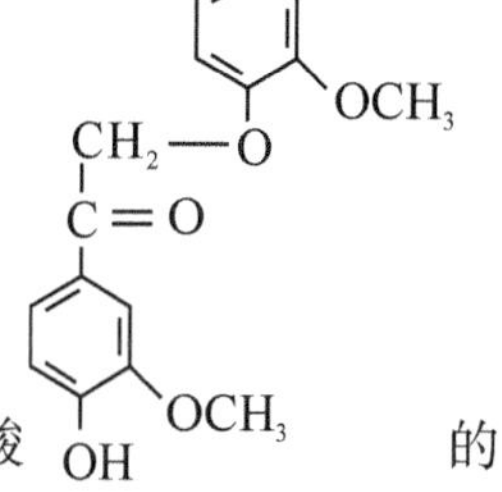

（4）芳香环氧化开裂，生成具有芳氧乙酸 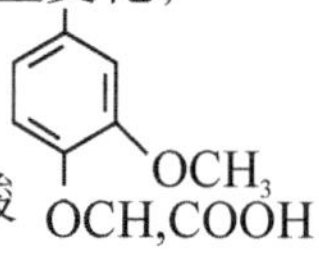　　和烷氧乙酸　　的

碎片；

（5）苯环上C_3和C_5的脱甲氧基反应以及C_4上的甲基化反应，生成

等化合物。

2.4.3 木质素的光谱分析法

有机化合物结构不同，对各种不同波长的光以及电磁波的吸收能力不同。利用这种特性来分析化合物的结构，便是光谱分析法。光谱分析法具有迅速、灵敏、试样量少、制样简单等优点，在木质素结构研究上得到了广泛的应用。

1. 光谱的基本概念

各种不同波长的电磁波，可以按照波长大小排列成一个电磁波谱图（见图2.32），其中从左到右波长由短到长，而频率、能量由高到低。当分子受到某种电磁波辐射时，分子外围电子由某一能级跃迁到另一较高的能级，分子能量发生变化。一种物质呈现何种颜色，与入射光组成和物质本身的结构有关，而溶液呈现不同的颜色是由于溶液中的吸光质点（离子或分子）选择性地吸收某种颜色的光而引起的。颜色与有机物结构有关系，即最大吸收波长与有机物结构有关系，是定性分析的依据；而有机物含量与最大吸收波长对应的吸光度成正比，是定量分析的依据。

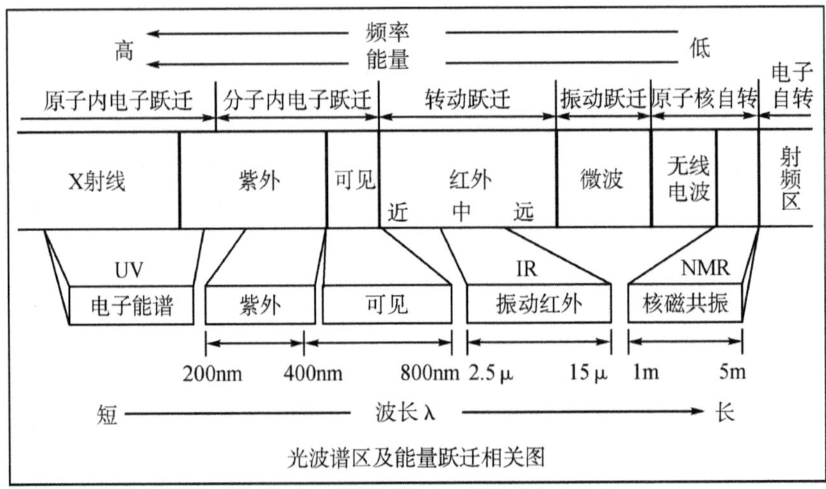

图 2.32 电磁波与光谱分析相关

表2.15　各种电磁波在光谱分析上的应用

名称		波长范围 /nm	电磁波的作用	所得光谱
紫外光 可见光		200~400 400~800	引起电子能级的跃迁	紫外光谱 可见光谱
红外光	近红外 中红外 远红外	800~2000 2000~25000 5000~300000	引起振动、转动能级跃迁引起转动能级跃迁	红外光谱 远红外光谱
无线电		$>10^5$	引起原子核发生磁共振	核磁共振谱

根据朗伯-比耳（Lambert-Beer）定律，在一定波长下，物质对光的吸收与物质浓度、光程成正比。

$$A=\lg(I_0/I_t)=\varepsilon b c$$

式中：A为吸光度，即溶液对光的吸收程度；b为液层厚度（光程长度），通常以cm为单位；c为溶液的摩尔浓度，单位mol/L；ε为摩尔吸光系数，单位L/（mol・cm）。

$$A=\lg(I_0/I_t)=a b c$$

式中：A和b同上；c为溶液的质量浓度，单位g/L；a为质量吸光系数，单位L/（g・cm）。

通常以波长（nm或μm）或波数（cm^{-1}）为横坐标，以吸光度（A）或透过率（T）为纵坐标作图得到物质的吸收光谱图（紫外可见吸收光谱图、红外吸收光谱图）。在吸收光谱中，吸收强度最大值用波长λ_{max}表示，在最大吸收波长λ_{max}处的吸光系数，常以ε_{max}或a_{max}表示。

吸光系数在数值上等于浓度为1mol/L（1g/L）、液层厚度为1cm时该溶液在某一波长下的吸光度。最大吸光系数（ε_{max}或a_{max}）表明了该吸收物质最大吸光能力，也反映了光度法测定该物质可能达到的最大灵敏度。

2. 木质素的紫外（UV，吸收光谱）

通常采用波长在200~700nm的紫外光及可见光，研究木质素对光的吸收，获得木质素的紫外吸收光谱及可见吸收光谱。芳香族化合物对紫外光有特征吸收，木质素是典型的芳香族化合物，对紫外光具有特征吸收。因此，紫外光谱广泛用于木质素的定性和定量分析，以及木质素结构的研究。

各种来源的木质素的紫外光谱基本相似，典型的针、阔叶材木质素的紫外光谱，通常在273~280nm附近及200~208nm间各有一极大吸收值，在230nm处有一肩峰，300~350nm有较弱吸收。由于木质素的紫外吸收光谱是由木质素的多种构成单元吸收光谱加合而成的，因此吸收峰表现出比较钝而圆润，其结构单元的种类和数量决定了其吸收光谱的形状及吸光系数。各种木质素的紫外吸收光谱是由对应于分子的电子跃迁能量的各自的吸收带加成的。木质素的化学结构和其紫外吸收光谱形状和最大吸收峰的位置有直接的关系。一般认为255~300nm是苯环的吸收带，如在对-羟基苯丙烷的芳香核上引入甲氧基，会出现红移（即吸收带移向长波）和增色效果（吸光系数的增大）；如紫丁香基木质素就会发生蓝移（即吸收带移向短波）和淡色效果（吸光系数减小），如表2.16所示。这也是造成针叶材木质素和阔叶材木质素紫外吸收光谱的差异的原因之一（见图2.33）。

表2.16　木质素的吸光系数

木质素种类	溶剂	λ_{max}/nm	吸光系数 /（$L\cdot g^{-1}\cdot cm^{-1}$）
松木 MWL	甲氧基乙醇	280	19.8
红松 MWL	二氧六环	282	19.3
桦木 MWL	甲氧基乙醇	276	12.3
山毛榉 MWL	二氧六环	279	12.7
松木二氧六环木质素	二氧六环	280	17.7
木质素磺酸盐	水	280	13.0

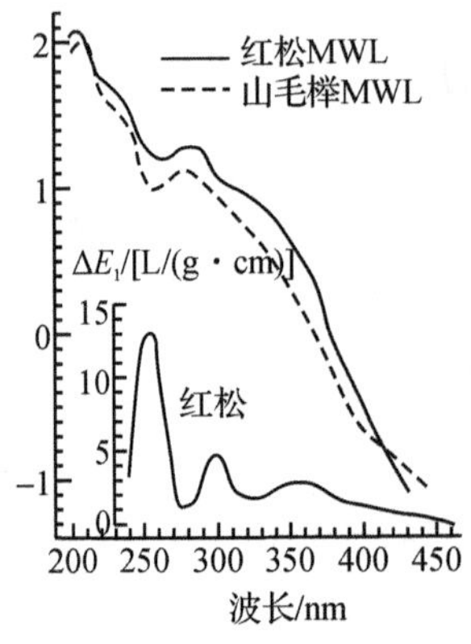

图 2.33　红松及山毛榉 MWL 的紫外吸收光谱及离子化示差光谱

禾本科植物木质素的紫外光谱除具有上述特征外，在312~315nm附近还有一吸收峰或肩。针、阔叶材木质素和禾本科植物木质素的紫外光谱如图2.34和图2.35所示。图中280nm附近的吸收峰是木质素中苯环的吸收带，针叶材木质素的最大吸收波长λ_{max}为280nm或略低一点；阔叶材木质素中由于有较多的高度对称的紫丁香基单元而使最大吸收波长移至273~275nm（见图2.34）；禾本科植物木质素如芦竹、麦草等λ_{max}都在280nm附近（见图2.35）。但酯键含量较高的蔗渣和竹木质素λ_{max}在315nm左右，这是由于对-香豆酸和阿魏酸酯的影响，其经稀碱皂化后则最大值移至280nm附近。

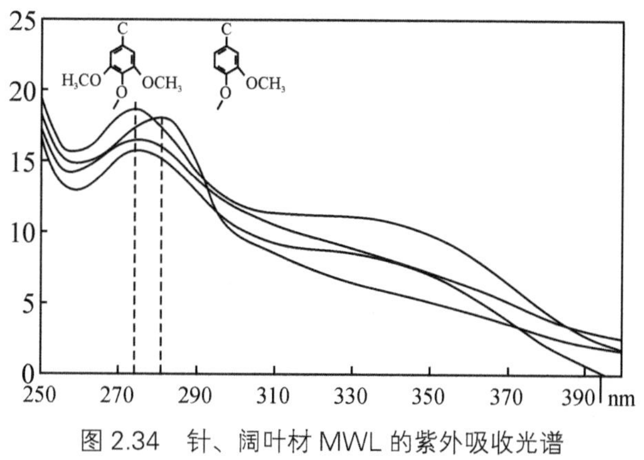

图 2.34 针、阔叶材 MWL 的紫外吸收光谱

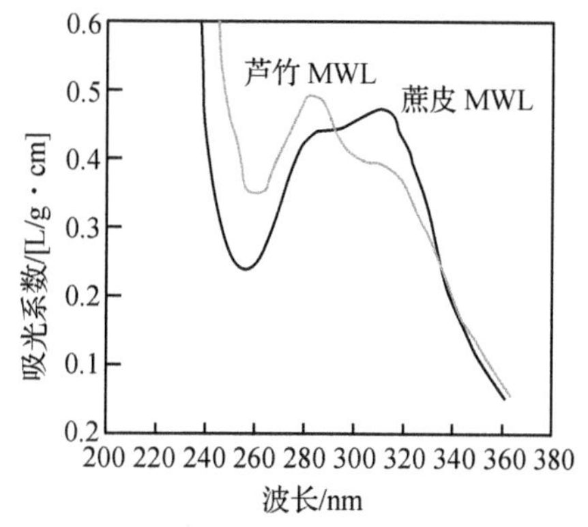

图 2.35 芦竹 MWL 和甘蔗皮 MWL 的紫外吸收光谱

各种来源的木质素由于结构上的不同，吸光系数也有较大的差别。典型的针叶材木质素吸光系数为18 ~ 20 L · g^{-1} · cm^{-1}，温带阔叶材木质素吸光系数低于针叶材，为12 ~ 14 L · g^{-1} · cm^{-1}。经过还原后的木质素吸光系数随OCH_3/C_9比值的增加而下降。热带阔叶材和禾本科植物木质素则与针叶材接近。工业木质素由于结构变化，吸光系数与同种来源的MWL差别大。硫酸盐木质素吸光系数比同种来源的木质素磺酸盐高得多。各种木质素吸光系数列于表2.17。

木质素中的各种官能团如酚羟基，与苯环共轭基团以及侧链 α 、β 碳间的双键和联苯结构都会出现红移及增色效果，为利用各种示差紫外吸收光谱提供了理论基础。

离子化示差光谱（Ionization Difference Spectrum △Ei）：木质素单元中，已醚化了的酚羟基，即使在碱性介质中也不会发生任何变化，只有游离酚羟基在碱性介质中发生变化。木质素在碱性溶液中（pH13以上），其酚羟基解离而离子化，使在280nm的最大吸光系数增加，且使 λ_{max}移向长波，求其吸收光谱与微酸性溶液中的吸收光谱的差，便得到离子化示差吸收光谱。利用木质素在碱性和中性溶液中UV光谱的差别，即离子化示差光谱可测定酚羟基含量。

表2.17　木质素的吸光系数

	木质素种类	A280/L·g^{-1}·cm^{-1}	溶剂
针叶材	云杉 MWL	19.5	二氧六环
	铁杉 MWL	17.7	甲氧基乙醇
	花旗松 MWL	19.7	甲氧基乙醇
	落叶松 MWL	20.2	甲氧基乙醇
温带阔叶材	山毛榉 MWL	13.0	甲氧基乙醇
	杨木 MWL	14.2	甲氧基乙醇
	桦木 MWL	14.1	甲氧基乙醇
	枫树 MWL	12.9	甲氧基乙醇
	热带阔叶材		
	红柳安 MWL	17.0	甲氧基乙醇 / 水
禾本科植物	麦秆 MWL	20.4	二氧六环 / 水
	芦竹 MWL	20.1	二氧六环 / 水
	蔗渣 MWL	18.6	二氧六环 / 水
工业木质素	云杉木质素磺酸盐	11.9	水
	山毛榉木质素磺酸盐	10.4	水
	松木硫酸盐木质素	24.6	水

还原示差光谱（Reduction Difference Spectrum，△Er）：将木质素用$NaBH_4$还原剂处理，测定还原处理前后的紫外吸收光谱，便得到对应于不同羰基类型的最大吸收波长λ_{max}和不同的还原示差吸收光谱。还原所需时间，因化合物类型不同而存在着显著的差异，根据不同的还原时间所测定的木质素样品的还原示差光谱可以分别定量木质素中苯丙烷侧链α、β和γ碳原子上的各种羰基。

3. 木质素的红外吸收光谱（FT-IR）

木质素的红外吸收光谱主要用于研究木质素的结构，确定木质素结构中的官能团，以及进行木质素的分类研究等。

（1）木质素的红外光谱

典型的针、阔叶材MWL的FT-IR谱如图2.36所示。

由于木质素中各种结构单元的复杂性以及连接的无规律性，木质素的FT-IR光谱比较复杂。表2.18列出了木质素主要吸收带的归属。

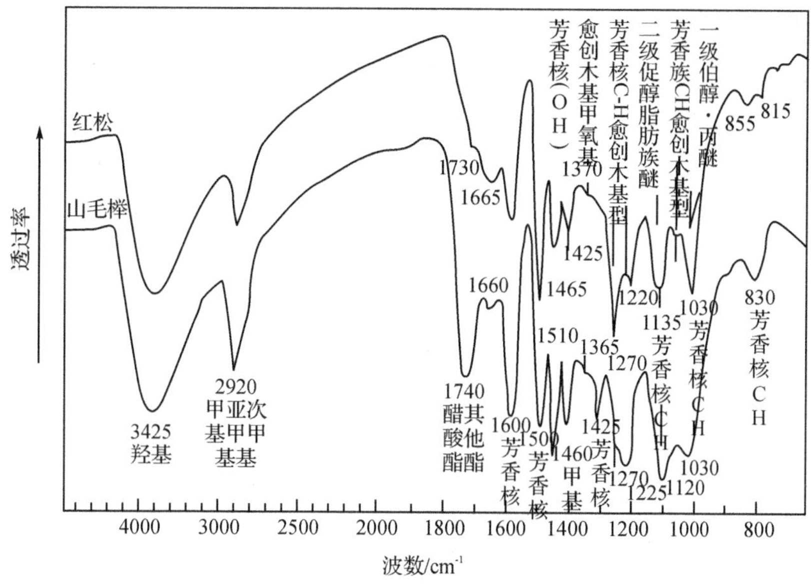

图 2.36　红松和山毛榉 MWL 的红外吸收光谱（KBr 压片法）

表2.18　木质素主要的红外吸收峰归属

波数 /cm^{-1}	归属
3450 ~ 3400	OH 的伸展振动
2920	甲基、亚甲基的吸收
1745 ~ 1730	与芳香环非共轭羰基及其酯键的吸收
1675 ~ 1660	与芳香环共轭羰基吸收
1625 ~ 1610	侧链 α，β 碳之间共轭双键结合的吸收
1600，1510，1425	芳香环的骨架震动
1325	紫丁香核的吸收
1270	愈创木基甲氧基的吸收
1080 ~ 1030	C–H，C–O 弯曲震动

为确定木质素中的官能团类型，必须测定木质素模型物和木质素衍生物的红外光谱，选择适当的方法如通过重氮甲烷CH_2N_2和硫酸二甲酯（CH_3O）$_2SO_4$甲基化，以$NaBH_4$和$LiAiH_4$还原，乙酰化、磺化或转变成盐类等，使原来的吸收峰位移或消失，以确定羟基、羰基和羧基等官能团。

（2）红外光谱对木质素分类的研究

各种植物MWL的FT-IR光谱与植物分类学有密切关系。比较针、阔叶材木质素FT-IR谱的各吸收谱强度，得出如表2.19所示的基本规律。针叶材木质素FT-IR光谱中愈创木基苯核的各吸收带很强，而阔叶材木质素FT-IR谱中紫丁香基的各峰都很强，两者的主要区别在于：在800 ~ 1000cm^{-1}范围内，针叶材木质素在855、815cm^{-1}出现2个弱吸收峰、915cm^{-1}无吸收峰，而阔叶材木质素在835cm^{-1}出现1个中等强度的吸收峰、

915cm^{-1}出现1个弱吸收峰；针叶材木质素在1275 cm^{-1}出现的吸收峰最强，而阔叶材木质素在1325 cm^{-1}出现的吸收峰最强；针叶材木质素在1740cm^{-1}左右几乎无吸收峰，而阔叶材木质素在1740cm^{-1}出现的较强的与芳香环非共轭的酯键吸收峰。由于1510cm^{-1}的吸收峰的强度不易受苯环上取代基的影响，将吸收峰底部连接成基线，以1500cm^{-1}吸收峰的峰强为基准，用其他吸收峰的峰强与1500cm^{-1}峰强的比值来表示与愈创木基和紫丁香基有关的重要吸收带，结合硝基苯氧化产物的S/V值，可对各种植物的木质素进行分类。

表2.19　典型针、阔叶材木质素的红外吸收峰的比较

针叶材木质素 /cm^{-1}	阔叶材木质素 /cm^{-1}
1745～1730 无	1745～1730 较强峰
1510 > 1460	1510 < 1460
1325 弱	1325 强（s）
1275 > 1220	1275 < 1220～1230
1275 最强（s）	1130 最强
1130 ≤ 1030	1130 > 1030
915～	915 弱峰（w）
855、815 两个峰	835 一个峰

从毛竹MWL和毛竹蒸煮爆破处理后的浆料二氧六环提取的木质素（SMWL）对比可知，在1675～1660 cm^{-1}处与芳香环共轭羰基吸收特征峰消失，而在1715～1710cm^{-1}处出现了与芳香环非共轭羰基吸收特征峰（见图2.37）。

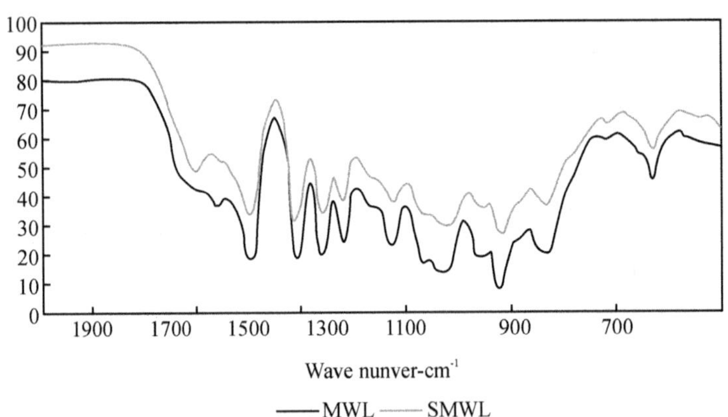

图 2.37　毛竹 MWL 和蒸煮爆破处理浆料二氧六环提取的木质素（SMWL）红外吸收光谱

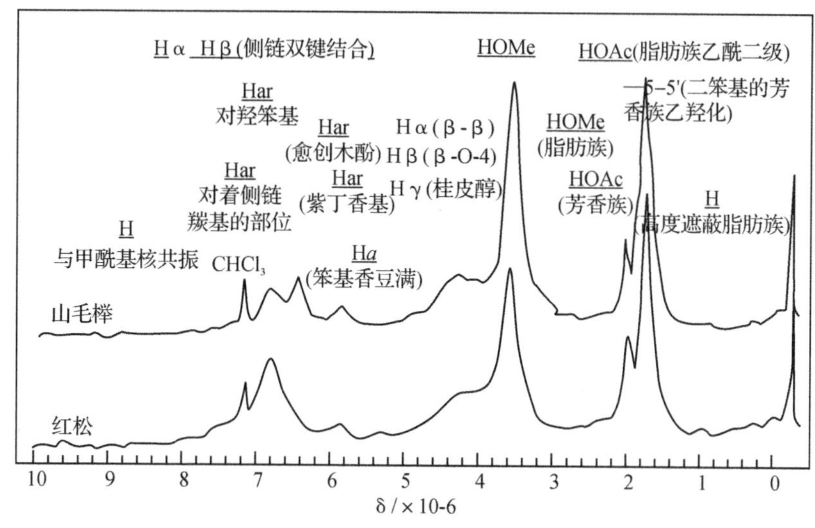

图 2.38　红松和山毛榉 MWL 乙酰化物的 ^{1}H-NMR 谱

4. 氢核磁共振光谱（^{1}H-NMR）

原子核的质子和中子具有固有的自旋特征，自旋是微观粒子的一种性质。氢原子核在磁场中受到电磁波的作用能引起核磁共振。用波长1 ~ 2m的无线电波照射，核的进动频率与辐射频率相匹配，发生能级跃迁。以位移（δ 值或ppm）为横坐标归属各吸收带，氢原子所处的化学环境不同出现在不同的位置，通过化合物中的氢原子的分析，确定化合物结构，因此可用于定性分析；吸收强度为纵坐标，氢原子在磁场的吸收强度与质子数成正比，因此也可用于定量分析。

乙酰化的磨木木质素^{1}H-NMR吸收带的主要归属（见图2.38）：甲氧基的3个质子出现在3.65 ~ 3.94 ppm；侧链α质子赤式（erthro）在5.9 ppm、苏式（threo）在6.1 ppm（见图2.39）；木质素芳香核的对-羟基苯基、愈创木基、紫丁香基归属分别为6.75 ~ 7.55 ppm、6.70 ~ 7.05 ppm、6.56 ~ 6.63 ppm。

表2.20　乙酰化木质素^{1}H-NMR的归属

δ（ppm）	质子归属
11.5 ~ 8.00	羧基（COOH）、醛（CHO）
8.00 ~ 6.28	芳香核、侧链 α 、β 间有共轭双键
6.28 ~ 5.74	侧链 Hα（β-O-4， β-1 结构等），Hβ（α-β 间有共轭双键）
5.74 ~ 5.18	侧链 Hα（苯基香豆满结构）
5.18 ~ 2.50	HOMe（3.65-3.94），侧链 Hα，Hβ，Hγ 的大部分
2.50 ~ 2.19	HOAc（芳香族）
2.19 ~ 1.58	HOAc（脂芳族），二苯基结构邻位的 HOAc
1.58 ~ 0.38	高屏蔽效应的脂肪族 H

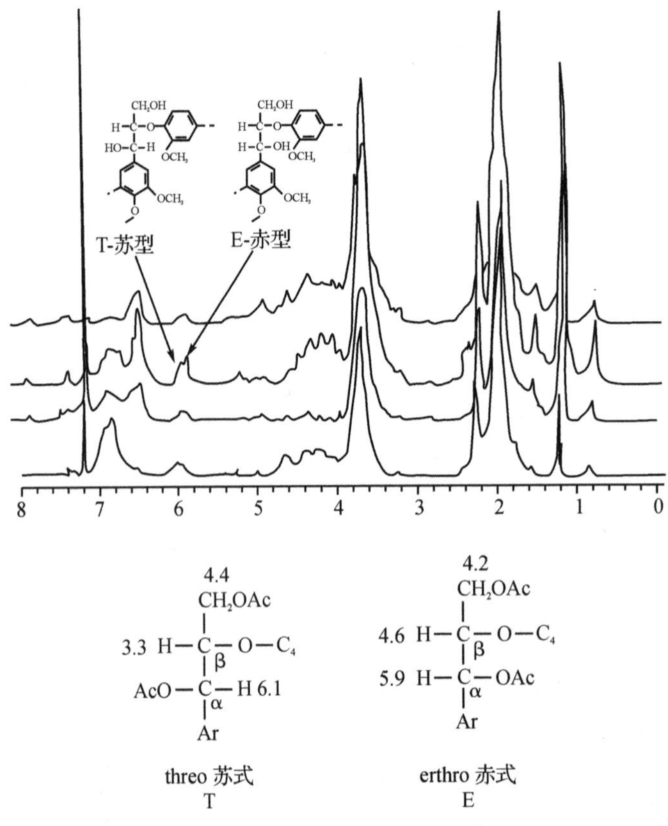

图 2.39 木质素 MWL 的侧链 α 质子 ^{1}H-NMR 谱

5. ^{13}C-核磁共振光谱（^{13}C-NMR）法

^{13}C-NMR法自1973年用于木质素研究后，很快就成为研究木质素的重要手段之一。^{1}H-NMR法可以了解化合物的氢原子的状态，而^{13}C-NMR可以测定碳原子的状态，研究C骨架，结构信息丰富、化学位移范围（0～250ppm）广、^{13}C-^{13}C偶合的几率很小、^{13}C-H偶合可消除、谱图简化。但^{13}C天然丰度低，仅为1.1%，因此^{13}C-NMR的灵敏度低，相对灵敏度仅为质子的1/5600。最近由于分析技术的提高和脉冲傅里叶变换核磁共振（FT-NMR）的开发，^{13}C-NMR的研究也有了相当的进展，除研究木质素的基本结构单元的相对比例外，还用于各种木质素官能基团的研究及结构单元间主要链接形式的测定。

乙酰化的针叶材（杉木）、阔叶材（山毛榉）磨木木质素的^{13}C-NMR吸收带的主要归属：甲氧基（$-OCH_3$）中的C的位移在56.3ppm；饱和侧链Cα、Cβ、Cγ 位移在50～90ppm；木质素芳香核碳原子及侧链双键Cα及Cβ在100～150ppm，紫丁香基C2/6位移为105ppm，C3/5位移为150ppm，可用于区别愈创木基木质素（见图2.40）。

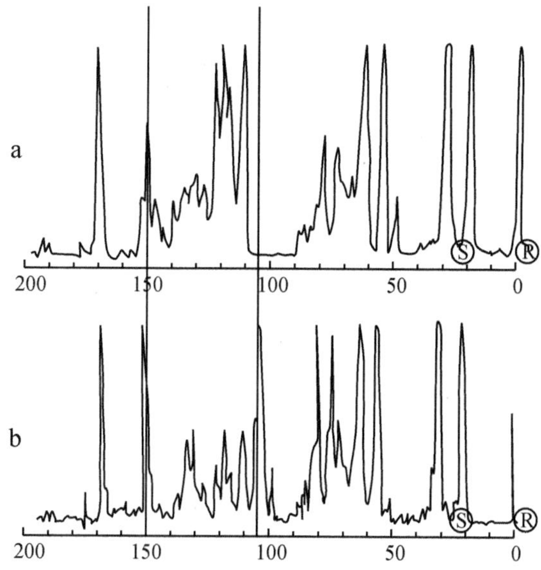

图 2.40　乙酰化杉木（a）、山毛榉（b）磨木木质素的 ^{13}C-NMR 谱

表2.21　木质素^{13}C-NMR光谱的归属

化学位移 δ/ppm		归属
云杉	山毛榉	
171.7（VS）	171.7（VS）	羰基（乙酰基、伯醇羟基）
170.5（VS）	171.0（VS）	羰基（乙酰基、仲醇羟基）
169.5（M）	170.0（VS）	羰基（乙酰基、酚羟基）
153.5（VM）	153.8（VS）	紫丁香基 C_3、C_5
151.4（S）	152.0（VM）	酚型愈创木基 C_3、非酚型愈创木基 C_4
123.6（S）	123.3（VM）	酚型愈创木基 C_5
120.7（VS）	120.5（M）	非酚型愈创木基 C_6
112.9（VS）	112.4（M）	愈创木基 C_2
	106.9（M）	酚型紫丁香基 C_2、C_6
	105.0（VS）	非酚型紫丁香基 C_2、C_6
80.7（S）	81.4（VS）	β-O-4 型结构 Cβ
75.5（M）	75.5（VS）	β-O-4 型结构 Cα
64.1（VS）	63.6（VS）	β-O-4 型结构 Cγ
56.4（VS）	56.4（VS）	甲氧基
20.5（VS）	20.5（VS）	甲基

2.5　木质素的化学结构

木质素是天然高聚物中最难研究的一个领域，其原因主要有两方面：一是木质素结构单元之间除醚键连接外还有碳碳键连接；二是不可能把全部木质素以其天然状分

离出来。经过长达一百多年的工作，特别是近50年来从生物合成、化学降解并配合光谱学方法研究，积累了大量的知识。

2.5.1　元素组成和甲氧基

木质素主要由碳、氢和氧三种元素组成。由于木质素是芳香族的高聚物，因而其中碳的含量比木材或其他植物原料中的高聚糖要高得多。针叶材木质素含碳量为60%～65%，阔叶材为56%～60%。由于阔叶材木质素中甲氧基含量高于针叶材，故阔叶材木质素的含氧量较针叶材高。一般认为木材中的木质素不含氮，但从禾本科植物分离的木质素中含有少量氮，如麦秆MWL中含0.17%，稻草MWL中含0.26%，芦竹MWL中含0.45%。各种分离木质素的元素含量随原料的种类和分离方法略有差别。

在表示木质素的元素分析结果时，常用除去甲氧基量的苯丙烷（C_6–C_3）单元作标准，相当于C_9的数量表示，再加上相当于每个C_9的甲氧基数。现列举各种来源的磨木木质素的平均C_9单元的元素组成于表2.22。

表2.22　云杉、山毛榉和竹材MWL的元素分析值、甲氧基含量与示性式

木质素	元素分析值			甲氧基含量	典型分子式*
	C	H	O	OCH_3	
云杉 MWL	64.77	6.39	28.85	16.13	$C_9H_{8.91}O_{2.36}(OCH_3)_{0.96}$
山毛榉 MWL	60.58	6.23	33.19	21.46	$C_9H_{8.59}O_{2.85}(OCH_3)_{1.43}$
竹子 MWL	61.63	6.30	32.07	19.59	$C_9H_{8.63}O_{2.68}(OCH_3)_{1.23}$

注：* 每个木质素结构单元含有 9 个碳（C_6–C_3），元素及官能团含量均相对于 C_9

根据测得的C、H、O元素的分析值和甲氧基含量计算得出C_9典型分子式。从表2.22中可以看出，相对于1个木质素结构（C_9）单元，针叶材木质素甲氧基含量为0.96，约等于1，说明针叶材木质素主要是愈创木基木质素；阔叶材木质素甲氧基含量为1.43，说明阔叶材木质素除含有愈创木基木质素外还含有较多的紫丁香基木质素结构单元，竹材木质素甲氧基含量介于两者之间。

木质素中的甲氧基直接连接于苯环上，具有相当的稳定性。甲氧基是木质素的特征官能团之一，针叶材木质素甲氧基含量一般为12%～16%，阔叶材木质素甲氧基含量为18%～22%，禾本科植物木质素如麦秆、芦竹和竹木质素的甲氧基约为16%～18%。针叶材MWL中的OCH_3/C_9值大多在0.77～1.0，阔叶材的MWL中OCH_3/C_9在1.16～1.42，禾本科植物木质素的OCH_3/C_9值介于两者之间（见表2.23）。

表2.23　针叶材、阔叶材和禾本科植物木质素的甲氧基含量

	针叶材木质素	阔叶材木质素	禾本科植物木质素
（基于木质素）C_9/%	12 ~ 16 0.77 ~ 1.0	18 ~ 22 1.16 ~ 1.42	16 ~ 18 1.03 ~ 1.16

2.5.2　木质素的官能团

除甲氧基外，影响木质素反应性能的主要官能团还有酚羟基、苯甲醇基和羰基等。

1. 酚羟基

羟基是木质素的重要官能团之一，按其存在的状态分为两种类型：一种是存在于木质素结构单元苯环上的酚羟基（phenolic hydroxyl group，PhOH）；另一种是存在于木质素结构单元侧链上的脂肪族羟基（aliphatic hydroxyl group，AlOH），也称为醇羟基。酚羟基存在于苯环上的C_4位上，一小部分以游离酚羟基存在（R，OCH_3，OH），称为游离酚羟基，这种木质素结构单元称为酚型结构单元（phenolic structures）；大部分与其他木质素结构单元链接，以醚化了的形式存在（R，OCH_3，O），这种木质素结构单元称为非酚型结构单元（Non-phenolic structures）。不同的分析方法如紫外吸收光谱的离子化差示法（Δε）、高碘酸盐法、非水溶液中的滴定法、氢核磁共振法等测得的酚羟基值都有差别。但可得出云杉木质素中每100个苯丙烷单元中具有游离酚羟基的结构单元数小于20，大部分的酚羟基都是醚化的结论。用高碘酸盐法测得云杉MWL和云杉纤维素酶解木质素（96%二氧六环水溶液提取级分）的酚羟基（PhOH）数接近，为20.5Ph-OH/100C_9单元，美国枫香的MWL和两种纤维素酶解木质素（96%及50%二氧六环水溶液提取级分）的酚羟基（PhOH）数各为14.5、13和9 Ph-OH/100C9单元。说明阔叶材木质素中酚羟基的醚化程度高于针叶材。又因在制备MWL的磨碎中会引起醚键断裂，故原本木质素中的酚羟数低于实测值。

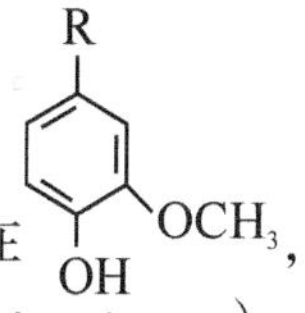

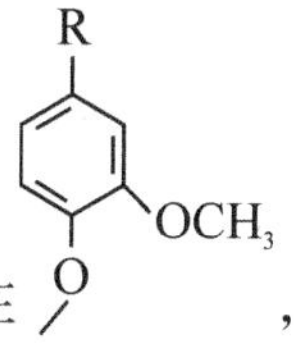

存在木质素结构单元侧链（Cα、Cβ、Cγ）上的脂肪族羟基，也分为游离羟基和醚化羟基两种形式，所谓醚化羟基，相当于侧链上连有烷氧基(与其他木质素侧链连接，如α-O-γ')或苯氧基(与其他木质素苯环连接，如β-O-4)。

木质素羟基的测定方法：用硫酸二甲酯[$(CH_3O)_2SO_2$]进行木质素的甲基化反应，可以使木质素中几乎全部游离羟基甲基化。若用重氮甲烷(CH_3N_2)进行甲基化，只能使游离的酸性酚羟基进行甲基化，但不能使位于侧链上的脂肪族羟基甲基化。因此，木质素通过甲基化反应，不仅可以证明木质素中羟基的存在，而且通过不同的甲基化试剂的作用可以区别酚羟基和醇羟基各自的含量。例如，云杉木质素用硫酸二甲酯甲基化得到的甲氧基含量为32.4%，用重氮甲烷甲基化得到的甲氧基含量为21.9%，据此可以分别换算出总的醇羟基和酚羟基的量以及总的羟基的量。

羟基的存在对木质素的化学性质有较大的影响，然而，由于木质素的化学不稳定性，经不同的化学处理后，木质素的羟基含量变化较大。例如，在温和条件下制备的盐酸木质素每5.0～5.3个木质素单元中含有1个酚羟基，木质素磺酸盐中每3.9个木质素单元含1个酚羟基，而充分缩合了的酸木质素几乎不含酚羟基。

2. **苯甲醇和苯甲芳醚基**

苯甲醇和苯甲基芳醚基是与制浆反应有关的木质素官能团。木质素结构单元苯环上存在游离酚羟基，如（1）和（3），称为酚型结构；木质素结构单元苯环上不具有游离酚羟基，而以酚醚键与相邻单元连接，如（2）和（4），称为非酚型结构（见图2.41）。根据测定，云杉MWL每100个苯丙烷单元中含有带游离酚羟基的苯甲醇基（1）的数量为2个，酚羟基醚化了的苯甲醇结构（2）为10个，酚羟基甲基芳醚（3）为2个，酚羟基醚化的苯甲基芳醚（4）为5～7个。

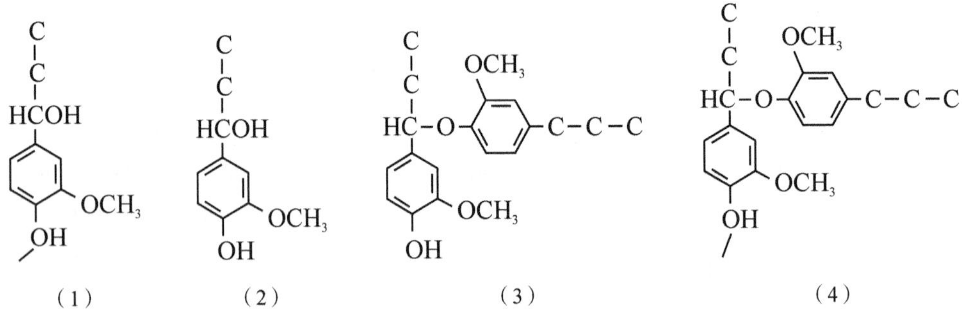

图 2.41　木质素酚型与非酚型结构的苯甲醇和苯甲基芳醚基

3. **羰基**

木质素中的羰基，可以分为与苯环共轭的羰基和非共轭羰基两种，木质素的红外光谱研究证明其结构中存在少量的共轭和非共轭羰基。共轭羰基和非共轭羰基之和为总羰基量。云杉MWL中总羰基数约为0.20/OMe，其中包括酚羟基醚化的松柏醛结构和芳基-α-酮结构分别为3个和5～6个；具有游离酚羟的松柏醛和芳基-α-酮各1个。除了上述各种形式的共轭羰基外，还存在非共轭的羰基，如存在于苯丙烷侧醚-β-位置上的酮基。

共轭羰基可以用还原差示紫外吸收光谱法（$\Delta\varepsilon r$）定量，图2.42中，共轭羰基Ⅰ、Ⅱ、Ⅲ、Ⅳ的合计约为0.10/OMe，非共轭羰基（图2.42 Ⅴ）的量可以由总羰基量与共轭羰基之差算出，为0.10/OMe（0.20–0.10=0.10）。

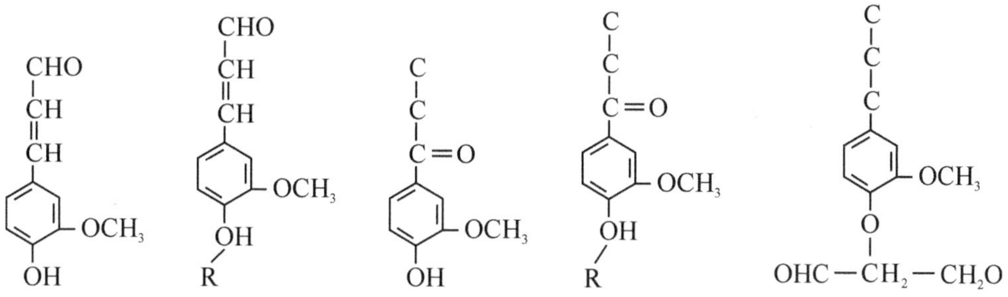

I
<0.01/OMe

II
0.03/OMe

III
<0.01/OMe

IV
0.06/OMe

V
0.01/OMe

图 2.42　羰基存在的形式及其量

4. 醚状氧原子

木质素是苯丙烷单元通过醚键和碳碳键连接起来的天然高分子。醚状氧原子就是木质素苯丙烷单元间的醚键，木质素中醚键包括酚醚键、烷醚键、二芳醚键，据测定，木质素中的苯丙烷单元有2/3～3/4是以某种形式的醚键与相邻结构单元连接的（见图2.43）。

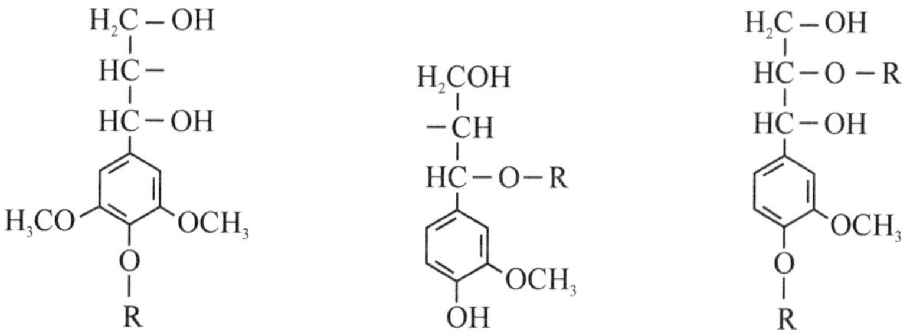

图 2.43　醚状氧原了

木质素中官能团的数量随木质素的来源、分离方法等而不同。针叶材木质素中游离酚羟基含量高于阔叶材木质素，而禾本科植物木质素中游离酚羟基含量较针叶材木质素高1～2倍（见表2.24）。

表2.24　木质素中每100个C_9单元的官能团数

官能团	云杉木质素	桦木木质素	麦秆木质素	芦竹木质素	蔗渣木质素	稻草木质素
甲氧基	92～96	139～156		118		
游离酚羟基	20～30	10～20	107	43	110	103
苯甲醇	28～30	32～50	43		36	41
羰基	10～15	15				

2.5.3　木质素结构单元的连接方式和键的频率

木质素的生物合成及化学降解研究，已证明木质素的基本结构单元是苯丙烷，而苯丙烷单元又是通过醚键（60%～70%）和碳-碳键（30%～40%）连接成木质素高分子的。

1. 木质素中的醚键连接

图2.44中（1）-（5）醚键占木质素结构单元的60%～70%，是主要的连接方式，按其类型分为酚醚键连接（包括烷基芳基醚和二芳基醚）和二烷基醚连接。

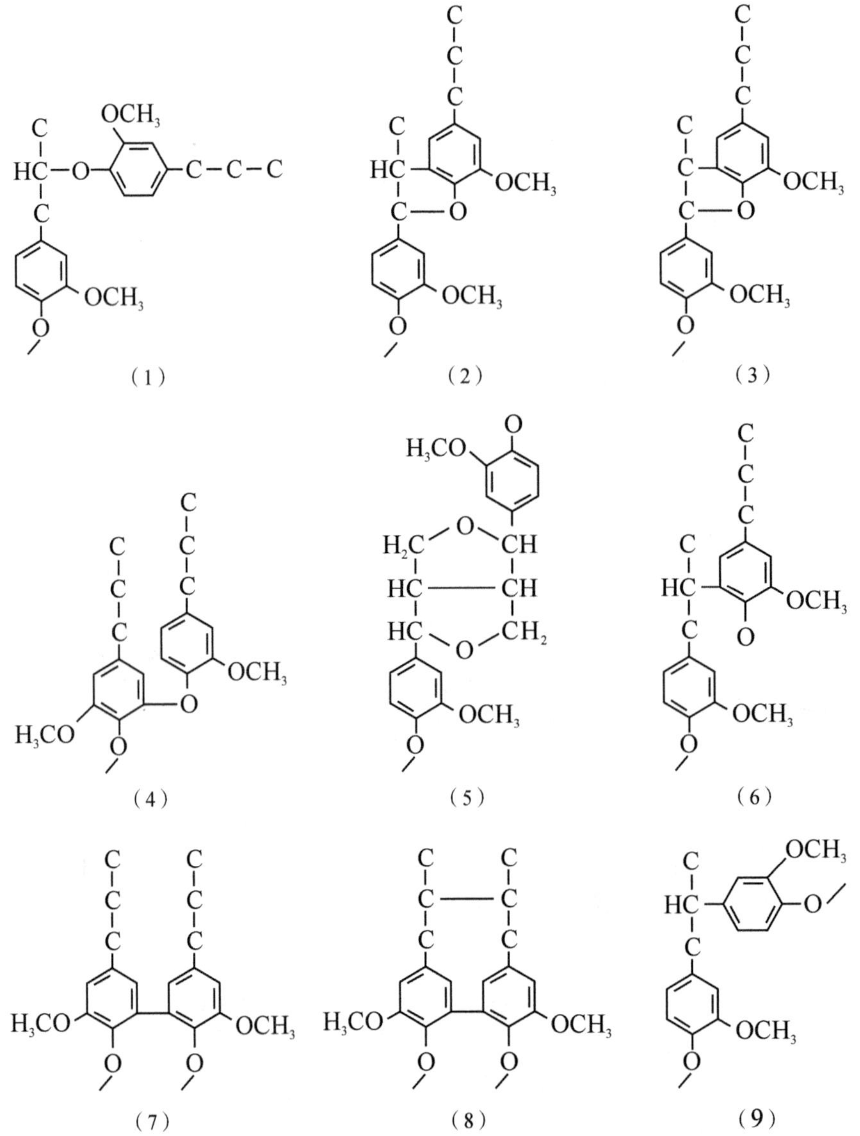

图 2.44　木质素结构单元间的主要键型

酚醚键最常见的形式是烷基芳醚键，它是以苯丙烷单元中苯环C_4的氧原子与另一个苯丙烷单元的侧链以醚键连接，根据木质素官能团分析结果，得知醚化的羟基数占70%～80%，可见酚醚键在木质素结构中占的比例相当大。

β-O-4结构：一个苯丙烷单元苯环C_4的氧原子与另一个苯丙烷单元侧链的β-位连接，称为β-烷基-芳醚键，简称为β-O-4连接，在酚醚键中以β-O-4数量最多，占酚醚的一半以上。β-O-4连接是木质素中主要的结构基团之一，当木质素在化学处理或制浆过程中，β-O-4结构的醚键断裂，会引起木质素大分子碎解，因此，这种结构在木质素的降解中起重要的作用。

α-O-4结构：一个单元苯环C_4的氧原子与另一个单元侧链的α-位连接，称为α-烷基-芳醚键，简称为α-O-4连接。

4-O-5结构：酚醚键的另一种形式是二芳基醚键连接，是一个木质素结构单元的酚羟基与另一个单元的芳香环连接成的醚键，简称为4-O-5型连接，这种醚键在一般制浆条件下是稳定的。

α-O-γ'结构：二烷基醚键通常是两个木质素结构单元侧链位置上形成的醚键，如α-O-γ'型连接的二烷基醚的松脂酚结构，在研究木质素的化学反应性能时，常把松脂酚结构作为木质素中的一种有代表型的模型物来研究。

2. 木质素中的碳-碳键连接

图2.44中（2）和（6）-（9）碳-碳键是一个木质素结构单元与另一个单元间直接通过碳-碳键连接。

β-5结构：一个苯基丙烷单元的β碳原子与另一个结构单元的苯环的第5位碳原子之间的连接，简称为β-5型结构（6）和（2）。β-5型结构在α位与另一个结构单元的酚羟基形成醚键，即α-烷基-芳醚键（α-O-4）连接的称为苯基香豆满结构（2）。

5-5结构：一个木质素结构单元苯环上C5与另一个木质素结构单元的苯环上C5之间的碳-碳（5-5）连接，也称为联二苯结构（7）。最早是Pew从木质素的硝基苯氧化产物中分离出脱氢二香草醛，从而判断木质素中存在这种5-5型连接的，5-5型结构在针叶材中较阔叶材多（见表2.25）。

碳-碳键连接，除β-5型、5-5型结构以外，还有β-β'（8），β-1（9）等结构，木质素结构单元之间的碳-碳键对化学条件下的降解作用具有高度的稳定性。在木质素的氢化分解、醇解等处理过程中，碳-碳键的存在是使得木质素不能分解成为单体的一个主要因素。

缩合型结构：在苯环的第5位，即酚羟基的邻位的碳-碳键连接，主要有5-5型、β-5型。

非缩合型结构：指缩合型以外的连接，是硝基苯氧化产物的原因所在。

3. 木质素结构中主要键的频率

木质素中主要键类型的确定在相当程度上有赖于生物合成的研究，又在研究硝基苯氧化、高锰酸钾氧化降解产物的基础上，确定并计算了各种主要键的频率。木质素中主要键的类型如图2.44所示。云杉MWL和桦木MWL中各种主要键的比例如表2.25所示。

表2.25　云杉和桦木磨木木质素（MWL）各种类型键的百分比

键型	云杉 MWL	桦木 MWL
（1）芳基甘油－β－芳基醚；β－O－4	49–51	62–65
（2）（6）苯基香豆满；β－5，α－O－4	9–12	6
（3）苯甲基芳基醚；α－O－4	6–8	6–8
（4）二芳基醚；5–O－4	3.5–4	6.5
（5）二烷基醚；α－O－γ	0–6	4
（7）二芳基碳键（联苯结构）；5–5	9.5–11	4.5
（8）β－二烷基碳键；β－β）	2	3
（9）β－芳基碳键；β－1	2	7
合计	81–96	97–99

从表2.25中数据看出，针叶材、阔叶材MWL中主要是β－O－4醚键，约占针叶材、阔叶材木质素中的50%以上，阔叶材木质素中β－O－4醚键的数量更高。此外，针叶材木质素中苯基香豆满（β－5）和联苯型（5–5）结构，阔叶材中的5–O－4键，以及针叶材、阔叶材木质素中的α－O－4键也占相当比例。必须指出，这些数据只能代表原本木质素中各种键的近似值，例如在制备MWL的磨碎过程中，α－O－4醚键的断裂，使测得数据偏低。对阔叶材而言，因已证明阔叶材中不同形态区域的木质素属于不同类型，表中数据只能代表“平均木质素”的情况。

2.5.4　木质素–碳水化合物复合体

1. 木质素和碳水化合物复合体（LCC）的存在

木质素与碳水化合物（纤维素和半纤维素）之间除有次价结合力（氢键、范德华力）外，还存在化学连接。对此已有很多试验依据，例如在磨木木质素中总是含少量高聚糖；在高聚糖组分中也总是含少量木质素残留物。此外，在木材硫酸盐浆或其蒸煮液中，发现部分木质素和部分半纤维素之间总是难以截然分开的。现已明确木质素与碳水化合物之间确实存在着化学键，构成所谓木质素–碳水化合物复合体（Lignin-Carbohydrate Complex，LCC）。

1957年，Björkman以含水二氧六环处理木粉制取磨木木质素后剩下的残渣用二甲基甲酰胺（DMF）、二甲基亚砜（DMSO）和50%醋酸提取，得到木质素和糖构成的组分。这个组分即使使用50%醋酸、二氯乙烷和乙烷作溶剂抽提，还是不能除去糖的成分。因此认为木质素与糖组分之间存在相互连接，形成了某种形式的结合体，为此，Björkman取名为木质素–碳水化合物复合体（LCC）。Björkman提取出的木质素–碳水化合物复合体中的木质素的含量，正好接近于所抽提的磨木木质素的量。因此，他认为云杉木材中的木质素，大约有一半是游离存在的，而另一半是和碳水化合物（纤维素和半纤维素）结合的。

越岛等从日本红松中分离出磨木木质素后，在通过凝胶色谱柱仔细分离出木质素-碳水化合物复合体，分离出的复合体中，木质素和碳水化合物之比为1∶1，这也说明了木质素-碳水化合物复合体是存在的。

2. 木质素和碳水化合物之间的连接键型

D.Fengel把云杉综纤维素的碱抽出物用离子交换色谱分离成6组分，把这些组分用高分辨率电子显微镜进行观察，发现木质素含量低的组分，由于连接到聚糖上的木质素质点较少，在电子显微镜下呈细纤维状，而木质素含量高的组分，细纤维状的聚糖形成弯曲状盘绕状态，在这些部位上木质素小质点连接到细纤维表面。根据观察的结果，他提出木质素和聚糖之间连接的示意图。

通过温和的碱性水解、酸解、酶解等降解及其对降解产物的分离和纯化的方法来研究木质素与碳水化合物间的连接形式，取得了一些研究成果，认为木质素与碳水化合物的连接键是存在的。比较公认的连接键类型主要有下列几种：苯甲醚键、苯甲酯键、苯基糖苷键、半缩醛与缩醛键、桥键等（见图2.45）。

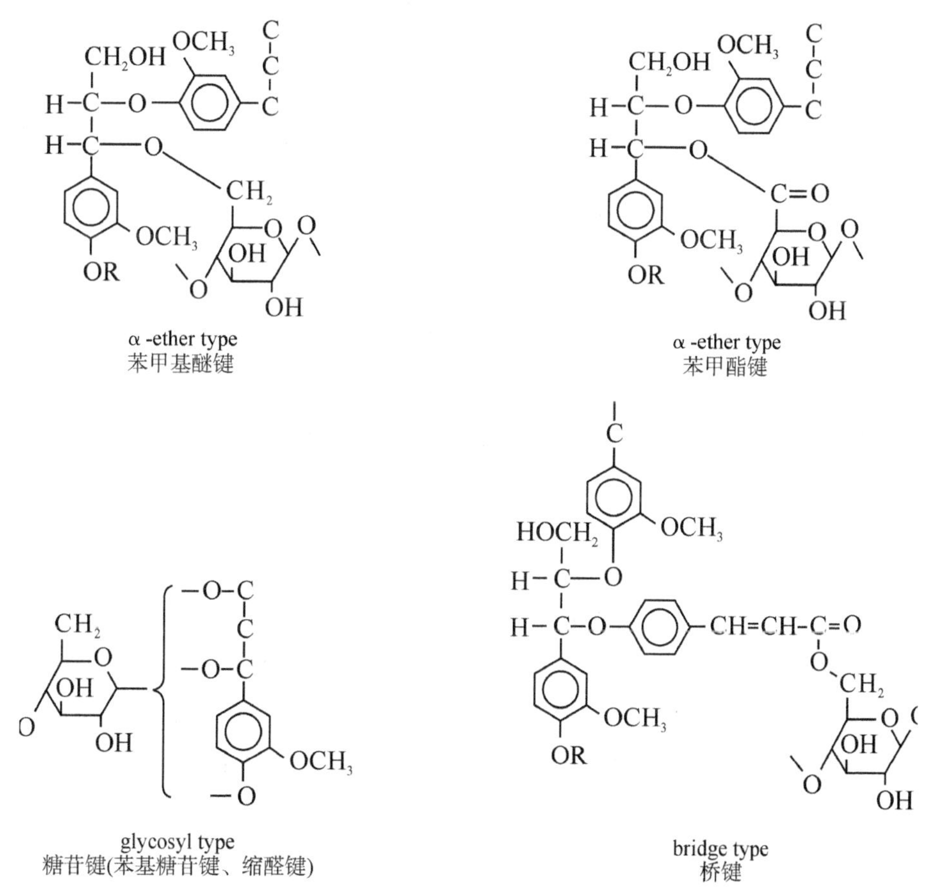

图 2.45　LCC 各种键型

（1）苯甲醚键：木质素苯丙烷结构单元的侧链Cα位最有可能与聚糖（纤维素和半纤维素）形成醚键。存在于木质素苯甲醇羟基与纤维素或半纤维素的游离羟基之间，木质素的生物合成中也有这种键的存在。根据选择性酶解碳水化合物而不分解LCC之间键的酶解法结合史密斯（Smith）降解法进行的研究结果表明，对木聚糖的LCC来说，木质素以醚键连接到4–O–甲基葡萄糖醛酸基–阿拉伯糖基–木聚糖的阿拉伯糖基C_2或C_3位上（但不排除有可能连接到C–4位上）。对于含葡萄–甘露聚糖的木质素–碳水化合物复合体来说，木质素以醚键连接到半乳糖基–葡萄–甘露聚糖中半乳糖基的C_3上。

α–醚键对酸性是敏感的，但对碱性水解却比较稳定。葡萄糖基C_6原子上的羟基与木质素单元侧链Cα碳原子之间形成α–醚键，它较易被酸水解，在极弱的酸性介质中（如50%二氧六环的水溶液），加热到180℃，α–醚键就被断裂。Brownell通过研究表明，黑云杉木材中的木质素–半纤维素之间的α–醚键在100℃以下时，对1%氢氧化钠溶液是稳定的，超过100℃，在该溶液中此键断裂。该键对酸的稳定性比葡萄糖苷键高，说明此键较牢固。木质素–半纤维素之间的键对硼氢化钠的处理是稳定的，而硼氢化钠会使半缩醛键（糖苷键）断裂，这就说明此键不是糖苷键。基于以上事实，Brownell认为木质素和半纤维素键的化学键是一种醚键。

（2）酯键：通常木质素苯丙烷单元侧链醇羟基与酸性糖的羧基之间形成酯键。根据选择性酶解碳水化合物而不分解LCC之间键的酶解法结合史密斯（Smith）降解法进行的研究结果表明，对木聚糖的LCC来说，木质素以酯键连接到4–O–甲基葡萄糖醛酸基–阿拉伯糖基–木聚糖的4–O–甲基–葡萄糖醛酸基上，该键即使在温和的碱性条件下也易于水解，如在室温下1 mol NaOH溶液中就很容易被水解。

（3）苯基糖苷键：存在于木质素酚羟基和纤维素或半纤维素的C_1羟基（还原性末端）之间形成苯基糖苷键。该键易被酸水解，但比相应聚糖的苷键较难水解。

（4）半缩醛与缩醛键：纤维素或半纤维素的C_1羟基和木质素结构单元侧链C_β或C_γ位的羰基之间形成的半缩醛键或缩醛键。还有木质素单元侧链C_γ上的羰基与纤维素或半纤维素的游离羟基酯键形成的半缩醛键或缩醛键。磨木木质素在50%二氧六环水溶液、180℃加热1h分解，这种键不水解而保存下来。用类似的模型化合物研究结果也证实了纤维素或半纤维素与木质素酯键的这种结合是可能存在的较牢固的形式之一。

（5）桥键：存在于禾本科植物中，通常对–香豆酸或阿魏酸以酯键或醚键连接木质素单元与碳水化合物（纤维素或半纤维素）。樋口研究结果表明，竹材木质素中含有5%～10%的对–香豆酸，其中80%的对–香豆酸在木质素C_γ位羟基以酯键连接，这也是禾本科植物的硝基苯氧化产物中对–羟基苯甲醛量较针叶材或阔叶材木质素多的原因所在。

2.5.5　木质素的结构模型

从20世纪60年代前后起，在生物合成和化学降解两个方面大量研究工作的基础上，提出了多种针叶材木质素结构图。目前主要引用的是1968年Freudenberg以松柏醇脱氢聚合的研究为基础，结合化学分析结果而提出的由18个苯丙烷单元组成的云杉木质素结构模型图和Adler根据木质素氧化降解研究于1977年提出的由16个苯丙烷单元构成的云杉木质素模型图（见图2.46），因为这两种模型比较完整地反映了针叶材木质素的结构。

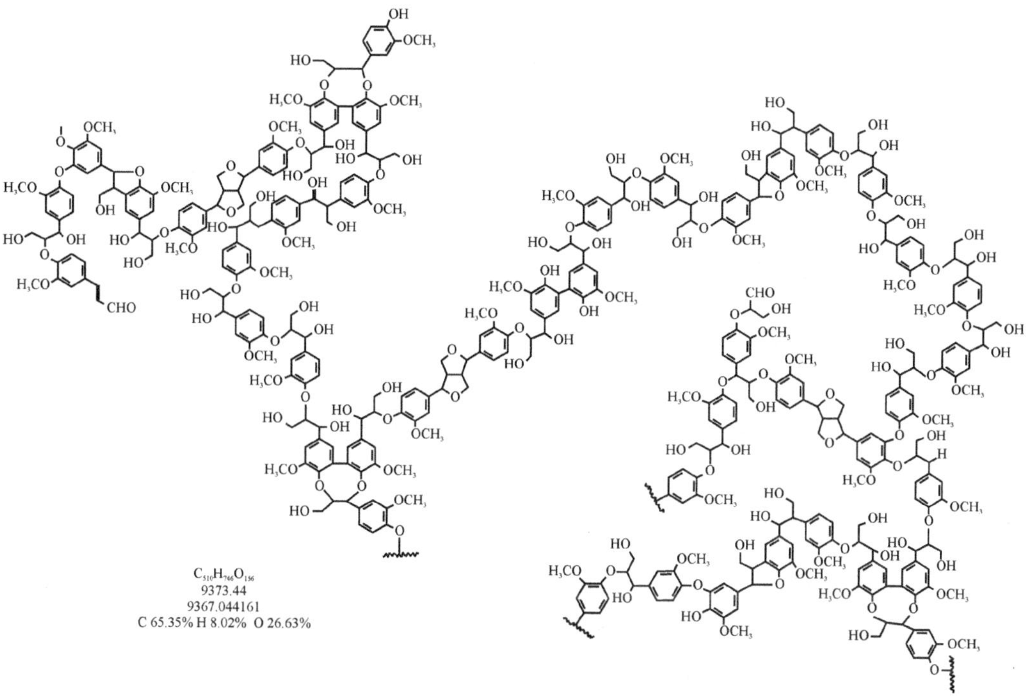

图 2.46　针叶材木质素结构

1980年，Sakakibara根据二氧六圜水溶液对木质素温和水解以及木质素氢解产物的研究提出由28个C_9单元构成的针叶材结构模型，此图不仅能符合大多数的分析数据，还考虑到木质素与高聚糖之间的连接情况。最大的针叶材木质素结构图是由Glasser于1981年提出的，此模型由94个苯丙烷单元组成，分子量在17000以上，这是将火炬松磨木木质素研究中获得的大量数据用计算机统计综合得出的。这些数据包括元素分析、糖和灰分的测定、^{1}H-NMR谱测定的官能团数据、$KMnO_4$氧化产物、GC/MS测定和GPC分析等方面的数据。

Nimz鉴定了山毛榉木质素经硫代醋酸解后生成的各种产物的数量，计算出山毛榉木质中各种键的比例，并根据紫外、红外、氢核磁共振和^{13}C核磁共振波谱法的研究结果，于1974年提出了山毛榉木质素的结构模型（见图2.47）。此模型除反映结构单元间的键型和数量外，还考虑到山毛榉木质素中三种不同的结构单元的相对比例。

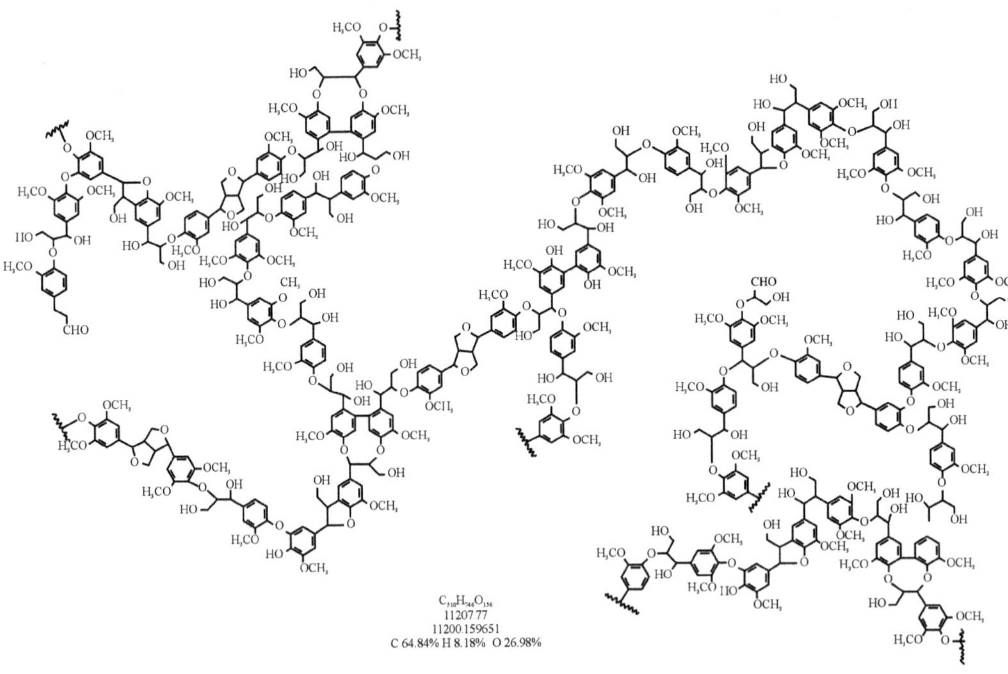

图 2.47　阔叶材木质素结构

随着分离方法和分析技术的发展，提出了针叶材木质素的多种结构模型，并逐步完善，目前已能较详细地描述针叶材木质素的结构。但由于模型中的结构单元数量有限，对某些结构单元的比例和键的数量就不能很正确地反映。如Adler模型中出现一个紫丁香基丙烷单元就不是定量的，也过分强调了松脂酚结构。由94个苯丙烷单元组成的针叶材模型能反映现阶段所掌握的有关针叶材木质素结构的知识，但鉴于原本木质素的复杂性和现行分析方法上的某些缺陷，仍有必要积累正确的分析数据加以改进和充实。

2.6　木质素的化学性质

木质素的化学性质包括木质素的各种化学反应，如发生在芳环上的卤化、硝化和氧化反应，发生在侧链的芳醚键和烷醚键的反应，木质素的化学反应与制浆造纸和水解工业都有密切的关系。本节介绍与蒸煮和漂白过程有关的主要反应。

2.6.1　木质素反应的一般概念

木质素是由苯丙烷单元通过多种醚键和碳-碳键连接而成的高分子化合物。植物纤维原料脱木质素的过程中木质素结构上的变化是通过亲核和亲电两大类的反应来实现的。在蒸煮过程中主要是发生亲核反应。亲核反应发生在木质素侧链上，使木质素大分子结构发生了两种变化：一是某些键的断裂，木质素大分子碎片化；二是在木质素大分子或降解碎片中引进了亲水性的基团，由于这两种互相联系的变化使木质素大分子逐渐溶解在蒸煮液中。而在漂白过程中木质素主要发生亲电反应，亲电反应主要发生在木质素苯环上。

1. **木质素大分子的亲核反应和亲电反应**

木质素在制浆和漂白中的反应可分为亲核反应和亲电反应两大类。各种化学制浆的反应都是亲核反应，在木质素的漂白中，开始是亲电反应，然后又发生亲核反应。能和木质素发生亲核反应的试剂有多种，其亲和能力的强弱可用亲核参数*E*来表示（见表2.26）。

表2.26　亲核试剂的亲核能力

亲核试剂	亲核参数 *E*	亲核试剂	亲核参数 *E*
H_2O	1.00	$S_2O_3^{2-}$	2.52
$C_6H_5O^-$	1.46	SO_3^{2-}	2.57
SO_2	1.51	HS^-	2.57
HO^-	1.65	CH_3O^-	2.74
SCN^-	1.93	S^{2-}	3.08
H_2SO_3	1.99	$C_2H_5O^-$	3.28
HSO_3^-	2.27		

蒸煮过程中，亲核试剂主要与木质素侧链发生反应，通常采用的亲核试剂有S^{2-}，HS^-，SO_3^{2-}，HSO_3^-，HO^-和SO_2水溶液等。在木质素的漂白中，亲电试剂有Cl^+，O_2，O_3和ClO_2等，主要与苯环发生亲电反应，保留木质素苯环的漂白试剂如HOO^-等。这类亲核试剂与木质素结构中的共轭键反应从而破坏发色团。

2. **木质素结构单元的化学反应性能**

有机化合物的化学结构决定其化学性质。木质素是由苯丙烷单元通过醚键、碳-碳键连接而成的复杂高分子，其结构单元、单元间连接键的类型以及结构单元上官能团的种类与数量差异性较大，木质素大分子结构差异存在不均一性，因此，木质素化学反应性差异较大。制浆时的脱木质素作用，不仅化学药品与木质素结构单元发生化学反应，还要使木质素结构单元之间的连接断裂，使木质素低分子化而溶出。因为木质素是具有三维网络结构的高分子，如果不同时发生大分子的降解作用，即使起了化学反应也是不能溶出的，可见要使植物纤维原料中的胞间层及细胞壁中的木质素溶出来，在木质素大分子中引进(或生成)亲液性基团的同时，还必须使木质素大分子中各结构单元间的连接键有一定数量的断裂，使木质素大分子降解成小的碎片，才能达到目的。通过研究发现，木质素结构单元上侧链的对位C4上酚羟基存在与否，对木质素的反应性能影响极大。因此，根据C4位酚羟基存在与否，木质素结构单元可分为酚型结构单元和非酚型结构单元两大类（见图2.48）。

（1）酚型结构单元：苯环C_4位上存在游离酚羟基的木质素结构单元称为酚型结构单元（Phenolic structure）（见图2.48），其特点是结构单元苯环C_4位上的游离羟基，能通过诱导效应而使酚羟基对位侧链上的α－碳原子活化，原理是酚羟基上的氧原子与苯环上的大π键杂化，形成p－π共轭体系。如果在α－碳原子上连接着醚键，这个醚键很容易断裂，断裂后在α－位置有很大的反应活性，成为电子接受体，容易受到亲核试剂的进攻，发生亲核反应。因此在化学反应上，木质素结构单元侧链α－位上的反应能力很强。在碱性条件下，酚羟基上的氢容易脱去，结构单元变为酚氧负离子，诱导效应更大。例如，木材在硫酸盐或碱性亚硫酸盐蒸煮时，木质素的酚型结构单元侧链上的α－芳基醚、α－烷基醚键很容易断开，并在该位置引入亲核性强的S^{2-}、HS^-、HSO_3^-或SO_3^{2-}离子；如果α－位上为羟基，则可直接在α－位上引入S^{2-}、SH^-或HSO_3^-离子，可见，酚型结构单元反应活性较强。

（2）非酚型结构单元：凡木质素结构单元苯环C_4位上不具有游离酚羟基，而是以酚醚键连接到相邻的单元上，这类结构称为非酚型结构(Non-phonolic structurcs)（见图2.48）。非酚型结构单元的特点是苯环的酚羟基上有了取代基，难以像酚型结构那样使α－碳原子得到活化。因此，非酚型单元中存在的α－醚键、β－醚键反应活力较弱，即使α－位置是醇羟基，其反应能力也比酚型结构的醇羟基小得多，如果α－醇羟基又被醚化(比如说α－醚键)，则此位置就难以进行反应了。

因此，对于木质素的反应性能，不仅是结构单元间的键型有强的影响，而且木质素的酚型和非酚型的结构形式，以及木质素侧链α位羟基存在与否对木质素的反应性能影响也很大，α位具有羟基的为苯甲醇结构。木质素化学反应活性依次为：A＞B＞C＞D（见图2.48）。

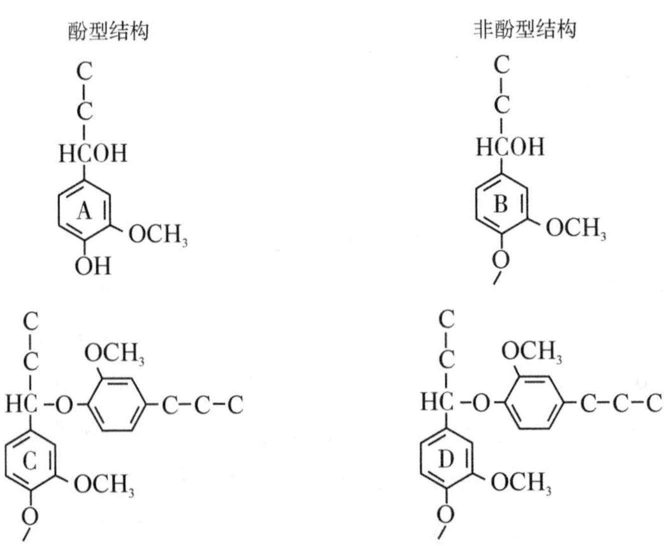

图 2.48　木质素化学反应活性

如果通过化学反应能在木质素大分子上析出更多的酚羟基或尽量保护其游离酚羟基免于缩合作用，这在一定的条件下将能提高木质素的反应活性。

由于木质素具有多种官能团和化学键，且存在酚型和非酚型的结构单元，因此总的说来木质素的反应能力是相当强的。木质素能与亲电试剂进行反应，也能和亲核试剂进行反应，还能被某些氧化剂所氧化，也可以被还原剂还原。木质素在用氢氧化钠法、硫酸盐法和亚硫酸盐法蒸煮时，就可以与HO^-、HSO_3^-、HS^-、S^{2-}等亲核试剂发生亲核反应。

3. 木质素亲核反应的特点

在不同的介质中，木质素的基本结构单元起着不同的变化，但都具有一定的规律。木质素结构单元在碱性介质中，只有酚型结构通过形成亚甲基醌结构，使木质素侧链α-位成为亲核反应部位；而在酸性介质中，酚型和非酚型结构均可形成正碳离子结构，使木质素侧链α-位成为亲核反应部位。这就表明了在碱性介质和酸性介质中存在脱木质素的不同机理。

（1）在碱性介质中的反应规律：在碱性介质中，只有木质素酚型结构单元参与反应（见图2.49）。木质素酚型结构单元C_4位的酚羟基（Ⅰ）的氧原子是电负性很强的原子，氧原子上的未共有电子对和苯环上的π-电子云形成p-π共轭体系，使氧原子的p电子云向苯环转移，因而又使酚羟基上的氢氧原子之间的电子云向氧原子转移，就削弱了酚羟基上的氧和氢原子之间的结合力，使氢离子易于脱出（显出弱酸性，Ⅱ），尤其在碱性介质中，酚羟基极易离子化，而以酚氧离子（Ⅲ）的形式存在。木质素在碱性介质中进行反应，经常有亚甲基醌的中间产物出现就证明了这一点。酚氧离子（Ⅲ）是强的电子供给体，通过诱导效应和共轭效应使其邻、对位明显活化，并进一步降低侧链α-位C-O键的稳定性，使α-芳醚键断裂生成亚甲基醌结构（Ⅳ）。亚甲基醌是一个极化基团，其π-电子云有较大的流动性，根据共振理论，亚甲基醌结构（Ⅳ）可以表现为4种形式（Ⅳ-1、Ⅳ-2、Ⅳ-3、Ⅳ-4）。亚甲基醌是一个极化基团，木质素酚型结构单元的α-碳原子常常成为亲核试剂所进攻的部位。

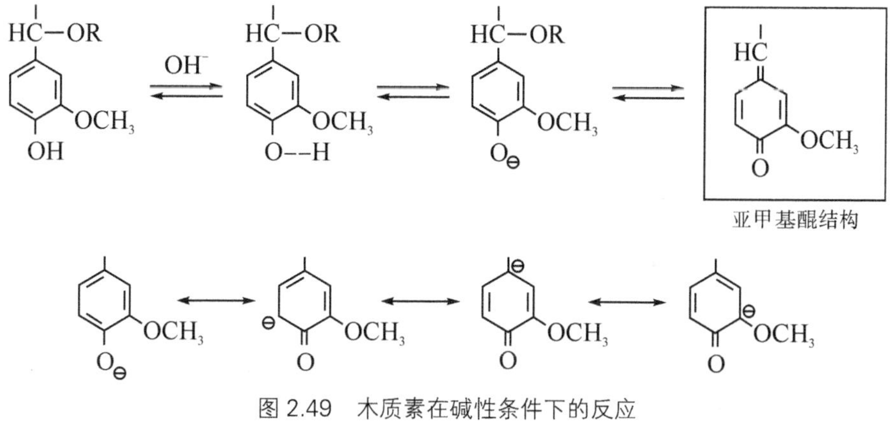

图 2.49　木质素在碱性条件下的反应

在碱性介质中，非酚型的木质素结构单元由于C_4位氧原子上有了取代基，故不能形成亚甲基醌的结构。

（2）在酸性介质中的反应规律：在酸性介质中，醚键的氧原子上的未共用电子对易受到无机酸中的氢质子（H^+）进攻，质子化生成鉎盐（四价氧盐）。特别是木质素苯环上邻、对位定位基的影响，Cα电负性较强，与之相连的醚键上的氧更容易受到H^+的进攻而质子化。故在酸性条件下，具有苯甲基醚结构的酚型和非酚型结构单元（Ⅰ），首先受到H^+的进攻而质子化，变成鉎盐形式的醚基团，然后α-醚键断裂而形成正碳离子（Ⅱ），这种正碳离子亦呈（Ⅱ-1、Ⅱ-2、Ⅱ-3、Ⅱ-4）的4种共振形式，因此正碳离子比较稳定的。在图2.50的Ⅰ中，当R=H时，这种带游离酚羟基的正碳离子实际上就是亲核试剂进攻的部位，但正碳离子的形成是通过酸性介质中鉎盐的过程，与碱性介质中亚甲基醌的形成过程不同。正碳离子的形成并不要求侧链的对位具有酚羟基，因此不论是酚型或非酚型结构单元均可形成正碳离子，因而成为木质素反应时亲核试剂进攻的位置，这也是酸性亚硫酸盐蒸煮时亲核试剂（HSO_3^-或SO_3^{2-}）往往首先进攻α-碳原子形成α-磺酸的原因。

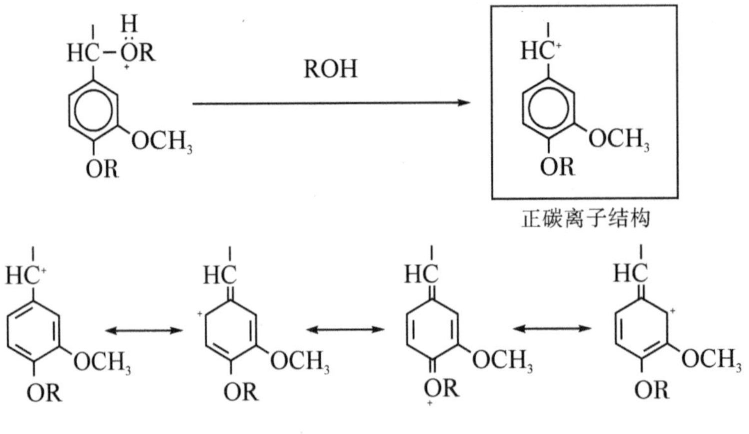

图2.50 木质素在酸性条件下的反应

2.6.2 木质素在蒸煮中的反应

在木质素的各种结构中，以碳-碳键相连的结构在化学反应中具有较高的稳定性，醚键中的二芳醚结构在制浆过程中也是稳定的。只有α-芳醚键、α-烷醚键、β-芳醚键等易发生化学反应。因此，研究木质素的化学反应就应着重讨论由这几种键型连成的木质素结构在化学反应中的规律。

上述几种形式的键连成的木质素的结构有以下几种：图2.51中R=H为酚型结构，R=结构单元时为非酚型结构。结构（1）与（2）皆为a-芳醚键，当R=H时，分别称为苯基香豆满和愈创木基-甘油a-芳醚；（3）为β-芳醚，R=H时称为愈创木基-甘油-β-芳醚；（4）为二烷基醚键，R=H时称为松脂粉。

木质素在蒸煮中的反应本质是亲核反应，在外界的亲核试剂如HO^-，S^{2-}，HS^-或SO_3^{2-}等作用下，木质素中的主要醚键（见图2.51）发生断裂，大分子碎片化。与此同时，在木质素内部的亲核基团作用下，降解的木质素可发生缩聚反应。碎片化和缩聚反应的程度随各种制浆方法而异。

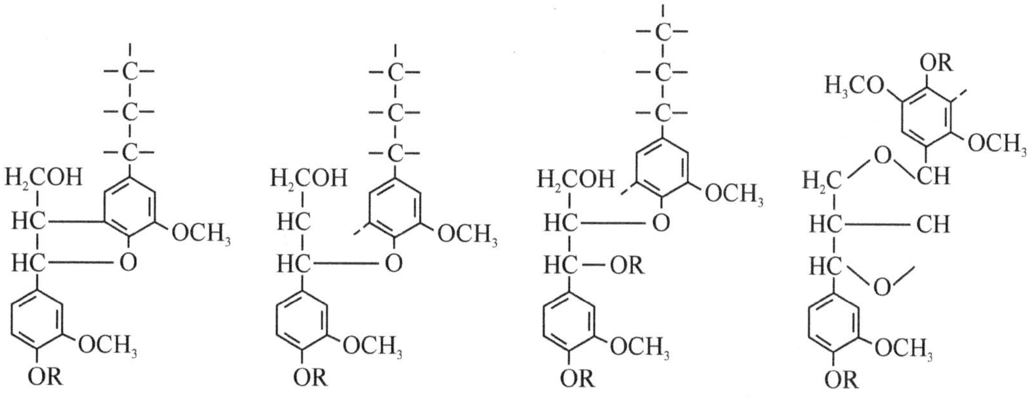

（1）　（2）　（3）　（4）

图 2.51　木质素中醚键的主要类型

1. 在碱性介质中的蒸煮反应（烧碱法和硫酸盐法）

在碱性溶液中主要是酚型结构单元的参与反应（见图2.49），但在非酚型β-芳醚的α位有羟基（^-OH）、高温和高碱液浓度条件下也发生β-键的断裂反应。

（1）碎片化反应

① 酚型α-芳醚的断裂

亚甲基醌中间体的生成：在碱性介质中，酚型结构单元解离成酚氧离子，酚氧离子的氧原子带有负电荷，具有很强的供电子能力，通过诱导效应和共轭效应影响苯环，使苯环上氧原子的邻、对位明显活化，进而影响了C-O键的稳定性，使α-芳醚键断裂生成了亚甲基醌中间体（见图2.52 Ⅲ）。亚甲基醌中间体是一个共轭体系，其中羰基中氧原子具有强的负电性引起共轭链上各原子电荷密度交替分布，使侧链Cα上电子云密度下降（δ+），成为亲核反应的中心。

亲核试剂的加成反应和脱氢、脱甲醛反应的竞争：在亚甲基醌中间体形成后，有两类互相竞争的反应。一类是亲核试剂进攻亚甲基醌的α-碳，生成加成产物；另一类是发生β-质子消去反应生成Ⅳ-2结构，或γ-碳上脱甲醛反应生成Ⅳ-1结构（见图2.53）。这两类互相竞争的反应都能使亚甲基醌芳环化，竞争的结果取决于亲核试剂亲核性的强弱和碱液浓度的高低。在酚型α-芳醚结构中，主要发生脱甲醛反应，如愈创木基-甘油-α-芳醚结构，在碱性条件下通过亚甲基醌中间体单元A与B分离，A

单元脱甲醛生成苯乙烯（Ⅳ-1）结构，B单元由于与A单元分离，产生新的酚型结构B单元，B酚型结构单元再形成亚甲基醌中间体进而使α-芳醚键断裂，使木质素大分子碎片化。

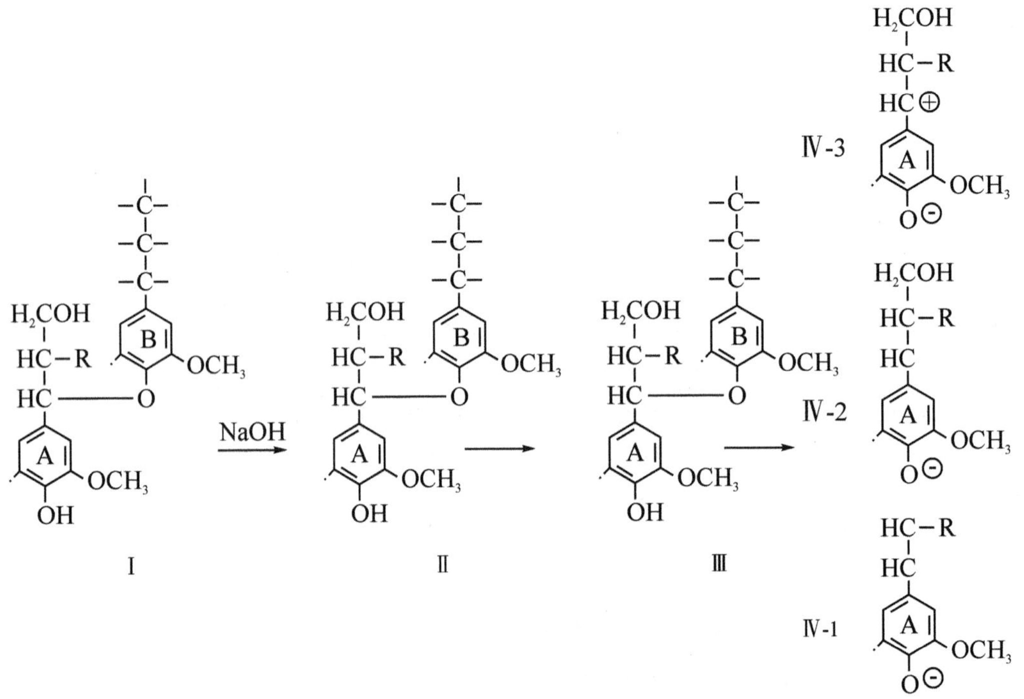

图 2.52 酚型 α-芳醚键的断裂

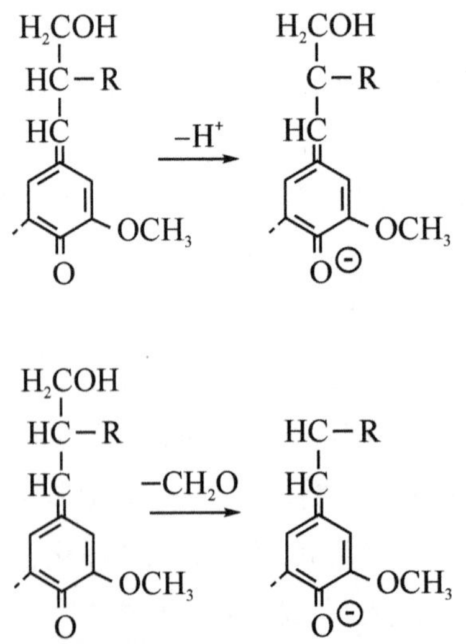

图 2.53 亚甲基醌的 Cβ 质子或 Cγ 甲醛消去反应

如果是苯基香豆满结构，由于存在β–5碳–碳键，在α–芳醚断裂后并不能使结构单元A与B分开，只是增加了酚羟基，使亲液性增加，生成1，2–二苯乙烯结构（见图2.54）。

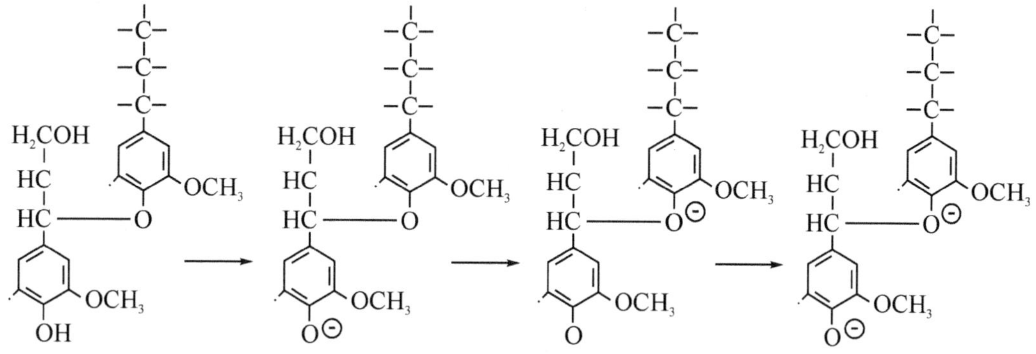

图 2.54　酚型苯基香豆满结构 α – 芳醚键的断裂

② 酚型β–芳醚的断裂

如图2.55所示，酚型β–芳醚的反应可分为以下几步：

亚甲基醌中间体的生成：在碱性介质中，首先是生成亚甲基醌中间体（I），α–碳上的醚键断裂或羟基脱落，原理与α–芳醚断裂相同。

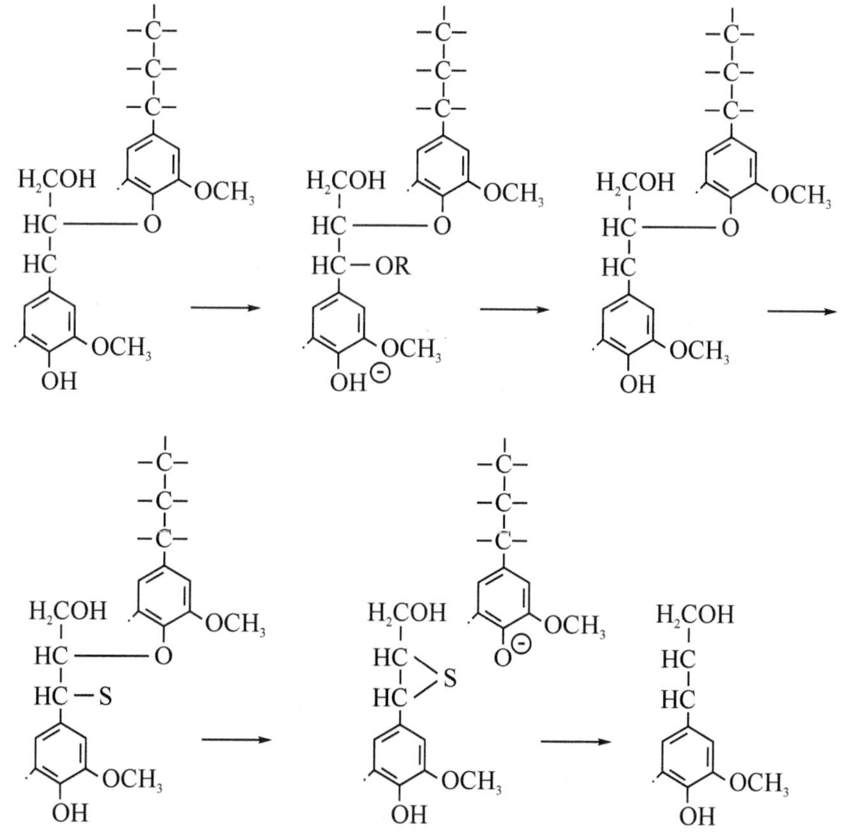

图 2.55　酚型 β – 芳醚键在硫酸盐法蒸煮中的反应

亲核加成与脱甲醛的竞争反应：在烧碱法蒸煮中，首先酚型β－芳基醚（I）结构生成亚甲基醌中间体（Ⅲ），α－碳上的醚键断裂，原理与α－芳醚断裂相同，导出新酚羟基（-OR）。A单元侧链发生γ－碳上伯醇羟基脱氢，然后是脱甲醛的反应，生成β－芳氧基苯乙烯结构（Ⅳ）。大部分的酚型β－芳醚不发生断裂，结构单元A与B没有分离（见图2.56）。

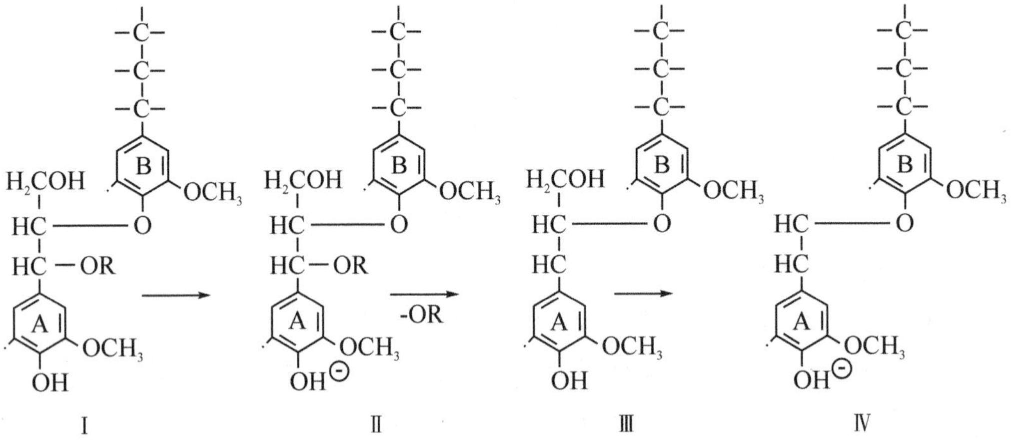

图 2.56　酚型 β－芳醚键在碱法蒸煮中的反应

硫酸盐法（Kraft pulping）是在氢氧化钠碱液中加入硫化钠（Na_2S）为催化剂进行蒸煮的方法，因此在硫酸盐法蒸煮过程中，除氢氧化钠和木质素的反应外，硫化钠和木质素的反应是脱木质素的主要反应。在Na_2S的水溶液中，由于Na_2S的解离，溶液中同时存在氢氧离子（HO^-）、硫氢离子（HS^-）、硫离子（S^{2-}）等亲核试剂（见图2.57）。

$$Na_2S + H_2O \rightleftharpoons 2Na^+ + HS^- + OH^-$$
$$HS^- \rightleftharpoons H^+ + S^{2-}$$

图 2.57　硫酸盐法蒸煮液中的亲核试剂

氢氧离子（HO^-）、硫氢离子（HS^-）、硫离子（S^{2-}）等同时对木质素产生反应，HO^-离子和木质素的反应和上述氢氧化钠水溶液中木质素的反应是一样的，它能导致木质素分子中的酚型结构的α－芳基醚键、α－烷基醚键、非酚型结构Cα－OH的α－芳基醚键、甲基芳基醚键等的断裂，产生部分木质素降解反应。而在硫酸盐法蒸煮中，除OH^-的作用外，由于还有HS^-和S^{2-}的存在，HS^-和S^{2-}较OH^-亲核性强，因此，木质素结构单元与亲核性强的HS^-和S^{2-}的反应优先于与OH^-的反应，所以硫酸盐法蒸煮中的反应比与烧碱法蒸煮中的反应强，所引起的木质素降解作用也比烧碱法蒸煮中的反应强。

邻基参与反应：在硫酸盐蒸煮中，由于亲核试剂S^{2-}和HS^-有强的亲核能力，迅速作用于亚甲基醌的α-碳上，亚甲基醌芳环化，引进了亲核性基团，生成了苯甲基硫醇结构（Ⅲ）。由于强亲核试剂S^{2-}引入到木质素侧链α碳上，引发木质素分子内部的亲核反应，即木质素侧链α碳上强亲核试剂S^{2-}攻击邻位的β-碳原子生成含硫三环化合物的中间体，致使β-芳醚断裂，单元A与B分离（见图2.58），导出新酚羟基，木质素大分子碎片化。由于亲核试剂就在反应中心相邻位置上，只需经过很小的熵的变化即可达过渡态，因此这类邻位反应的速度比分子间的反应速度快得多。在溶液中，熵的影响超过了生成三环化合物的不利条件。邻基参与反应是木质素大分子重要的碎片化过程，最后环硫化合物中间体（Ⅳ）在高温下脱硫，生成对-羟基苯乙烯结构（Ⅴ）。

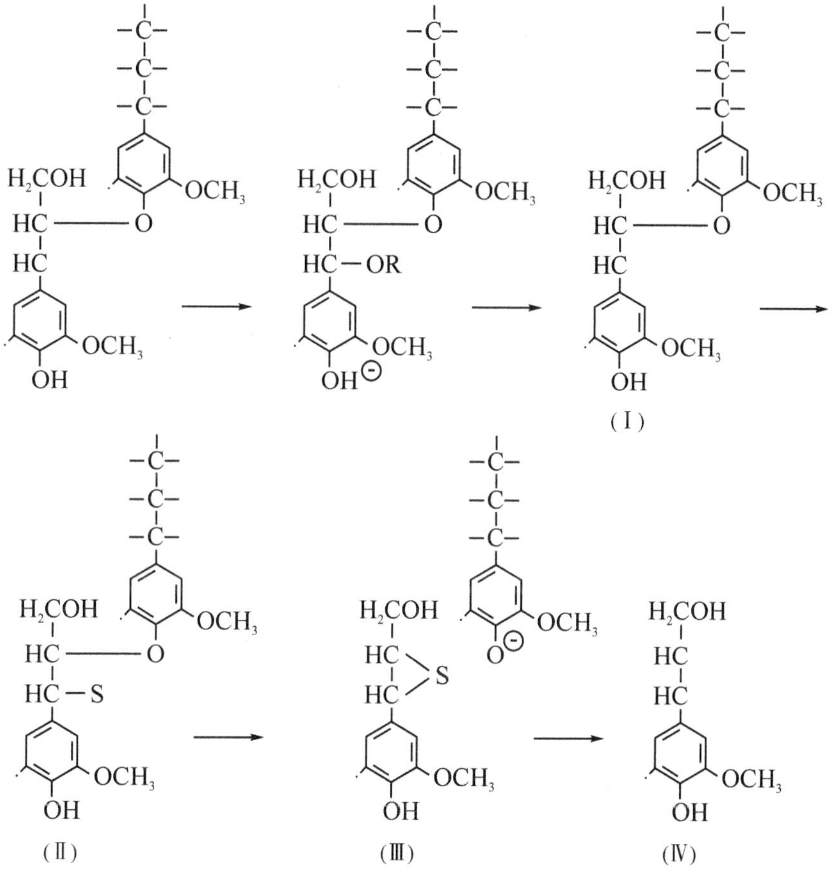

(Ⅰ)

(Ⅱ) (Ⅲ) (Ⅳ)

图 2.58 酚型 β-芳醚键在硫酸盐法蒸煮中的反应

③ 非酚型β-芳醚键的断裂：在烧碱法和硫酸盐法制浆中最重要的碎片化反应就是非酚型β-芳醚键的断裂。此反应涉及β-碳相邻的羟基的参与作用，需要参与的基团首先电离，因而只有在较强烈的条件下（碱浓度高、高温）才能发生，如碱法制浆。

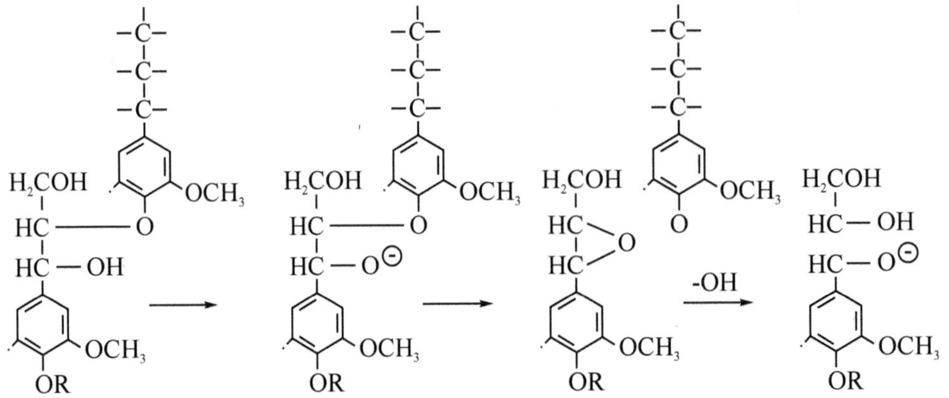

图 2.59 非酚型 β－芳醚结构 α 位羟基在碱性条件下反应

此反应与酚型β－芳醚的断裂相似，是由于邻基参与生成三环化合物中间体而发生的，在高温和碱液浓度高的条件下，非酚型β－芳醚结构中的α－或γ－碳上的羟基电离，产生了分子内的亲核基团。由于这些在β－碳邻位的亲核基团对β－碳的进攻，生成环氧化合物，β－芳醚断裂，使木质素碎片化，然后环氧化合物水解开裂，得到具有α、β－乙二醇结构的产物。

酚型α－芳醚的断裂在蒸煮初期即可发生，而非酚型β－芳醚断裂的速度则取决于蒸煮液的碱液浓度和温度，与硫氢离子的存在无关。因此，它只有在蒸煮中期（高温、碱液浓度高）才能发生。由于非酚型β－芳醚断裂，产生新的酚型结构单元，继续发生酚型α、β－芳醚的断裂反应，使木质素大分子迅速碎片化而溶出。

④ 甲基芳醚的断裂:

硫氢离子的强的亲核性还能引起一部分甲基芳醚键迅速断裂，生成邻苯二酚结构的产物，如图2.60所示。而HO^-的亲核性较HS^-弱，在烧碱法蒸煮中断裂的甲基芳醚键较少。

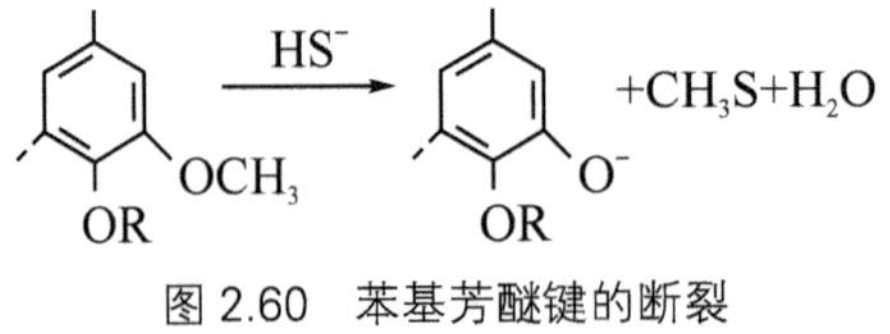

图 2.60 苯基芳醚键的断裂

除了酚型α－芳醚，β－芳醚，非酚型β－芳醚、苯甲基芳醚、二烷醚键外，在烧碱法和硫酸盐法蒸煮中还能使二烷醚（见图2.61）断裂。苯丙烷侧链的少量碳－碳键如C_α与C_β间的键C_α与C_β间成双键）和C_α与苯环之间的键也可断裂。

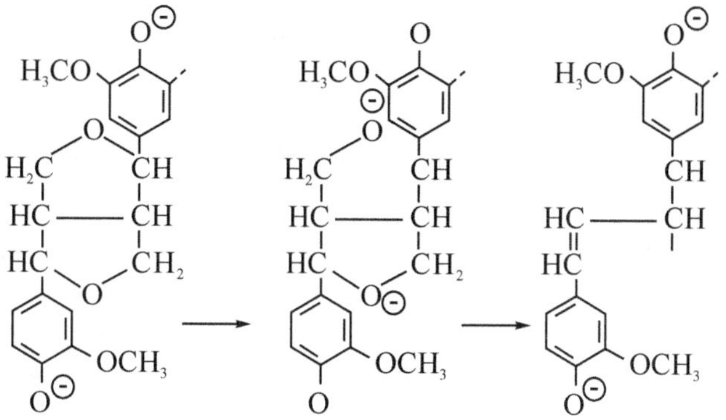

图 2.61　二烷醚键的断裂

综上所述，在碱法蒸煮过程中，木质素与氢氧化钠水溶液中的反应主要是：通过木质素大分子中酚型结构的α-芳醚、α-烷基醚键断裂，形成亚甲基醌中间体；在α-碳原子上连有OH基非酚型结构的β-芳基醚键也可以断裂形成环氧化合物的中间体以及苯环上芳基甲基醚键断裂，以上四种醚键的断裂都导出新酚羟基。由于酚羟基具有弱酸性，对氢氧化钠具有亲和力，故实际上是增加了木质素的亲液基团，并能使反应继续下去。在上述四种醚键断裂过程中，伴随着脱芳基、脱烷基、脱甲醛等反应，使木质素分子逐步降解而低分子化溶出。其中以非酚型结构的β-芳基醚键的脱芳基反应为引起木质素降解的主要反应，但此反应只在α-碳原子上连有OH基的情况下才出现。

木质素在硫酸盐蒸煮中的反应主要是：包括了木质素在氢氧化钠溶液中的四种基本反应，除四种主要的醚键断裂之外，还能促使酚型结构单元的β-芳基醚键断裂，形成环硫化合物的中间物，这几种反应，都析出新的酚羟基。在硫酸盐蒸煮中，由于SH^-和S^{2-}的亲核性都比OH^-强，能在α-碳原子上亲核进攻，导致酚型β-芳基醚键断裂。β-芳基醚键在木质素结构中占有相当大的比例，因此β-芳基醚键的断裂对木质素大分子降解而低分子化溶出，具有很重要的意义。

总之，由于木质素大分子中的各种醚键断裂，木质素大分子分子量下降，增加亲液性基团，使降解的木质素溶于蒸煮液中。

（2）缩合反应

酚型结构单元在碱性溶液中生成亚甲基醌中间体，外部的亲核试剂如HS^-和内部的亲核基团如酚类结构上的碳负离子竞争亚甲基醌中间体，如其β-碳上是β-芳醚键，则通过HS^-的加成到亚甲基醌的α-碳上，接着发生邻基参与的亲核攻击使β-芳醚断裂，^-OAr离去；如β-碳上没有能够离去的取代基，如为碳-碳键，则木质素分子内部的亲核基团可与亚甲基醌的α-碳缩合如图2.62所示。此时，即使有较强的外部亲核试剂如HS^-，也不能阻止缩合反应，但可能延缓缩合反应。

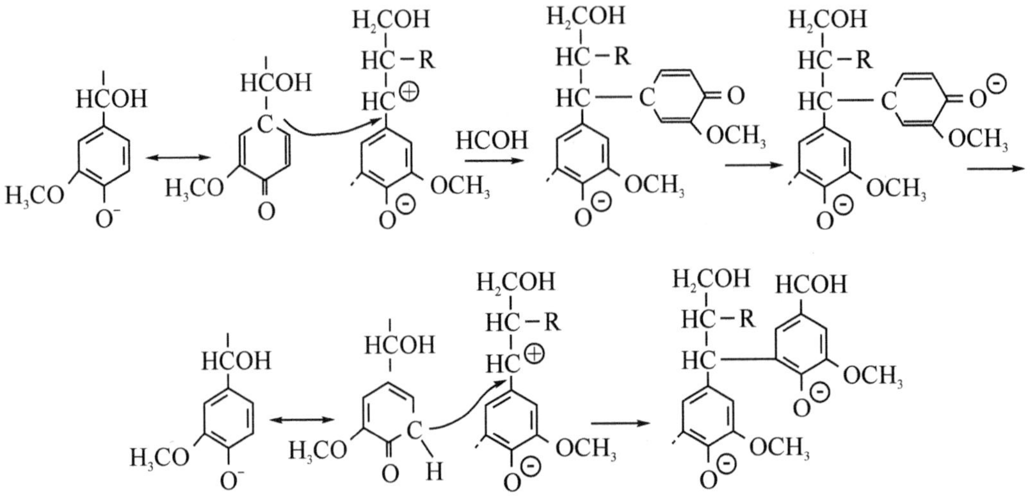

图 2.62 碱性条件下酚型结构单元的缩合反应

2. 在中性介质中的蒸煮反应（中性亚硫酸盐法.

中性亚硫酸盐法蒸煮是以$XSO_3 + XCO_3$为蒸煮剂，pH 6～9，主要亲核试剂为亚硫酸氢根离子（HSO_3^-）、亚硫酸根离子（SO_3^{2-}）。蒸煮中木质素的酚型α–芳醚键，α–烷醚键，β–芳醚键及酚型与非酚型的甲基酚醚发生断裂，降解为木质素碎片，同时引入亲水性的SO_3^{2-}，使木质素溶解于蒸煮液中。其主要的反应有以下几种：

（1）酚型α–芳醚键的断裂

中性亚硫酸盐蒸煮中α–芳醚的断裂几乎与硫酸盐法中相同，如图2.63所示。首先生成亚甲基醌中间体（Ⅱ）α–芳醚键断裂，然后加成蒸煮液中的亲核试剂，生成α–磺酸结构的产物（Ⅲ）。由于碱度低，仅仅有少量的1，2–二苯乙烯结构产物生成。非酚型α–芳醚稳定，而α–烷醚可发生与α–芳醚类似的反应。

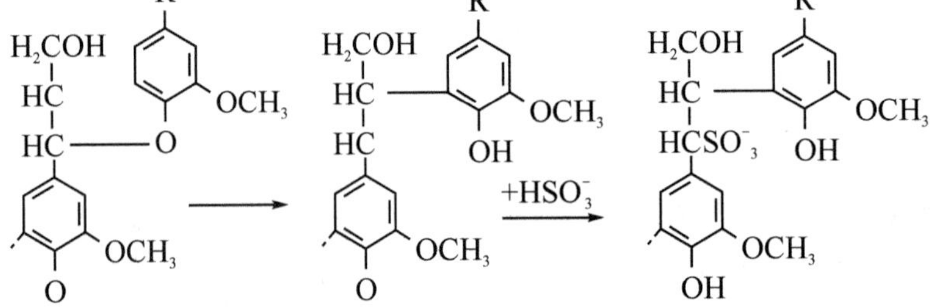

（Ⅰ） （Ⅱ） （Ⅲ）

图 2.63 酚型 α – 芳醚键在中性亚硫酸盐蒸煮中的反应

（2）酚型β–芳醚的断裂

图2.64中，酚型的β–芳醚键先经过亚甲醌中间体（Ⅰ），然后加入SO_3^{2-}，生成α–磺酸结构（Ⅱ），再通过对β–碳的亲核攻击， β–芳氧基除去，进一步磺化生成α、β–二磺酸结构（Ⅲ）（SN2类型的β–芳醚断裂）。由于进一步生成亚甲基醌中间体（Ⅳ），α–磺基被除去，再经脱醛生成苯乙烯–β–磺酸的结构（Ⅴ）而稳定。但此反应进行的程度却与蒸煮液的pH值有关，若最初pH为9～10，就能使反应进行到底，若最初PH接近中性，只能进行到产物（Ⅱ）。

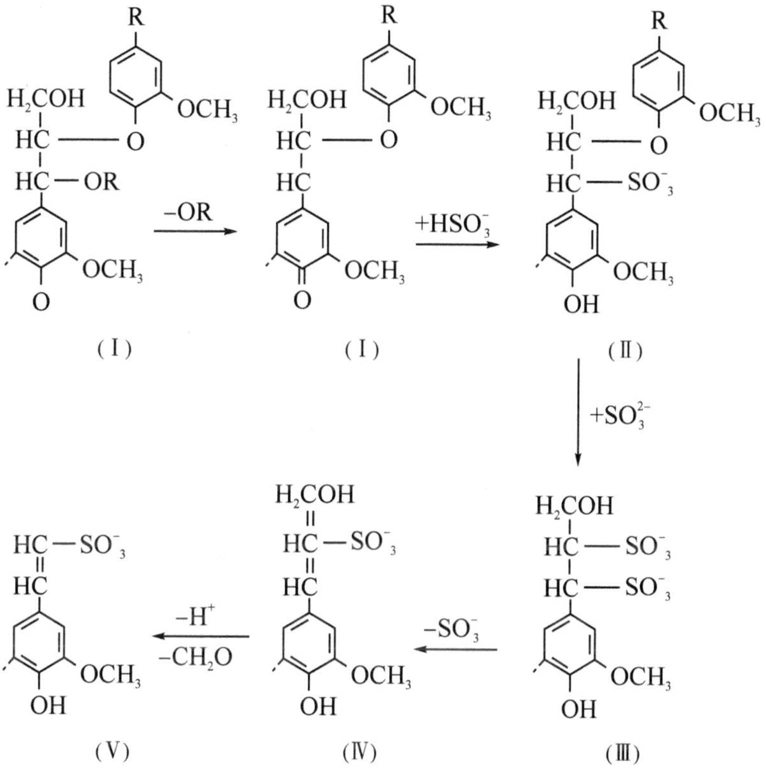

图 2.64 酚型 β–芳醚键在中性亚硫酸盐蒸煮中的反应

非酚型芳醚键在中性亚硫酸盐蒸煮中不发生断裂。这是由于在中性介质中，苯丙烷侧链上的羟基不能离子化，也不能发生邻基参与反应，促使非酚型芳醚断裂。

（3）甲基芳醚的断裂

在中性亚硫酸盐蒸煮中酚型和非酚型的甲基芳醚都有一定程度的断裂，如图2.65所示。碳–碳键的断裂和缩合反应都很少发生。

3. 在酸性介质中的蒸煮反应（酸性亚硫酸盐法）

酸性亚硫酸盐法是以$XHSO_3 + H_2SO_3$为蒸煮药剂，在pH1～2时进行蒸煮，主要的亲

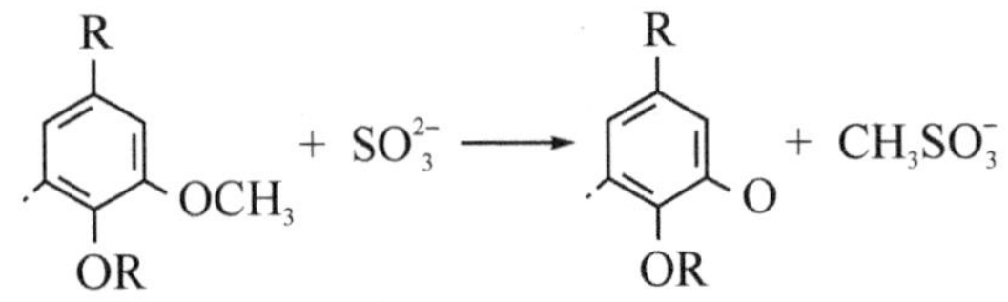

图 2.65 中性亚硫酸盐蒸煮中甲基芳醚键的断裂

核试剂为亚硫酸根离子（SO_3^{2-}）和亚硫酸氢根离子（HSO_3^-）。木质素在蒸煮中发生磺化反应及部分碎片化反应，同时还发生较严重的缩合反应。

（1）碎片化反应

在酸性亚硫酸盐蒸煮中，按照图2.50所示在酸性条件下木质素的反应机理，酚型和非酚型的α-芳醚都能很快水解断裂，引起木质素大分子局部碎片化，C_α上普遍磺化增加木质素分子亲液性而溶于蒸煮液（见图2.66）。

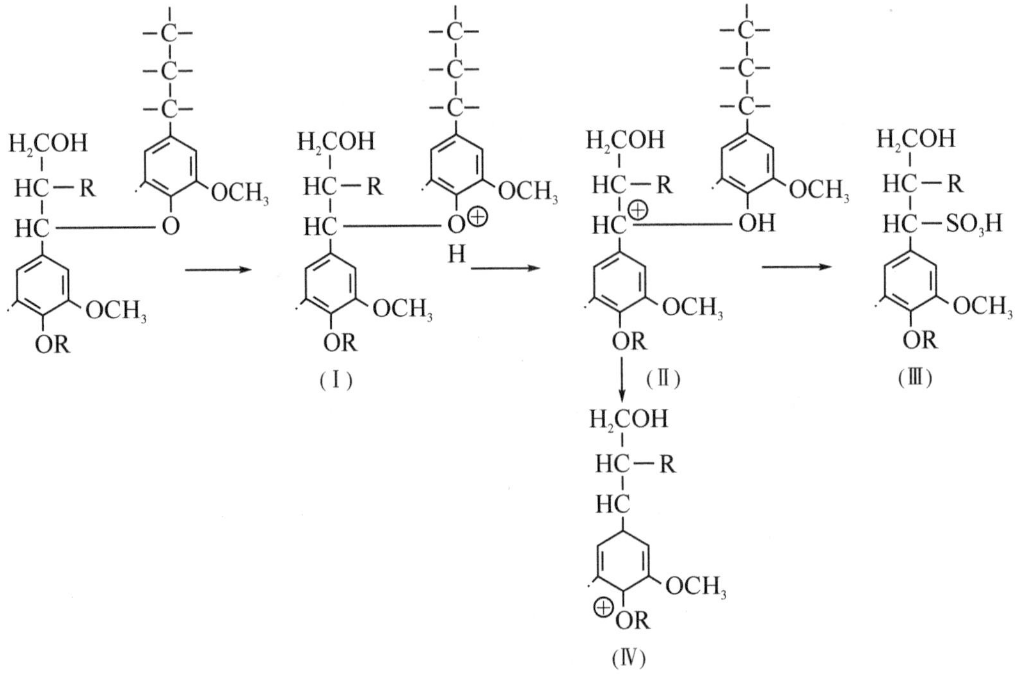

图 2.66 酸性条件下酚型和非酚型 α-醚键断裂

反应的第一步是，在酸性条件下，木质素结构单元的α-位的羟基（R=OH）或醚基（R=芳基或烷基）的氧原子质子化，产生了相应的共轭酸（I），然后α-醚键断裂，生成碳正离子和鎓离子的稳定共振结构（Ⅱ与Ⅲ），这是比亚甲基醌更强的亲电离子，极易和亲核试剂反应，在α-碳原子的正电中心位置通过酸催化亲核加成而形成α-磺酸（见图2.66）。和中性亚硫酸盐蒸煮相比，酸性亚硫酸盐的木质素反应的特点，就在于酚型和非酚型结构单元中的α-碳原子都被更为广泛地磺化，因此脱木质素的程度要比中性条件下强得多。在酸性介质中，β-碳邻位的羟基不能电离（缺少分子内的亲核基团），故不能发生邻基参与反应，生成环氧化合物，使非酚型β－芳醚断裂，因此酚型和非酚型β－芳醚在酸性介质中都很稳定，因而碎片化的程度较硫酸盐法小。

（2）缩合反应

在酸法蒸煮中，外部的亲核试剂与内部的亲核试剂（酚型结构上的碳负离子）共同竞争亚甲基醌，如图2.67所示。

总之，木质素在酸性条件下反应：

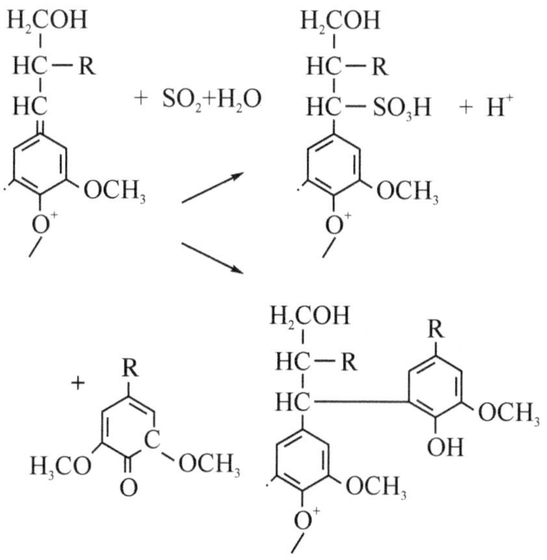

图 2.67 磺化和缩合反应的竞争

酚型、非酚型的苯甲醇、苯甲基烷醚键和苯甲基芳醚键结构均能脱去α－碳原子上的取代基，形成正碳离子，α－碳原子获得更为广泛的磺化。

酚型、非酚β－醚键始终是稳定的，因为SO_3^{2-}离子亲核性比HS^-、S^{2-}弱，当SO_3^{2-}离子引入到α－碳原子上，形成α－磺酸后，未能因为在α－位置上存在这一亲核试剂而导致β－醚键断裂。

比较在酸性和碱性蒸煮条件下木质素的反应，可得到以下主要共同点与不同点：

共同点：迅速生成亚甲基醌（碱性条件）或碳正离子（酸性条件）中间体，引起α－醚键断裂，大分子局部碎片化；蒸煮液中的亲核试剂（外部）和木质素内部的亲核基团竞争亚甲基醌或碳正离子中间体，竞争结果或发生木质素中的醚键断裂，或生成缩合产物。

不同点：酸性介质中碳正离子中间体能使酚型和非酚型α－醚键断裂，而在碱性介质中只有酚型的α－醚键断裂；硫酸盐法蒸煮中能发生邻基参与的亲核反应，使β－芳醚断裂，木质素大分子进一步碎片化。

2.6.3 木质素在漂白中的反应

在蒸煮过程中，用亲核试剂使木质素结构中的醚键断裂，该亲核反应主要发生在木质素的侧链上，将木质素侧链α-醚键、β-芳醚断裂，木质素大分子碎片化，分子量降低，木质素溶解在蒸煮液中，将木质素分离出来。由于木质素与细胞壁多糖（纤维素和半纤维素）之间不仅是物理填充，还有化学键的连接，即木质素多糖复合体（LCC），为保存浆料的得率，蒸煮过程中不能将纤维原料中的全部木质素溶出。因此，剩余的少部分木质素采用漂白的方法去除。

漂白脱木质素时也需多段漂白（见图2.68）。漂白达一定程度，浆料得率突然降低，因此为保证浆料的得率通常进行多段漂白。

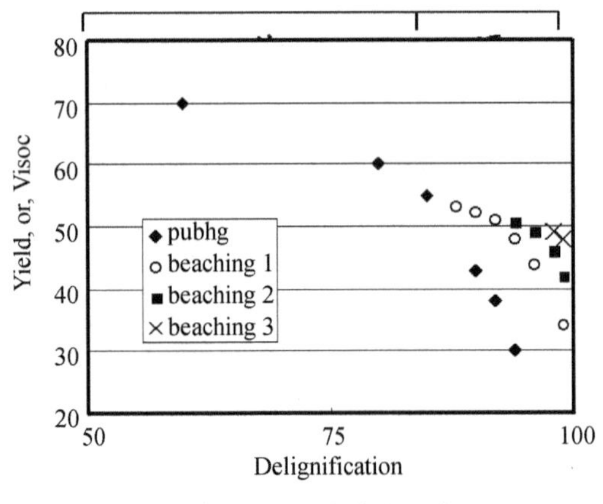

图 2.68 木质素多段漂白

木质素在漂白中的化学反应比蒸煮的反应更难研究。由于对经过蒸煮后残留在纸浆中的木质素（即残留木质素）的结构比对原本木质素结构了解得更少，而且常用的漂白方法包括一系列的亲电和亲核反应，比蒸煮反应复杂。降解木质素的漂白反应由亲电反应开始，随后发生亲核反应，是分段进行的。

工业上用的漂白剂有氯气（Cl_2）、二氧化氯（ClO_2）、次氯酸盐、过氧化氢、氧气、臭氧等。氯（Cl）是一种重要的非金属元素，用氯气漂白过程中产生大量氯化有机化合物（Absorble Organic Halogens，AOX）的废水污染物，对环境影响较大。用氯气漂白木质素时产生二噁英，因此停止使用氯气漂白。目前主要是用二氧化氯、次氯酸钠等进行漂白，由于不用元素氯，因此称为无元素氯漂白（Elemental Chlorine Free，ECF）。而利用氧气、过氧化氢、臭氧等对浆料进行漂白，则称为全无氯漂白（Totally Chlorine Free，TCF）技术。

木质素和亲电试剂的反应，最重要的是亲电取代反应，比如卤化反应和硝化反应。在制浆过程中，氯的亲电取代反应应用尤广。所有这些反应，大多伴随着副反应产生，如消除反应，重排、缩合反应等。木质素苯环是亲电反应的中心，木质素或大部分的木质素降解产物中，由于酚的氧原子上未共有亲电子对能与芳环的π-电子形成p-π共轭体系，在羟基或酚醚的邻、对位生成高电子云密度的位置（δ-），是亲电反应的中心。

1. 漂白过程中木质素亲电取代反应

亲电取代反应是由带正电荷的离子或游离基的亲电试剂引起的。带正电荷的亲电试剂仅在酸性介质中稳定，能与酚型结构单元很快地作用，但也能缓慢地与非酚型单元作用，如Cl^+对木质素的作用。游离基型亲电试剂可以在酸性介质中作用，如ClO_2，或在碱性介质中作用，如分子氧，主要攻击酚型结构单元，但也不排除与非酚型单元作用。

带正电荷的原子或离子等亲电试剂首先攻击木质素中电子密度较大的位置，木质素结构单元的苯环上，由于连接羟基、甲氧基等供电基团而使苯环得以活化，电子云密度增大，容易受亲电试剂的攻击，发生亲电取代反应。木质素与亲电试剂反应中，最重要的是卤化反应和硝化反应，其特点是以正氯离子（Cl^+）或其他正卤离子首先作用于木质素的苯环上，通过一个过渡状态，把氢原子取代出来，生成氯化木质素。木质素的亲电取代反应往往还伴随着木质素的氧化、降解等反应。

木质素结构单元苯环上的亲电取代反应，其亲电试剂引入的位置，一般遵循着苯环取代反应的定位规律，由于木质素苯环上的甲氧基、羟基等基团都属于邻位、对位定位基团，因此，当试剂中的亲电基团与木质素进行亲电取代反应时，其反应主要发生在甲氧基或羟基的邻位或对位上。

（1）氯与木质素的作用

分子氯在酸性介质中异裂成为Cl^+和Cl^-，其中Cl^+离子是亲电反应试剂。Cl^+与木质素作用主要有以下四种反应：

① 苯环上的亲电取代反应〔见图2.69中（1）〕：氯正离子迅速取代苯环上C_6上的氢原子（非酚型结构单元）或C_5上的氢原子，生成氯化木质素，以C_6上取代反应占优势。

② 苯丙烷单元侧链的亲电置换〔见图2.69中（2）〕：亲电试剂Cl^+进攻酚羟基对位的碳原子，置换了脂肪族侧链，导致苯环与侧链断开，使木质素大分子降解成易溶的碎片。

③ 芳烷醚键的氧化断裂及被置换的侧链结构的氧化反应〔见图2.69中（2）〕：在正氯离子的作用下，主要的木质素结构基团β-芳醚键氧化断裂，并使脂肪族侧链氧化成相应的羧酸。芳醚键裂解反应很慢，能导致木质素大分子碎片化。

④芳环氧化分解成邻醌结构化合物，最后氧化成二羧酸的衍生物〔见图2.69中（3）〕。

综上所述，木质素中酚型与非酚型结构单元受到亲电试剂Cl^+作用，发生了苯环的迅速氯化反应，侧链的亲电置换，芳烷醚氧化裂解及降解碎片的进一步氧化反应，最后生成醌类和酸类化合物使木质素溶出，其中最重要的碎片化反应是侧链置换和β-芳醚键氧化断裂。

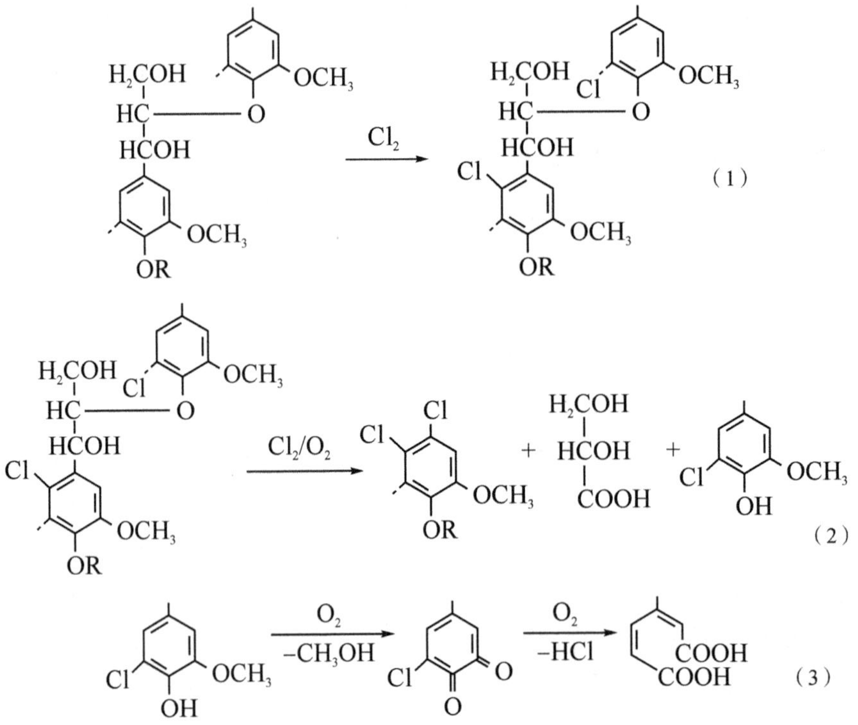

图 2.69　氯对木质素的亲核取代反应

在木质素的氯化反应中，还有少量的氯加入与苯环共轭的不饱和侧链中去，生成氯取代产物。与苯环共轭的结构存在于原本木质素中如松柏醇或松柏醛末端，也可能存在于残留木质素中如苯乙烯或1，2-二苯乙烯类的结构，氯对此类结构的加成反应速度比与芳环的氯反应还快（见图2.70）。

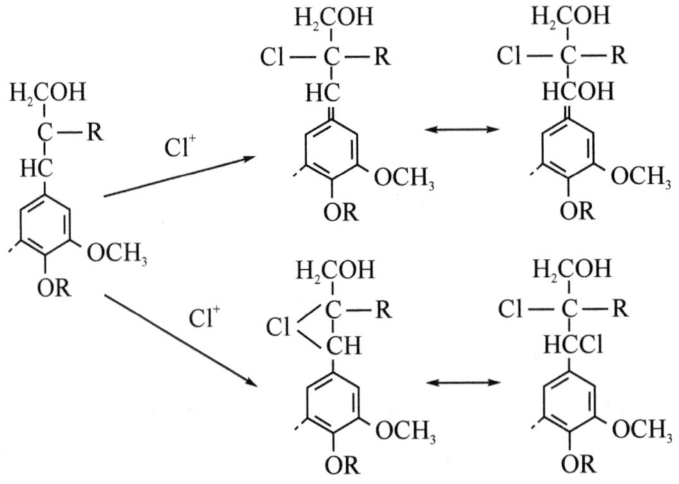

图 2.70　氯与苯环共轭结构的加成反应

（2）二氧化氯对木质素的作用

二氧化氯的本质是游离基，在酸性介质中它能很快地与木质素中的酚型结构单元发生亲电反应，如图2.71所示。

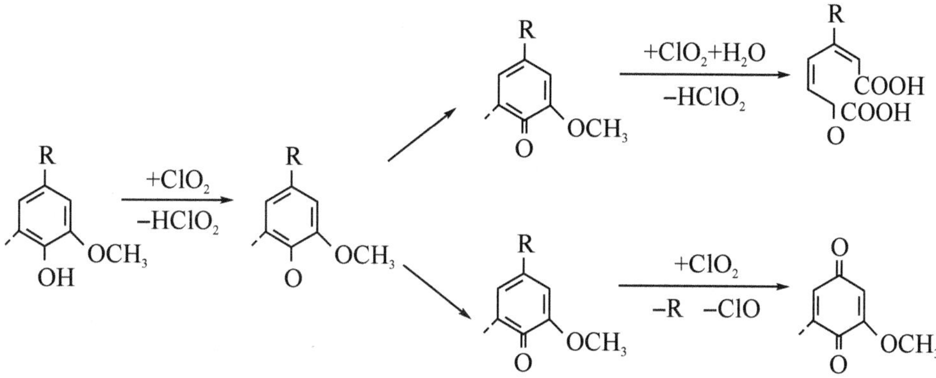

图 2.71　二氧化氯对木质素酚型结构的氧化反应

二氧化氯与酚羟基上的氢原子游离基反应，生成苯氧游离基和环已二烯酮游离基。二氧化氯亲电加成到活化的酚羟基邻、对位，生成不稳定的邻、对位醌醇的亚氯酸酯，经水解后生成已二烯二酸型的氧化产物，或转化成醌型结构，使侧链断裂，发生碎片化反应。二氧化氯也能与非酚型的木质素结构单元反应，但在室温下反应速度相当缓慢。由于二氧化氯的部分分解以及氧化还原反应，反应介质中还存在元素氯，如氯酸盐、亚氯酸盐和ClO^-游离基等，木质素与二氧化氯的反应实际上是相当复杂的。二氧化氯和氯正离子攻击苯环上同样的活化中心，氯正离子的作用主要生成氯化降解产物，二氧化氯与木质素反应最后生成的是氧化产物，不生成任何氯取代产物。分子氯在异裂成氯正离子的同时也发生均裂反应，产生少量的氯游离基，使高聚糖降解，而二氧化氯能起到游离基的清除剂作用，防止纤维素与半纤维素中的醇羟基氧化成羰基。

（3）分子氧对木质素的作用

分子氧在基态时外层有两个不成对的电子，其本质是双游离基。如图2.72中，分子氧能够和木质素酚型结构单元发生亲电反应，生成过氧化物中间体（I与Ⅱ），中间体I与Ⅱ中的过氧阴离子对分子内的相邻原子进行亲核攻击，生成四环的过氧化物（Ⅲ与Ⅳ），经重排后得到环氧乙烷结构的化合物（V）和已二烯二酸酯结构产物（Ⅵ）。

（4）臭氧对木质素的作用

臭氧用于漂白纸浆，其研究可追溯至1871年，但是由于成本高、消耗大和漂白后纸浆强度降低等原因一直未能在生产上实际应用。由于上述问题的逐步解决，特别是作为一种无污染漂白工艺，臭氧漂白是有前途的。

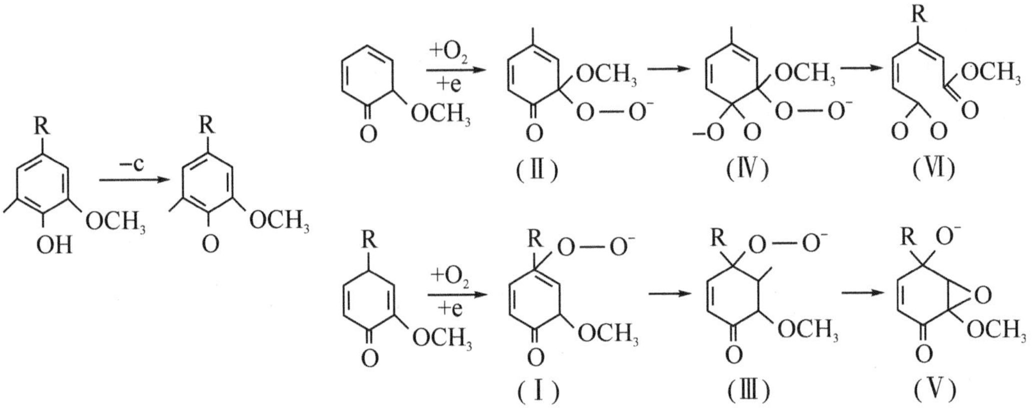

图 2.72 酚型单元在碱性介质中氧气氧化

臭氧的3个氧原子（·Ö–Ö–Ö·）的未共有电子对形成大π键，还有2个未成对电子，亲电性强，通常与木质素结构中的双键发生反应，主要是破坏木质素的苯环结构。如图2.73所示，臭氧对木质素苯环发生亲电取代反应，如苯环5位的氢被取代生成羟基化的环（1）；苯环3位的甲氧基被取代，苯环氧化裂解生成邻苯醌（2）；臭氧2个未成对电子在苯环3位和4位进行环化加成反应，苯环裂解生成羧酸（3），这些反应增加了木质素结构的亲液能力。

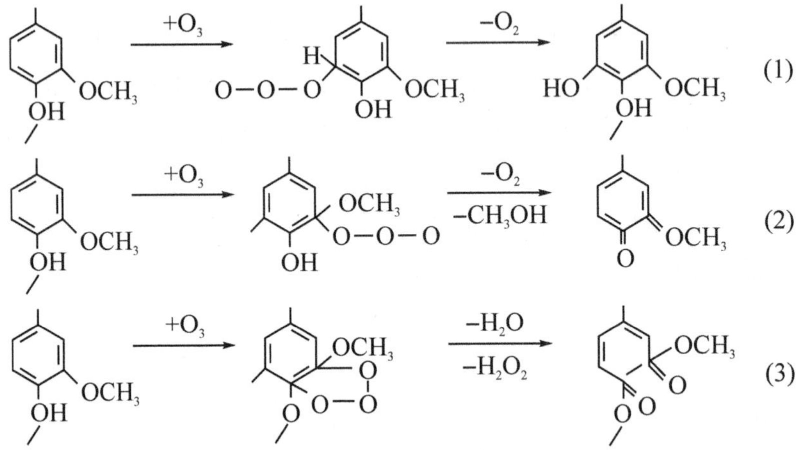

图 2.73 臭氧的亲电取代反应

2. **漂白过程中木质素的亲核反应**

氢氧离子、次氯酸盐离子和过氧化氢离子（HO^-，ClO^-和HOO^-）都能够与木质素降解碎片中的有色基团如醌类化合物和含共轭体系的基团发生亲核反应，不同程度地破坏有色基团或增加亲液性。

（1）氢氧离子的亲核反应

氢氧离子可以置换氯化木质素碎片中的氯或加入醌型结构（见图2.74）。氢氧离子的亲核反应用于氯化后的碱处理过程，以除去氯化木质素。

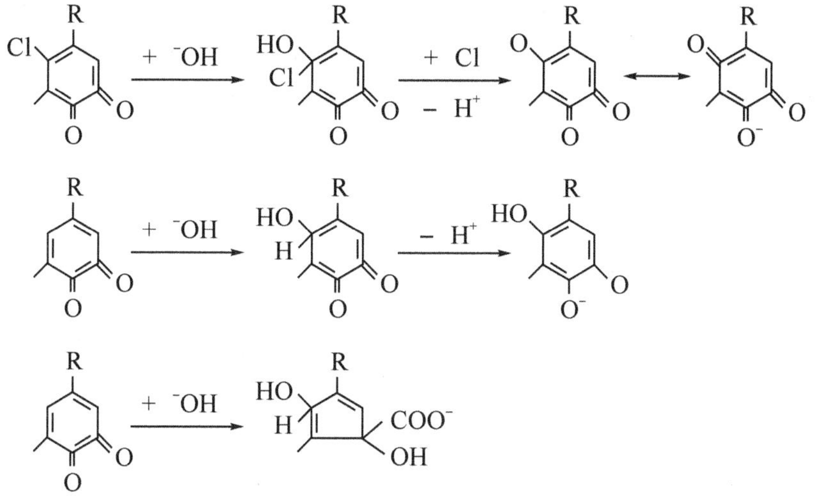

图 2.74　氢氧离子置换氯反应

（2）次氯酸盐离子的亲核反应

次氯酸盐阴离子是强的亲核试剂，能很快与烯酮结构特别是与具有醌类结构的化合物作用。此反应经过次氯酸盐酯、环氧化合物类的中间体，最后氧化成含有羰基和羧基的碎片（见图2.75）。次氯酸盐阴离子与木质素作用主要破坏有色基团，生成含有羧基的化合物。

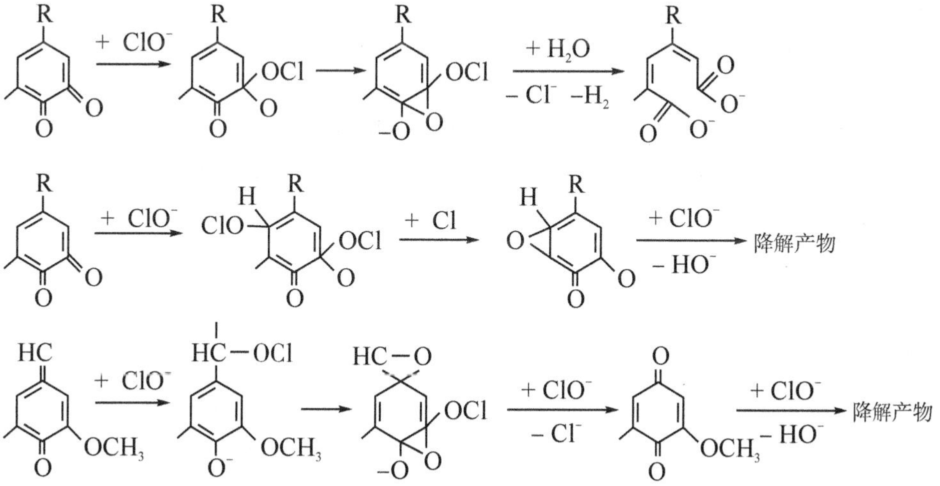

图 2.75　次氯酸对木质素氧化反应

（3）过氧化氢离子的亲核反应

过氧化氢是纸浆漂白的优良新型漂白剂之一，其漂白速度随pH值增加而增加，在溶液中解离反应为：$H_2O_2 \rightleftharpoons H^+ + HOO^-$

增加pH值，则HOO^-离子增加，所以通常过氧化氢漂白降解木质素是在碱性条件下进行，但pH值超过10.5时，导致过氧化氢的过量消耗，从而降低木质素降解漂白效果。过氧化氢对木质素的降解漂白作用是靠H_2O_2解离产生的过氧化氢离子（HOO^-）与木质素苯环和侧链反应，氧化降解木质素使其溶出。

过氧化氢离子与醌类和烯酮结构发生亲核反应，通过氢过氧化物、环氧乙烷等中间体最后主要生成二羧酸类化合物及进一步氧化降解产物（见图2.76）。

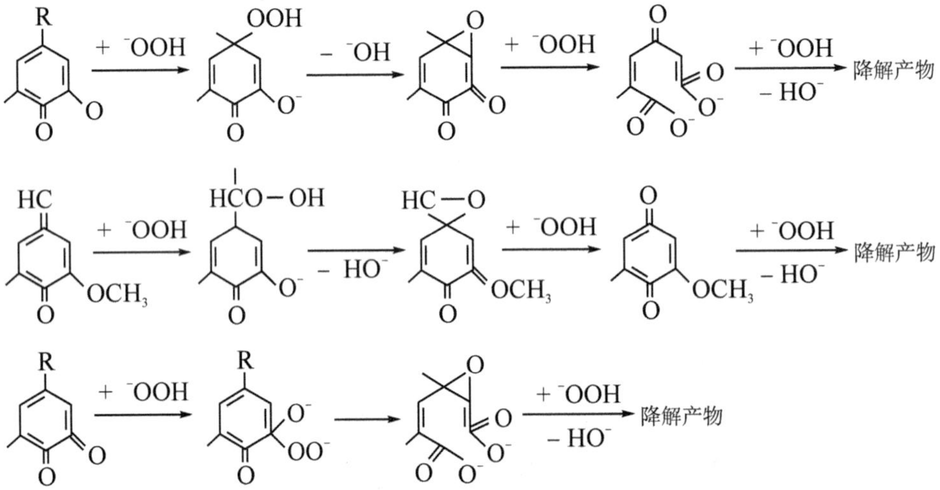

图 2.76 过氧化氢对木质素氧化反应

2.6.4 木质素的显色反应

木质素的显色反应对木质素的鉴别，木质素的分类及分布，木质化过程的研究及木质素中特定的结构基团的定量都有密切关系。显色反应的试剂可分为链状化合物、酚类、芳香胺类、杂环化合物、无机化合物等，木质素的主要显色反应有：

1. 木质素与浓无机酸的缩合反应

木质素与浓无机酸反应不是溶解而是发生缩聚反应。此反应涉及正碳离子的生成，可由颜色的变化证明。反应式如下:

图2.77中a为木质素与浓硫酸的反应，此反应用于木质素的定量测定；图中b为木质素与间苯三酚-盐酸（wiesner试剂）的反应。以上的反应都与木质素结构中的松柏醛结构基团有关。与松柏醛有关的显色反应还有木质素与甲醇盐酸、酚类和胺类、硫化氢-浓无机酸等。

2. Mäule显色反应和Cross-Bevan反应（见表2.27）

（1）Mäule显色反应

用1%高锰酸钾溶液处理试样，再以稀盐酸处理，最后加氨水，阔叶材木质素（愈创木基-紫丁香基，即GS型木质素）显红紫色；而针叶材（愈创木基，即G型木质素）显黄褐色，因此可用于区别针叶材（G型）、阔叶材（GS型）木质素（见图2.78）。

（2）Cross-Bevan显色反应

用氯气处理润湿状态下的无抽提物试样，使木质素成氯化木质素，后用亚硫酸及亚硫酸钠处理（见图2.79），显色与Mäule显色反应类似。

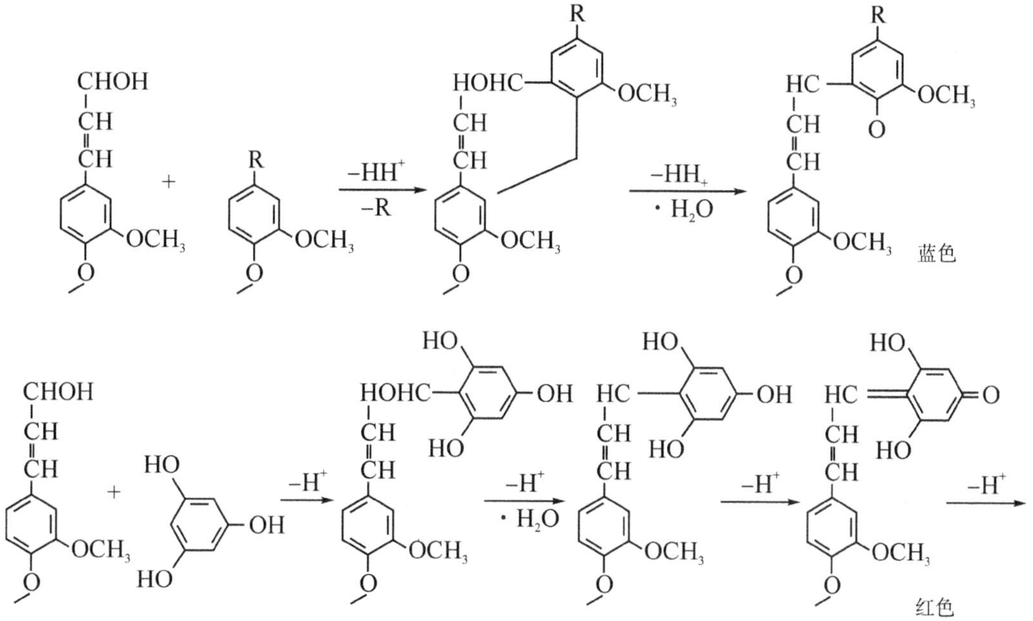

CHOH CH CH OCH$_3$ O + R OCH$_3$ O $\xrightarrow[-R]{-HH^+}$ HOHC R OCH$_3$ CH CH OCH$_3$ O $\xrightarrow[\cdot H_2O]{-HH_+}$ HC R OCH$_3$ O CH CH OCH$_3$ O 蓝色

CHOH CH CH OCH$_3$ O + HO OH HO $\xrightarrow{-H^+}$ HOHC HO OH HO CH CH OCH$_3$ O $\xrightarrow[\cdot H_2O]{-H^+}$ HC HO OH HO CH CH OCH$_3$ O $\xrightarrow{-H^+}$ HC HO O HO CH CH OCH$_3$ O 红色 $\xrightarrow{-H^+}$

图 2.77　木质素与浓无机酸的缩聚反应

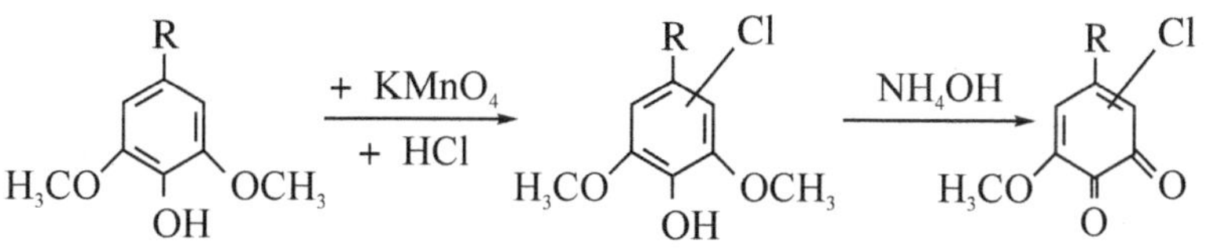

R H_3CO OCH_3 OH $\xrightarrow[+\ HCl]{+\ KMnO_4}$ R Cl H_3CO OCH_3 OH $\xrightarrow{NH_4OH}$ R Cl H_3CO O O

图 2.78　Mäule 显色反应

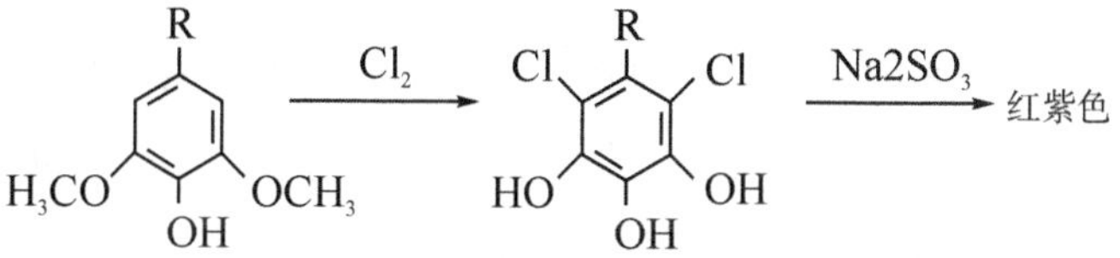

R H_3CO OCH_3 OH $\xrightarrow{Cl_2}$ Cl R Cl HO OH OH $\xrightarrow{Na2SO_3}$ 红紫色

图 2.79　Cross-Bevan 反应

除上述反应外，还有木质素中的松柏醇结构基团，对-羟基苯甲醇结构的显色反应等。木质素在制浆过程中能生成生色基团，如苯基香豆满结构在烧碱法和硫酸盐法蒸煮中生成的1，2-二苯乙烯在空气中氧化成有色基团（结构式：含 HC、C、O、OCH_3 的醌式结构）就是一个例子，在漂白中木质素和氯气反应生成橙红色的具邻醌结构的化合物等都能影响纸浆的颜色。

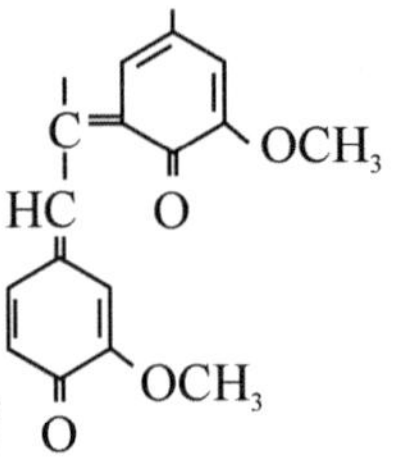

表2.27　无机化合物对木质素的呈色反应

试剂	呈色
浓盐酸，浓硫酸	绿
硫酸亚铁—赤血盐	浓青
盐酸－亚硫酸钠（Cross-Bevan 显色反应）	针叶材：黄褐 阔叶材：红紫
1% 高锰酸钾—盐酸—氨水（Mäule 显色反应）	针叶材：黄褐 阔叶材：红紫
五氧化二钒—磷酸	黄褐
硫氰化镉	深青
硫化氢—浓硫酸	红

2.7　木质素的物理性质

木质素的物理性质包括各种波谱性质（前已述及）、聚集状态、分子量及其分布，以及一般物理性质如颜色、密度、溶解性、热性质、电化学性质等。不同种类的木质素其物理性质差异很大，其中植物纤维原料的种类、木质素的分离纯化方法对木质素物理性质的影响最大，其原因是木质素的化学结构、分子量等决定了其物理性质。木质素的物理性质与木质素试样的来源，如植物纤维原料的种类、组织和部位，试样的分离和提纯方法等都有密切的关系。

2.7.1　木质素的一般物理性质

1. 木质素的颜色

木质素颜色为浅奶油色、浅黄色至深褐色，呈现不同颜色的原因是分离提取木质素的方法不同，且不同方法对木质素的破坏程度不同，木质素上生成的发色基团和助色基团的数量和种类不同造成。例如“Brauns天然木质素”呈现浅奶油色，是由于在室温条件下，不加酸，用95%乙醇中性溶剂提取的，此条件下，试剂和木质素不起反应，不引起木质素结构的变化，因此认为是比较接近原本木质素的颜色。A. Björkman

提取的磨木木质素呈现浅黄色，是将脱脂木粉在震动球磨仪中磨72h，用96%二氧六环水溶液提取，颜色较“Brauns天然木质素”深一些，是因为在球磨过程中木质素结构发生变化。酸木质素、碱木质素颜色较深呈褐色或深褐色，工业木质素呈黑色。

2. 木质素的相对密度

从植物纤维原料中分离出来的木质素相对密度为1.3～1.5，较木材的平均密度高一些。不同来源、种类的木质素密度不同；同种类的木质素测定方法不同其密度也不同。

3. 木质素的折射率

云杉铜氨木质素的折射率是1.61，与芳香族化合物的折射率接近，这也从另一方面证实了木质素的芳香族特性。

4. 木质素的黏度及分子形状

木质素溶液的主要特征是低黏度，其原因是木质素分子是非线性的刚性结构。从相同分子量的木质素、高聚糖和合成高分子化合物特性黏度的比较（见表2.28）可知，木质素的特性黏度仅为高聚糖的1/40，为合成线型高聚物的1/4。

表2.28　木质素*及其他高分子的特性黏度

高分子	溶剂	特性粘度/（dm^3/kg）
二氧六环—盐酸木质素	嘧啶	8
木质素磺酸盐	0.1mol/L NaCl	5
硫酸盐木质素	二氧六环	6
碱木质素	0.1mol/L 缓冲液	4
聚木糖	铜乙二胺	216
纤维素	铜乙二胺	181
聚甲基丙烯酸甲酯	苯	23
聚甲基苯乙烯	甲苯	24

*重均分子量为 50000 的可溶木质素。

表2.29　$[\eta]=KM^a$方程指数*a*值

试样	溶剂	a值
二氧六环—盐酸木质素	嘧啶	0.15
木质素磺酸盐	0.1mol/L NaCl	0.32
碱木质素	二氧六环	0.12
聚木糖	二甲基亚砜	0.94
爱因斯坦球形	-	0
紧密卷曲体	-	0.5

根据Mark-Houwink方程（$[\eta]=KM^a$），对木质素来说，指数*a*在0.1～0.5内，相当于爱因斯坦球形和紧密卷曲体的中间状态（见表2.29）。从木质素溶液的扩散、沉降等种种流体力学性质也说明了木质素分子处于刚性球模型和无规则卷曲体之间。此

外，电子显微镜对高分子量级分的木质素磺酸钠的直接观察也证明了木质素大分子形状是近似于球状或块状的。

5. **木质素的溶解性**

各种方法分离的木质素在某种溶剂中溶解与否取决于溶剂的溶解性参数和氢键结合能。木质素中存在着来源于羟基的分子内或分子间的氢键，木质素的溶解度与所用溶剂的Hidebrand溶解性参数（内聚能密度）和氢键能有密切关系。据研究，如溶解性参数在20.5 ~ 22.5（J/cm^3）1/2的溶剂有最大的溶剂效应，其氢键形成能愈大则溶解性也大。用有机溶剂提取得到的木质素，其溶剂有二氧六环、二甲基亚砜（DMSO）、甲酰胺、二甲基甲酰胺（DMF）、四氢呋喃（THF）、吡啶、三氯乙烷和乙二醇单甲醚。乙酰溴的醋酸溶液以及六氟丙醇也是木质素的优良溶剂。此外，木质素可部分溶于甲醇、乙醇、丙酮或某些混合溶剂中。碱木质素和木质素磺酸盐通常溶于水、稀碱、盐溶液和缓冲溶液。

表2.30 云杉木质素在溶剂中的溶解性能

木质素	乙醇	丙酮	亚硫酸氢盐溶液	冷稀碱	水
盐酸木质素	−	−	−	−	−
硫酸木质素	−	−	−	−	−
水解木质素	−	−	−	−	−
铜氨木质素	−	−	−	−	−
乙醇木质素（无 HCl）	+	+	+	+	−
乙醇木质素（有 HCl）	+	+	−	+	−
碱木质素	+	+	−	+	−
硝酸木质素	+	+	+	+	−
高碘酸木质素	−	−	+	−	−
木质素磺酸盐	+	+	+	+	+
酶解木质素	+	+	+	+	−
二氧六环木质素	−	−	−	−	+
酚木质素	+	+	−	+	−

+ 表示木质素溶解；− 表示木质素不溶。

木质素的溶解性较差，在制浆过程中为了把木材中的木质素溶出与纤维素分离开来，往往要在降低木质素分子量的同时，向木质素大分子中引入亲液性基团。例如，导入磺酸基，就可以得到能溶解在水中的木质素磺酸盐；或是使用碱液，在一定条件下从木质素中导出新的酚羟基，这也就是化学制浆的基本依据之一。

6. **木质素的热性质**

木质素是热塑性的高分子，具有无定形高聚物的玻璃态转化性质。在玻璃化温度以下，木质素呈玻璃固态；在玻璃化温度以上，木质素软化变黏，并具有胶黏力。木质素的热性质与木材加工、制浆造纸，尤其对纤维板、刨花板、新闻纸及纸板的生产具有非常重要意义。

分离木质素的玻璃化温度随树种、分离方法、分子量和含水率而异（见表2.30）。木质素的玻璃化温度随树种不同而异，如云杉和山毛榉MWL玻璃化温度分别为180～185℃和165～180℃，山毛榉MWL较云杉MWL玻璃化温度略低，竹MWL玻璃化温度为162℃，较山毛榉MWL较云杉MWL玻璃化温度低。木质素分离方法不同，其玻璃化温度也不同，同样是云杉木质素，二氧六环溶剂分离的木质素较乙醇或高碘酸盐分离的木质素玻璃化温度低。木质素的玻璃化温度随含水率不同而异，如绝干的高碘酸盐木质素玻璃化温度为193℃，当含水率为27.1%时，玻璃化温度降至90℃，水分在木质素中起了增塑剂作用。木质素分子量高，其木质素玻璃化温度亦高，如分子量M_w=85000和M_w=4300的两种二氧六环木质素，玻璃化温度分别为176℃和127℃。

表2.31　各种分离木质素的玻璃化温度

分离木质素	玻璃化温度 /℃
云杉 MWL	180～185
山毛榉 MWL	165 ～ 180
竹 MWL	162
云杉乙醇木质素	183–187
云杉高碘酸盐木质素	193
桦木高碘酸盐木质素	179
云杉二氧六环木质素	146
白杨二氧六环木质素	134
高分子量 DHP	175
低分子量 DHP	134

2.7.2　木质素的相对分子量及其分子的聚集状态

由于聚合过程复杂，即使同一种高分子聚合物，分子链长短不一、分子量大小不同，高分子量的这种特征称为“多分散性”。木质素是天然高分子，因此，木质素的分子量也呈多分散性。

各种分离木质素的分子量随分离方法和分离条件而异。分子量的分布范围可从几百到几百万，木质素的重均分子量（M_w）和数均分子量（M_n）也有一定的差别（见表2.32），M_w/M_n比值体现了分子量多分散性。

所有的分离木质素不论是用作结构研究的磨木木质素、纤维素酶解木质素还是各种工业木质素都具有多分散性。分离木质素分子量的多分散性是由于原本木质素在分离过程中受到机械作用、酶的作用、化学试剂作用等引起三度空间网状结构的任意断裂而降解成大小不同的木质素碎片。

木质素来源不同，木质素分子量差异较大，同样是磨木木质素（MWL），禾本科植物MWL分子量较阔叶材MWL低一些，阔叶材MWL分子量较针叶材MWL低一些（见表2.32）。同样是磨木木质素，由于磨碎时间及提取方法不同，木质素分子量变化范围很大，云杉MWL重均分子量有2100、7100、11000等以及云杉MWL的高分子级分重均分子量可达40000。阔叶材MWL的重均分子量低的为3700~5000，高重均分子量值在18000以上。

工业木质素分子量及分子量分布的数据大多来自针叶材样品，木质素磺酸盐分子量在10^5~10^8，最高的可在10^8以上，硫酸盐木质素的分子量较低。

表2.32　分离木质素的分子量及其分布

分离木质素种类	Mw × 10^3	Mn × 10^3	Mw/Mn
云杉 MWL	20.6	8.0	2.6
铁杉 MWL	15.2	2.6	5.9
雪松 MWL	15.9	5.8	2.8
桦木 MWL	18.2	7.3	2.5
柠檬桉 MWL	21.8	3.2	6.7
赤栎 MWL	16.4	3.2	6.1
芦苇 MWL	5.3	3.3	1.6
芦竹 MWL	8.3	3.9	2.1
稻草 MWL	8.7	3.5	2.5
麦草 MWL	7.5	3.4	2.2
蔗皮 MWL	8.5	2.8	3.0
毛竹 MWL	8.6	4.0	2.2
云杉二氧六环木质素	4.3 ~ 8.5	–	–
云杉硫酸盐木质素	11.4 ~ 19.3	5.0 ~ 6.1	2.3 ~ 3.1
云杉碱木质素	10.0 ~ 14.0	5.5 ~ 5.8	1.8 ~ 2.4
云杉木质素磺酸盐	6.3 ~ 131	–	–

针叶材分离木质素的物理和化学性质如UV吸收、光折射率、甲氧基含量等，随着样品的多分散性变化较小。而阔叶材木质素的多分散性与其化学结构有一定关系，如不同级分的阔叶材木质素，硝基苯氧化产生的香草醛和紫丁香醛的比例有明显的差别。

木质素分子量的测定方法除可采用渗透压法、光散射法和超级离心法外，近些年还采用凝胶渗透色谱法（GPC）、高压（或高效）液相色谱（HPLC）结合适当的标准样品（如不同分子量的聚苯乙烯）。对于不溶性的木质素如酸水解木质素的分子量可根据logMw和热软化温度Ts之间的线性关系来测定。

2.8　木质素的利用

木质素作为可再生资源，其利用问题是国际科学界注目的重大课题之一，我国作为世界科技大国，从国民经济可持续发展的角度，也必须提到日程上来，组织科技力量，多方位地研究和开发。工业木质素的化学组成、结构、分子质量等都很不均一，给利用带来了一系列困难，至今在科学技术上没有根本性突破。这也是造成目前仍不能大量有效利用木质素资源的根本原因。

研究木质素化学的主要目的之一是有效利用这一丰富的可再生资源。木质素的利用是木质素研究领域中一个重要的课题，也是与再生资源利用和环境保护密切相关的问题。木质素是森林资源中可再生的最丰富的芳香族化合物，应用领域非常广泛（见表2.33）。全世界每年排出近2亿吨工业木质素，其中绝大部分作为热源（制浆工业的燃料）利用，只有不足1%（主要是木质素磺酸盐）作为有机化学资源被再利用。

表2.33　木质素产品及应用领域

应用领域	产品名称或用途
农林业	肥料、农药缓释剂、植物生长调节剂、饲料添加剂、土壤改良剂、液体地膜等
油田化学品	堵水剂、稠油降黏剂、钻井泥浆添加剂等
轻工业助剂	染料分散剂、表面活性剂、皮革鞣剂、造纸化学品、铅酸蓄电池负极添加剂、絮凝剂、水煤浆分散剂、防垢剂、活性炭、碳纤维等
塑料、橡胶助剂	橡胶补强剂、塑料助剂等
建筑领域	混凝土减水剂、水泥助磨剂、沥青乳化剂等
高分子树脂	胶剂、木质素－酚醛树脂、木质素聚氨酯、木质素环氧树脂、木质素螯合树脂等
其他工业应用	香兰素、苯酚、二甲基亚砜、二甲硫醚等

本节主要介绍目前或未来木质素利用的主要领域或潜在应用领域。木质素是天然高分子，因此，分别介绍以高分子形式利用和降解的低分子木质素利用的方法。

2.8.1　木质素高分子的产品

以高分子形式被利用是木质素利用最重要的方面，途径很广。目前主要是利用木质素磺酸盐，对于硫酸盐法和烧碱法的工业木质素利用较少。木质素有很强的吸收性质，木质素磺酸盐如被吸附在悬浮粒子的表面便能使粒子表面带上负电荷，由于带电质点之间的静电斥力使质点互相分离而不发生沉淀或凝聚。这些特性可以将木质素应用于染料、油井、碳墨、水泥、混凝土、水处理及杀虫剂等领域。

1. **表面活性剂**

木质素本身具有亲水性和疏水性基团，因而有一定的表面活性，但由于其活性有限，没有明显的临界胶束浓度（Critical Micelle Concentration，CMC）特征值，达不到表面活性剂的性能，故不能称为表面活性剂。木质素的表面活性受其分子内官能团BHL值（亲水、亲油基团平衡值）和分子质量大小的影响。

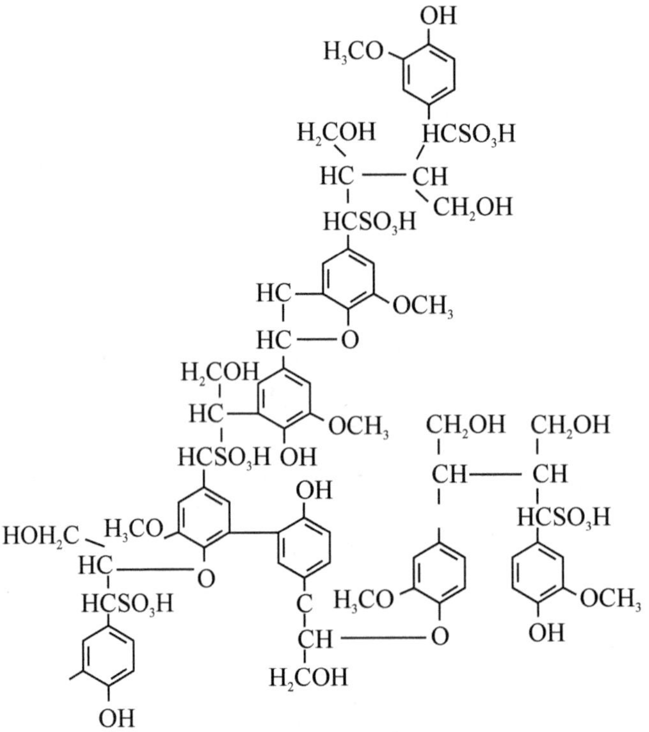

图 2.80　木质素磺酸盐结构

由于工业木质素来源的多变性（不同原料、产地、立地条件、制浆方法及其工艺条件等），致使工业木质素的表面活性影响因素非常复杂，而且性能稳定性较差，成为工业木质素利用的难点之一。国外有些企业为了克服这些难点，对纤维原料来源及其工艺控制制定了极其严格的规定。为了提高木质素的表面活性，研究中采用调整木质素的分子量及其分布和调整木质素分子内的亲水、亲油基团的数量及其平衡值（BHL值）方法。调整木质素的分子量及其分布使之达到不同用途表面活性剂的性能要求，如作为分散剂则希望木质素具有较高的分子量；作为混凝土添加剂则不需要很高的分子量，但希望分子量的均一性较好。一般可用超滤法或缩合（聚合）的方法或适当降解的方法调整木质素的分子质量及其分布。而调整木质素分子内的亲水、亲油基团的数量及其平衡值（BHT值）是因为木质素的亲油基团多由碳氢链或苯环构成；亲水基团则为酚羟基、醇羟基、羧基和磺酸基等（见图2.80）。木质素表面活性的差异除与碳氢链的长短有关外，亲水基团的种类、数量及其分布对表面活性影响更大。可利用木质素分子结构中的羟基（酚羟基或醇羟基），将其羟甲基化、苯甲基化、乙酰化、烷氧化等以提高其活性；也可利用其羧基或羰基进行胺化，制成阳离子表面活性剂，以及咪唑型两性表面活性剂。

2. 混凝土减水剂

自20世纪30年代首先将木质素磺酸盐用于混凝土减水剂以来，至今其已成为应用最广泛的一种减水剂。1998年世界工业木质素磺酸盐约为100万吨，其中用作混凝土减水剂的约为50万吨。日本目前木质素产品的用量每年10万吨，其中90%用作混凝土外加剂。我国使用外加剂的水泥只有27%，而发达国家多为70%~90%。木质素磺酸钙的减水剂用量一般为8%~9%，草碱木质素为6%~7%，木质素磺酸钠为10%~11%，都属于普通减水剂。但随着建筑施工技术的不断提高，施工种类的不断复杂化，对减水剂也提出了更高的要求。50年代德国开始研究高效减水剂，60年代日本研制出萘系列高效减水剂。木质素磺酸盐目前在国内多数与其他成分或高效减水剂复配使用。国外多将木质素磺酸盐改性后制成高效减水剂，主要改性方法有：木质素磺酸盐部分氧化、与萘磺酸或其他有机物合成、与三聚氰氨磺化物合成等。

3. 铅酸蓄电池负极膨胀剂

木质素作为铅酸蓄电池有机膨胀剂可明显提高负极活性物质利用率，使蓄电池放电时间延长、低温起动性能变好。木质素磺酸盐吸附在负极表面，提高了负极的极化作用，形成细致、多孔的结晶结构，提高负极板活性物质的多孔度及表面积，从而能够显著提高放电容量。放电过程中形成的硫酸铅颗粒被木质素磺酸盐隔离，有利于保持一种多孔、分散的硫酸铅层，从而提高放电容量，且由于木质素磺酸盐防止在放电过程中形成的硫酸铅在铅表面形成硫酸铅层，从而推迟了铅电极的钝化。木质素磺酸盐紧密地吸附在活性物质表面，形成细致的、多孔的结晶结构，提高活性物质的比表面积，有效地降低了电流密度，从而提高了活性物质利用率，使蓄电池放电时间延长、低温起动性能变好。平均分子量低、羧基含量高、甲氧基含量低、硫含量低、酚羟基含量适量以及纯度高的木质素磺酸盐对铅酸蓄电池性能具有优良的影响。

4. 木质素基树脂的合成

木质素作为酚类天然高分子，长期以来都被考虑作为酚的取代物合成高分子材料的可能性。木质素胶粘剂的研究最早可追溯到19世纪末，20世纪50年代以后，木质素应用于胶粘剂的专利开始大量出现，但直到20世纪70年代，在丹麦、瑞士、芬兰等国家才开始进行生产性实验，20世纪80年代以后，相关研究的重点放在木质素的化学改性上，一些木质素胶粘剂特别是木质素-酚醛（LPF）树脂胶粘剂的技术趋于成熟，而由于能耗大和强酸的腐蚀性等原因，并没有进一步工业化。随着各国对环境保护的日益重视，近几年来，出现了木质素在环保胶粘剂中应用的报道。由于木质素的复杂性和低活性，以及对木质素缺乏深入的应用基础研究等原因，使木质素胶粘剂性能不稳定或价格偏高，而始终没有得到大规模的工业应用。

（1）木质素酚醛树脂

由于木质素具备同酚醛树脂相似的结构和自身的胶粘性能，以及高分子特性，也被广泛应用于胶粘剂工业，成为最具潜力的胶粘剂原料。木质素在酸、碱性条件下与甲醛反应制备木质素酚醛树脂。

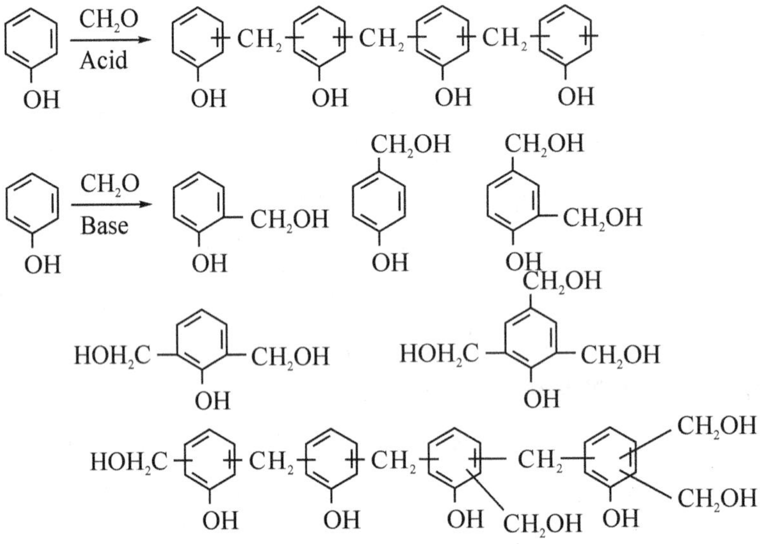

图 2.81　木质素制备酚醛树脂

工业木质素的平均相对分子质量比酚醛树脂高得多，使酚醛树脂不易透胶；另外，研究发现，木质素磺酸盐还可以降低酚醛树脂残余甲醛的含量。国内外众多科学工作者对酚醛树脂作了深入研究，由于木质素的反应活性低，木质素应用于酚醛树脂中一般要先进行化学改性。木质素应用于胶粘剂中常见的化学改性有羟甲基化、羟丙基化、酚化、脱甲基化、氧化以及与不饱和醛反应等方法。不同种类木质素化学改性方法也不同，木质素磺酸盐的常用改性方法是酸性条件酚化改性，即木质素磺酸盐在酸性高温下与苯酚反应，它可以使木质素的相对分子质量和甲氧基含量降低，酚羟基含量增加。碱木质素可以有羟甲基化、脱甲基化、碱性条件酚化等方法化学改性，羟甲基化改性是在木质素芳环上引入羟甲基从而增加木质素活性的方法，如将羟甲基化甘蔗木质素代替50%的苯酚制得性能与水溶性酚醛树脂相近的酚醛树脂；脱甲基化改性是将占据木质素苯环活性位点的甲氧基转化为酚羟基的反应，它能够较大程度地提高木质素的活性，但是制备工艺复杂，成本也较高。

（2）木质素聚氨酯

聚氨酯是多异氰酸酯和多元醇反应生成的一种高分子泡沫材料，可分为软质和含有苯环结构的硬质聚氨酯两大类。木质素是含有苯环的芳香族高分子，因此主要介绍硬质聚氨酯泡沫材料。硬质聚氨酯泡沫材料具有质轻、隔音、绝热性能优越、耐化学药品、电性能好、易加工、吸水率低等特点，主要用于建筑、汽车、航空工业、保温隔热的结构材料。聚氨酯出现于20世纪30年代，经过近八十年的技术发展，这种材料已经广泛应用于家居、建筑、日用品、交通、家电等领域。

木质素在聚氨酯泡沫材料中的应用主要有两种方式：一种是木质素含有大量醇羟基和酚羟基，可以替代多元醇与异氰酸酯发生亲核加成反应制备硬质聚氨酯泡沫材料（见图2.82）；另一种是木质素作为增强剂添加到聚氨酯中，木质素作为一种活性填料添加到聚氨酯体系中，起到交联剂和填充剂的作用，与聚氨酯具有良好的相容性，容易制成均相材料。

碱木质素、硫酸盐木质素、木质素磺酸盐等工业木质素都可以用于聚氨酯的制备。影响木质素聚氨酯性能的主要因素包括木质素的种类、含量、相对分子量和异氰酸酯类型、NCO与OH的摩尔比等。Hatakeyama等将木质素溶于二乙二醇用于制备木质素聚氨酯，但由于木质素具有空间网状结构，相对分子量大、分子中可反应的羟基含量有限，所以木质素在二乙二醇中的溶解度不超过33%。

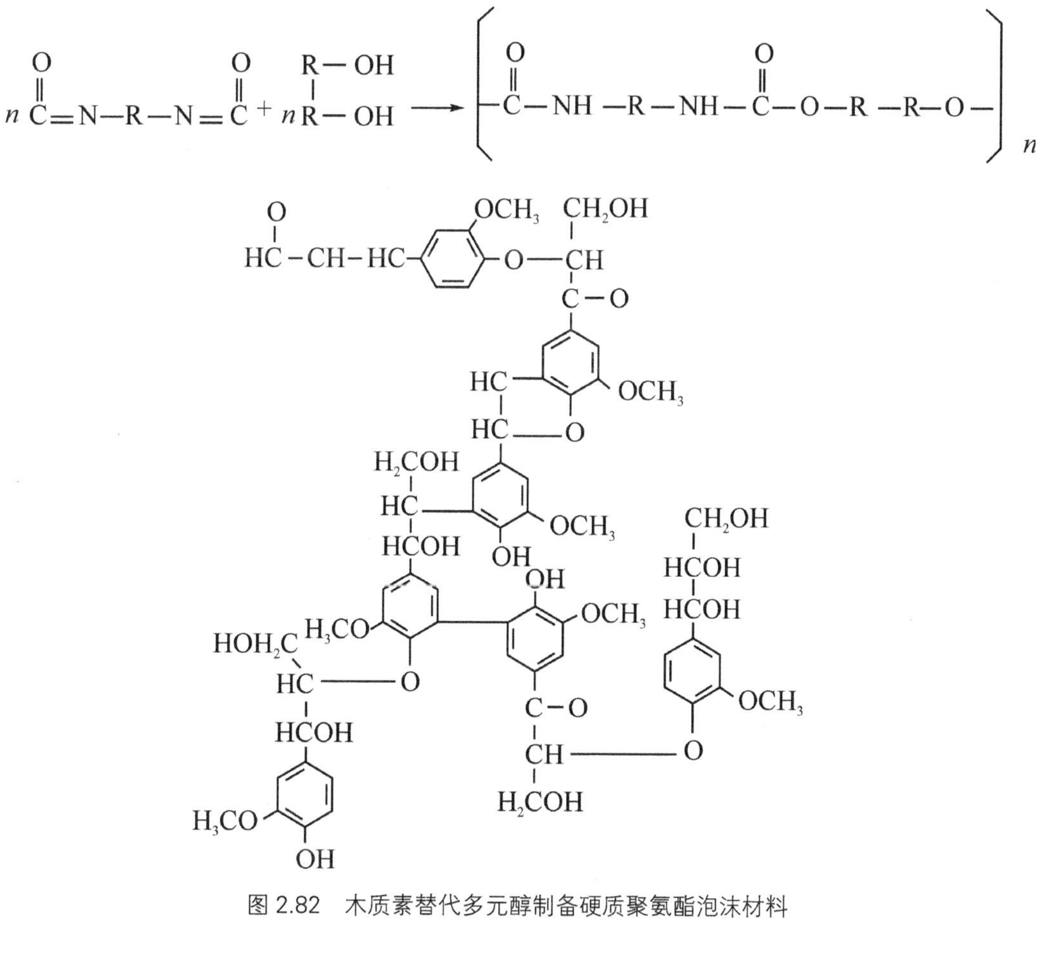

$$n\,\overset{O}{\overset{\|}{C}}{=}N{-}R{-}N{=}\overset{O}{\overset{\|}{C}} + n\begin{matrix}R{-}OH\\ |\\ R{-}OH\end{matrix} \longrightarrow \left[-\overset{O}{\overset{\|}{C}}{-}NH{-}R{-}NH{-}\overset{O}{\overset{\|}{C}}{-}O{-}R{-}R{-}O{-}\right]_n$$

图 2.82　木质素替代多元醇制备硬质聚氨酯泡沫材料

木质素含碳量高，可作为膨胀型阻燃剂的炭源。阻燃剂作为关乎社会公共安全和人们生命财产安全的材料，在高分子材料领域的应用越来越广泛。含卤阻燃剂效果好、成本低，但发烟量大，产生大量有毒气体，危害人类健康及环境，逐渐被无卤阻燃剂取代。膨胀型阻燃剂因其无卤、低烟、低毒，不产生有毒气体，具有良好的阻燃和抑烟功能，作为一种新型环境友好阻燃剂近年来获得广泛关注。膨胀型阻燃剂由气源、酸源和炭源三部分组成，其中气源在热分解时释放出大量无毒且不易燃气体，能降低燃烧区域可燃气体的浓度，起稀释作用；酸源与炭源发生酯化反应，使炭源的化合物脱水，同时在高分子材料燃烧时表面生成一层均匀的多孔炭质泡沫层，能起到隔热、隔氧、抑烟、防熔滴的作用，从而赋予高分子材料具有优良的阻燃性能。炭源是膨胀型阻燃剂中非常重要的部分，炭源是形成泡沫炭层物质的基础，炭源是否优良直接决定了阻燃效果。目前常用的炭源有季戊四醇、新戊二醇、丙三醇、淀粉、山梨醇、糊精、酚醛树脂等含碳的多羟基化合物。木质素含碳量高，其分子结构中含有大量的酚羟基、醇羟基和苯环，不溶于水，有利于提高阻燃性、耐热性、尺寸稳定性和压缩强度，是一种理想的环保型炭源。木质素完全溶解在多元醇中，可进行均相反应，同时可部分替代多元醇。木质素分子结构中含有大量苯环，可提高聚氨酯泡沫材料的阻燃性。木质素自然资源丰富、可再生、成本低，为环境友好型产业，木质素作为膨胀型阻燃剂的炭源，为木质素高值化利用提供了一条有效的途径。

（3）木质素环氧树脂

木质素分子结构中游离酚羟基、侧链醇羟基等可参与环氧化反应，羰基可与环氧基团发生交联反应，因此木质素可替代双酚A原料和固化剂等石化资源作为制备环氧树脂的重要原材料。利用木质素制备环氧树脂，大量的苯环刚性基团可使环氧树脂产品具备绝缘性好、热稳定性好、耐溶剂性好、机械性能高等特性（见图2.83）。但木质素中游离羟基含量较低，苯环中还有甲氧基，反应活性差。将木质素通过酚化改性、氢解还原处理、羟丙基化改性等，以提高木质素中游离羟基含量，改善木质素的反应活性。

（4）木质素碳纤维

碳纤维是最重要的工程材料之一，具有质轻、抗疲劳性好、强度高、不易弯曲等优点。这些特性来源于其完美的结构以及在加工成型过程中生成的沿纤维轴的各向异性的晶体结构。木质素制备碳纤维的报道始于1969年。木质素含碳量高可用于碳纤维的原料。硫代木质素、碱木质素、木质素磺酸盐都可通过熔融纺丝或溶剂纺丝法制成木质素纤维，然后在600～1000℃碳化制成碳纤维。影响木质素碳纤维性能的主要因素包括木质素的种类、含量、相对分子量、溶解性能和纯度等。木质素在用于纺丝之前需要纯化，且由于木质素不均一、溶解性差等原因，木质素碳纤维质量差，拉伸强度也比较低。采用干纺或将木质素与一些合成高分子共混，可以改善其可纺性和拉伸强

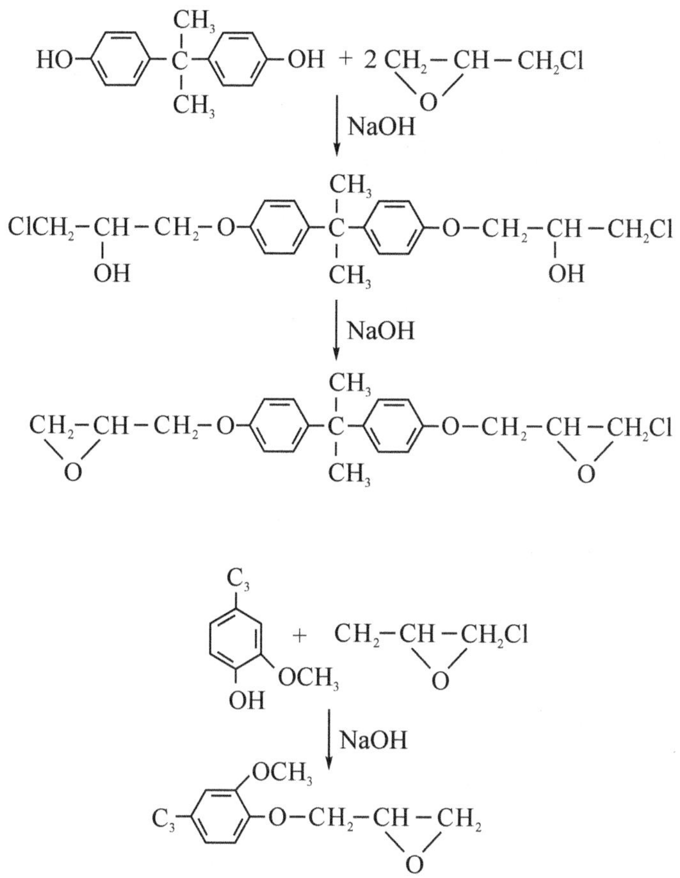

$$HO-C_6H_4-C(CH_3)_2-C_6H_4-OH + 2\,CH_2-CH-CH_2Cl\ (\text{O bridging } CH_2 \text{ and } CH)$$

$$\downarrow NaOH$$

$$ClCH_2-CH(OH)-CH_2-O-C_6H_4-C(CH_3)_2-C_6H_4-O-CH_2-CH(OH)-CH_2Cl$$

$$\downarrow NaOH$$

$$CH_2-CH-CH_2-O-C_6H_4-C(CH_3)_2-C_6H_4-O-CH_2-CH-CH_2Cl\ (\text{epoxide rings, O bridging } CH_2 \text{ and } CH)$$

$$C_3-C_6H_3(OCH_3)(OH) + CH_2-CH-CH_2Cl\ (\text{O bridging } CH_2 \text{ and } CH)$$

$$\downarrow NaOH$$

$$C_3-C_6H_3(OCH_3)-O-CH_2-CH-CH_2\ (\text{O bridging } CH \text{ and } CH_2)$$

图 2.83　木质素替代双酚 A 制备环氧树脂

度。与木质素共混的合成高分子有聚丙烯腈、聚乙烯醇、聚氧化乙烯–丙烯酰胺共聚物等。

（5）络合剂

木质素磺酸盐能与多种金属离子如铁、铜、镁、镍、锰、铝、钙等生成络合物，使金属盐在溶液中不沉淀，可用于水处理和工业上的清洁剂，也能防止化合物由于金属离子存在而受到催化分解。与金属离子相结合的工业木质素制品可作为农业上的微量营养物质，也能生成木质素–蛋白质的络合物而被利用。

（6）乳化稳定剂、粘合剂

木质素可用于沥青乳化剂、蜡的乳化剂及脂肪和油的乳化剂。木质素粘合剂可以与要粘合的物质在一起挤压成型，增加强度和耐久性，已用作动物饲料、石墨、铁矿砂、煤砖等的粘合剂。此外还用作植物的除锈剂、农药缓释剂、凝胶等。

木质素在用作橡胶增强剂，抗氧剂及胶粘剂方面也进行了大量研究工作，取得显著成效，但大多还未有工业上的实用价值。由于工业木质素来源丰富，价格低廉（仅为石油化学制品价格的1/10–1/50），还具有一些独特的性质如强的吸附能力、对人畜无害等，随着改进木质素制品性能的新技术日趋完善，木质素利用的前途是广阔的。

2.8.2 木质素降解成低分子或单体的产品

木质素经过各种方法降解可得到多种低分子量的产物或单体，如木质素在碱性介质中降解可制备香草醛及共衍生物，从黑液中制取二甲硫醚和二甲亚砜等，木质素加氢裂解可得到以儿茶酚为主的酚类化合物（见图2.84）。

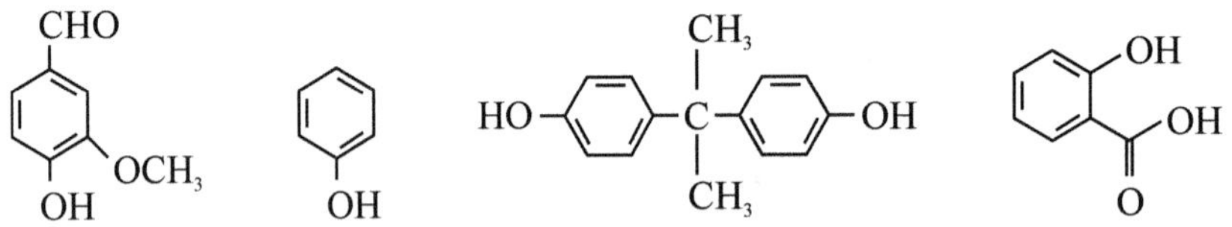

香草醛　苯酚　双酚A　水杨酸

图 2.84　木质素降解产物

第 3 章　纤维素

3.1　概述

在自然界中，有机体中的碳高达27×10^{10}t，其中99%以上的碳来自植物，约40%的植物中的碳是源于纤维素，这意味着植物界中纤维素总量为21.6×10^{10}t，而且自然界中的植物是年复一年不断生长和更新的，可以说纤维素是取之不尽、用之不竭的，人类最为可贵的可再生生物质资源。

纤维素是自然界中储备量最大、分布最广的天然有机物。纤维素是高等植物木质化细胞壁主要的三大组分中含量最高的组分，在木材中约为40%～50%，禾本科植物如稻草、竹子、芦苇的茎干中40%～45%，苎麻皮中80%～90%；棉花中含量高达95%～99%。除高等植物外，纤维素还存在于某些藻类，如法囊藻中的海藻纤维素，某些细菌如胶醋杆菌也具有合成纤维素的能力。棉花纤维素是种子毛，可以直接利用，其他植物纤维素大多数必须先除去黏结物质（果胶、木质素等），才能加以利用。化学法制浆的目的就是从植物原料中除去木质素等黏结物质，尽可能保留纤维素和半纤维素。如果要制备人造丝或其他纤维素衍生物，则必须最大限度地除去木质素、半纤维素，以及其他杂质，使纤维素具有足够高的纯度。除了传统的造纸、纺织和功能材料的应用外，纤维素还可通过水解反应或生物转化将大分子转变为葡萄糖，或通过进一步的化学、生物加工，制取乙醇或其他产品。由于化石资源储量不断减少，有关纤维素资源的转化和利用的研究受到极大的关注，拓展以纤维素为主的天然资源的高附加值利用是国家可再生资源发展战略需要，是全球经济、能源和新材料发展的热点领域之一。尽管人们对纤维素的研究已持续了160多年，但还有许多有关纤维素的问题悬而未决，如纤维素的生物合成、结晶结构、化学合成、区域选择性取代反应、结构与功能的关系及其规律性等。

纤维素是诸多工业的主要原料，与人类生活密切相关，在造纸工业、纺织工业和木材工业等领域有着多种重要的用途。关于纤维素化学与工业的研究，为高分子化学的诞生及其发展奠定了基础。通过对纤维素的分离、提纯、结构、反应性、衍生物等的研究，目前有关纤维素的结构、性质和反应等已较为清楚，相关的研究成果为高分子物理学和高分子化学学科的创立、发展做出了重大贡献。

3.1.1　纤维素生物合成

纤维素、半纤维素和木质素是植物细胞壁的三大主要组分，纤维素是植物细胞壁的基本骨架，半纤维素和木质素是充填在由纤维素组成的空间结构中，因而了解纤维素的生物合成过程在树木生理生化、纤维素结构及其反应性研究、纤维素利用等领域是十分必要的。

纤维素是以葡萄糖为起始物，由纤维素合成酶与原形质膜结合形成的膜蛋白的作用下在质膜上合成的。糖核苷酸是碳水化合物的母体，由它形成细胞壁的聚糖。α-D-吡喃葡萄糖与腺嘌呤核苷三磷酸（ATP）作用，在葡萄糖6位引进1个磷酸形成α-D-吡喃葡萄糖基-6-磷酸，在转移酶的作用下形成α-D-吡喃葡萄糖基-1-磷酸，与尿嘧啶-β-D-呋喃核糖苷三磷酸作用形成尿苷二磷酸酯葡萄糖（UDPG）并释放出焦磷酸，在葡萄糖酶的作用下葡萄聚糖4位羟基与UDPG反应形成β-1-4苷键（见图3.1），并释放出尿嘧啶-β-D-呋喃核糖苷焦磷酸（UDP）。

在细胞原生质膜上，葡萄糖基单元从核苷-D-葡萄糖磷酸转换成葡萄糖类酯，葡萄糖类酯起中间体的作用，即将D-葡萄糖单元再迁移到细胞膜外，在细胞膜外D-葡萄糖基单元聚合成纤维素。关于细胞中多糖合成位置的大量研究也表明，纤维素的生物合成发生在细胞质的外面，在原生质膜和细胞壁的界面上，即在微细纤维沉积的位置上。

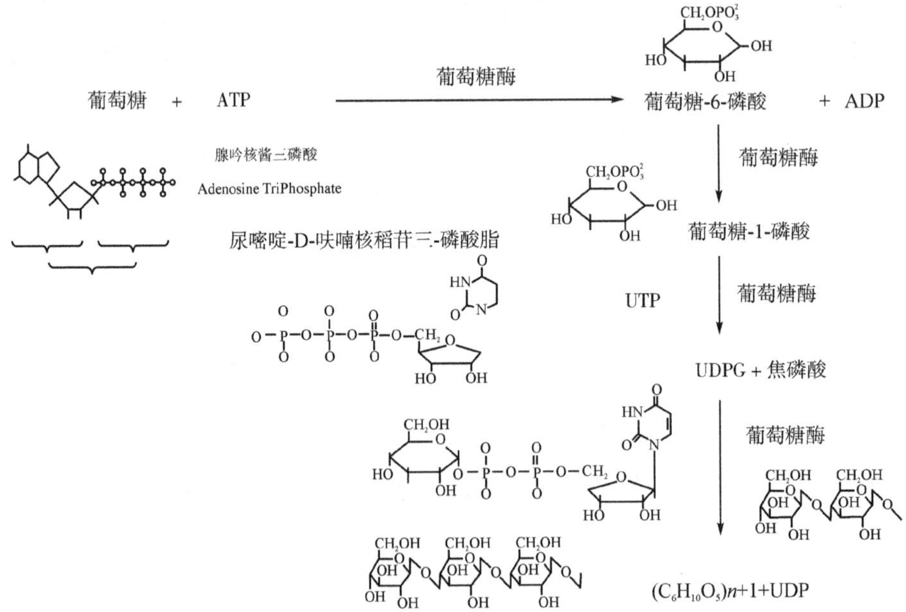

尿嘧啶-D-呋喃核稻苷三-磷酸脂

图 3.1　纤维素生物合成

3.1.2　纤维素的分离和精制

纤维素可从各种植物纤维原料获得，表3.1表示部分植物纤维原料中的纤维素含量，其中具体说明植物纤维原料中具有代表性的棉花和木材及禾本科植物纤维素的分离和精制。

表3.1　部分植物纤维原料中纤维素含量[1]

植物	部位	含量 /%	植物	部位	含量 /%
树木	木材（干）	40～50	苎麻	韧皮纤维	85
棉	种子毛纤维	88～96	剑麻	叶脉纤维	75
木棉	种子毛纤维	55～65	甘蔗渣	秆	35～40
亚麻	韧皮纤维	75～90	竹	秆	40～50
马尼拉麻	叶脉纤维	65	芦苇	秆、叶	40～50
黄麻	韧皮纤维	65～75	稻秆	秆	40～50

1. 棉花纤维素

棉花蒴果中的棉毛为原料的纤维素，长达15～60mm，这种从种子获得纤维称为“lint”，较短的纤维，如印度棉的纤维长度只有5mm，这种短纤维称为“linter”。棉毛纤维含量达90%以上，纤维素以外的多糖类（半纤维素和果胶）约5%，蜡质、脂肪、蛋白质、灰分均在1%以内，因不含木质素较易于分离和精制。将棉花用苯–醇混合液脱脂后，再用1%氢氧化钠溶液煮沸处理，可以得到纯度在99%以上的纤维素。

2. 木材及禾本科植物纤维素

木材及禾本科植物细胞壁由纤维素、半纤维素和木质素三大组分组成，因此分离纤维素时需3个步骤，首先去除提取物，其次去除木质素，最后去除半纤维素，这就不可避免地会引起纤维素的降解，制得的纤维素纯度也就远不及棉纤维素。

从木材或禾本科植物试样中制备纤维素，先经苯–醇混合有机溶剂脱去提取物，再用二氧化氯、氯乙醇胺、酸性亚氯酸钠、果醋酸等脱去木质素，去除木质素之后的全部高聚糖称为综纤维素（Holocellulose）。综纤维素再用17.5%NaOH或24%KOH溶液在20℃下浸渍，经过滤、洗净后所得到的残留物称为α–纤维素。α–纤维素是纤维素工业的主要原料，其聚合度和纯度是α–纤维素作为工业原料的主要指标。

以植物纤维为原料的制浆工业是纤维素生产规模最大的产业，工业上常用上述方法来测定漂白浆中α–纤维素的含量，用来评价浆的质量。但必须指出，从漂白浆中所得到的α–纤维素，却完全不同于从综纤维素中所得到的α–纤维素。

3.1.3　纤维素大分子

1838年法国科学家A.Payen首先分离出纤维素，经过许多人的研究，确定其化学结构是由β-D-吡喃型葡萄糖基1-4苷键连接而成的线型高分子。

1. 纤维素大分子化学结构的确定

纤维素先加40%盐酸或72%硫酸，在室温下放置12～24h，使其充分润胀，然后稀释至含酸量低于3%后在水浴锅上回流煮沸数小时，如此所得到的D-葡萄糖接近于理论值96%～98%。纤维素的元素分析结果，碳、氢、氧质量分数分别为44.44%、6.17%、49.39%，计算得出其分子式为$C_6H_{10}O_5$，由此证明了纤维素是由D-葡萄糖基组成的。

2. 纤维素大分子每个β-D-葡萄糖基均具有3个羟基

纤维素经醋酸分解可得到高得率的纤维素二糖[见图3.2（a）]；缓和条件水解可得到3～7个葡萄糖基的低聚糖；将纤维素进行甲基化，可得到每个葡萄糖基有三个甲基的三甲基纤维素，水解后几乎定量地得到2、3、6-三-O-甲基-D-葡萄糖[见图3.2（b）]，另外，由于存在非还原性末端基，还可得到微量的2、3、4、6-四-O-甲基-D-葡萄糖[见图3.2（c）]。根据上述事实，可知纤维素大分子的中间葡萄糖基在2、3、6位置上有三个游离醇羟基，显然没有分支结构。此外，关于旋光角的加和性（Hudson规则）、水解动力学、X-射线衍射等方面的研究，对纤维素化学结构的确定也起了重要的作用。

3. 纤维素分子链上葡萄糖基间的连接是β-苷键连接

将纤维素进行甲基化，在纤维素水解过程中先形成一些中间产物，如纤维素四糖、纤维素三糖、纤维素二糖等，这些水解中间产物相邻两个葡萄糖基的C1和C4位羟基裸露的，即没有甲基化，表明相邻两个葡萄糖基是以β-苷键相连接的，其结构式如图3.2所示。

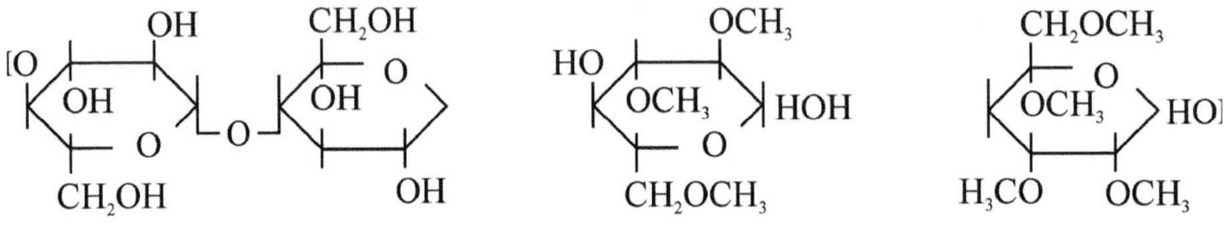

图3.2　纤维素降解产物

由于苷键的存在，使纤维素大分子对水解作用的稳定性降低，在酸或高温下与水作用，可使苷键断裂，纤维素大分子降解。β-苷键在酸中的水解速度比α-苷键小，只有α-苷键的1/3。

图3.3的纤维素结构式显示了单糖的Hawarth式结构，吡喃型葡萄糖的粗线表示前方，细线表示后方，相邻的吡喃环彼此扭转180°，*n*表示葡萄糖基数，即聚合度，一般测得的高等植物纤维素的聚合度为7000～15000。

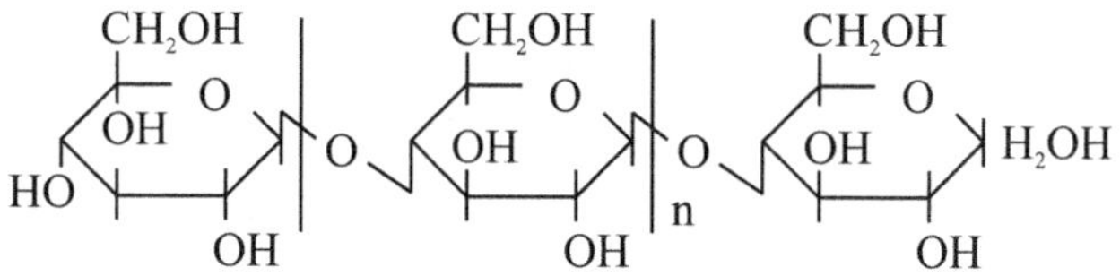

图 3.3 纤维素结构式（Hawarth 式）

4. 纤维素大分子链的极性和方向性

纤维素大分子的两个末端性质不同，在一端的葡萄糖基C1碳原子上存在1个半缩醛的羟基，具有还原性；另一端末端基的C_4碳原子上存在羟基，不具有还原性。因此，对纤维素整个大分子来说，一端为具还原性的隐形醛基，另一端则为没有还原性的羟基，故整个大分子具有极性并呈现方向性。利用端基的特性，可通过端基数的测定，进而确定其聚合度。

3.2 纤维素的结构

3.2.1 纤维素大分子链的构型和构象

1. 构成纤维素大分子的葡萄糖的构型和构象

纤维素是由β-D-吡喃型葡萄糖基1-4苷键连接而成的线型高分子，构成纤维素大分子的葡萄糖单元的构型是β-D-吡喃型葡萄糖（见图3.4）。

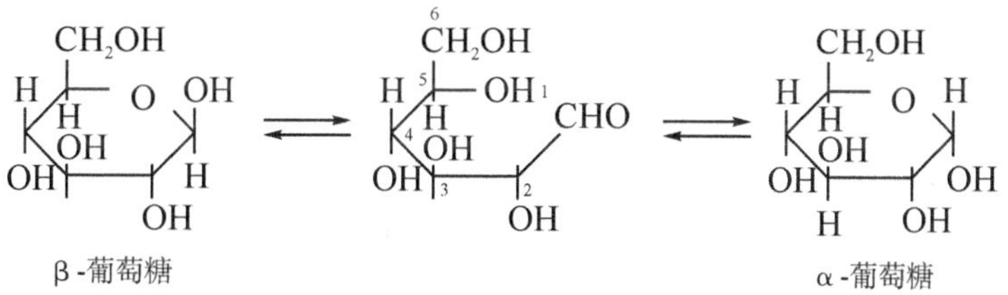

β-葡萄糖　　α-葡萄糖

图 3.4 葡萄糖构型

β-D-吡喃型葡萄糖基的六个碳原子并不在一个平面上，而是如同环已烷为弯曲的六圆环，具有椅式、船式、扭曲等不同的构象，而椅式构象比其他构象能量低且稳定（见图3.5），所以吡喃型葡萄糖可能以$^4C_1$或$^1C_4$两种椅式构象之一存在。吡喃型葡萄糖C_1、C_2、C_3、C_4和C_6上有5个羟基，$^1C_4$椅式构象中各碳原子上的羟基是直立位，而$^4C_1$椅式构象中各碳原子上的羟基都是平伏位，因此，$^4C_1$椅式构象是稳定的构象，吡喃型葡萄糖以$^4C_1$椅式构象存在。经X射线衍射和红外光谱研究也证实，葡萄糖甲基化衍生物的吡喃环以平伏构象占优势（见图3.5）。

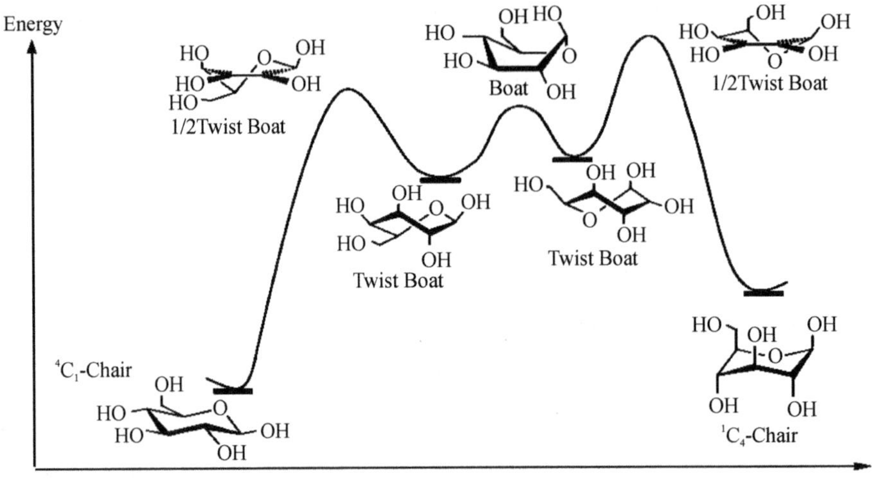

图 3.5　葡萄糖单元的各种构象的能量

2. **纤维素大分子链的构象**

纤维素是由β-D-吡喃型葡萄糖基1-4苷键连接而成的线型高分子。纤维素大分子的β-D-吡喃型葡萄糖单元以$^4C_1$椅式构象存在，每个单元上C_2位-OH、C_3位-OH和C6位-OH均在平伏位（见图3.6），使整个体系能量最低，这也为纤维素是地球上最老、最丰富的天然高分子提供了理论依据。

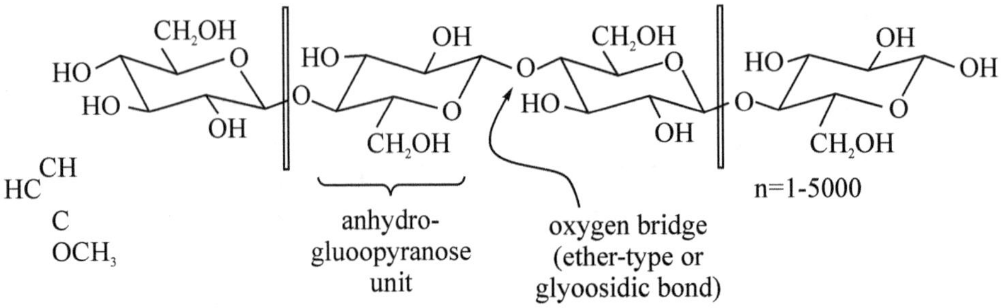

CH_2OH　HO　HO　OH　O　OH　HO　CH_2OH　O　CH_2OH　HO　OH　O　OH　HO　OH　O　CH_2OH

HC CH C OCH_3

anhydro-gluoopyranose unit

oxygen bridge (ether-type or glyoosidic bond)

n=1-5000

图 3.6　纤维素的立体化学结构式

3.2.2　纤维素的键和两相结构理论

纤维素分子聚集态，即纤维素分子链的聚集而形成的结构对纤维素的物理性质、化学性质以及纤维素化学加工和机械加工密切相关。纤维素大分子以椅式构象存在，糖基吡喃环上有氧原子，C_2、C_3和C_6有平伏状羟基，因而易形成纤维素分子内和分子间氢键。一个纤维素分子中葡萄糖基C_3上的羟基与相邻葡萄糖基的吡喃环上的氧原子形成分子内氢键；一个纤维素分子中葡萄糖基C_2上的羟基与相邻葡萄糖基C_6上羟基形成分子内氢键，这种纤维素分子内形成的氢键称为分子内氢键（见图3.7）。许许多多纤维素分子聚集在一起时，当纤维素分子与相邻纤维素分子距离小于0.30nm时，一个纤维素分子的葡萄糖基C_3上羟基和相邻纤维素分子葡萄糖基C_6上羟基就会形成分子之间的氢键，这种相邻的纤维素分子之间形成的氢键称为分子间氢键（见图3.7）。

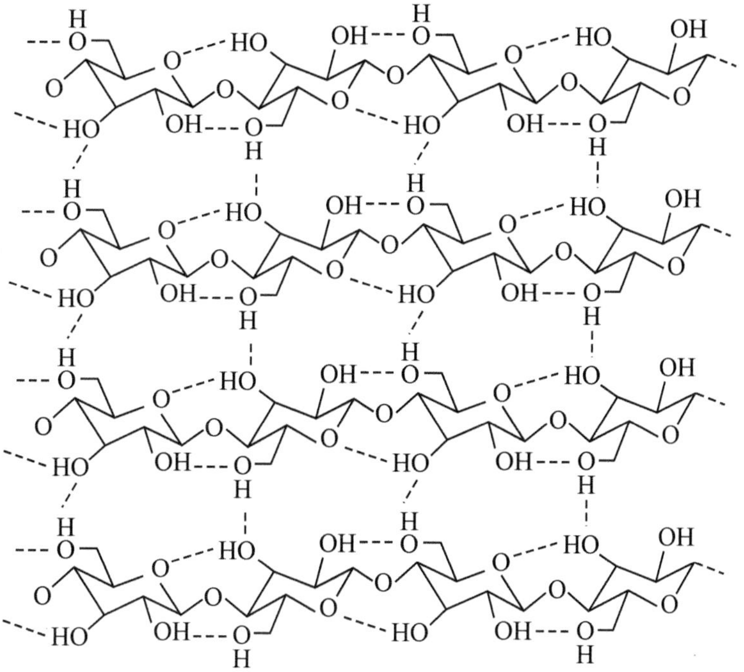

图 3.7　纤维素分子中的分子内和分子间氢键

高等植物的细胞壁一般都含有纤维素，与其他聚合物比较，纤维素分子的重复单元简单且均一，吡喃型葡萄糖基上有反应性强的羟基，有利于形成分子内和分子间氢键。纤维素分子通过分子内、分子间氢键形成纤维素微纤丝。纤维素微纤丝内即纤维素分子聚集体内的氢键的分布是不均匀的，在一定空间范围内，氢键有多、有少。根据X射线衍射研究，纤维素大分子的聚集，一部分纤维素分子，其葡萄糖单元上的羟基形成分子内和分子间的氢键，分子排列比较规整，形成规整性的结晶结构，呈现清晰的X射线衍射图（2θ为22.6上出现衍射峰），这部分称为结晶区，也称天然纤维素结晶Ⅰ；纤维素分子中的另一部分，其葡萄糖单元上的羟基没有完全形成氢键，较松弛，这部分称为无定形区（见图3.8）。

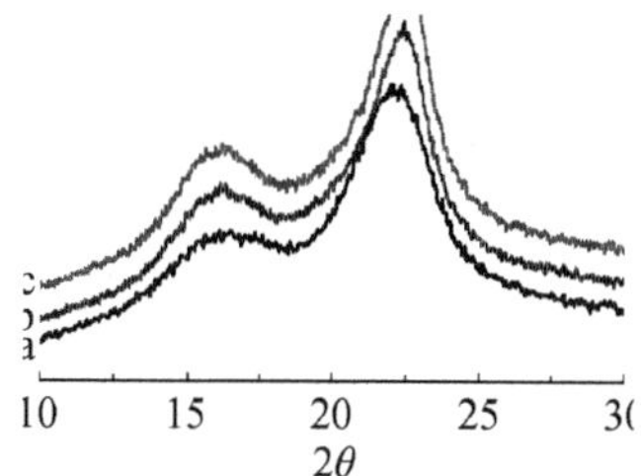

图 3.8　天然纤维素结晶Ⅰ的 X 射线衍射图

纤维素分子聚集态的结晶区与无定型区之间没有明显的界限，由结晶区与无定形区交错连接而成的两相体系。在结晶区内纤维素链分子的排列具有完全的规则性，呈现清晰的X-射线衍射图（见图3.8），结晶区与无定形区之间没有明显的界线，而是逐步过渡的。每一结晶区称为微晶体，即微晶纤维。在无定形区，纤维素分子排列的规则性较差，排列较不整齐、结合得较为松弛，但其一般取向大致与纤维轴平行。由于纤维素分子链很长，故一个纤维素分子链可贯穿几个结晶区和无定形区，既可以终止在结晶内，也可以终止在无定型区内，这就是纤维素两相结构理论的基本观点（见图3.9）。

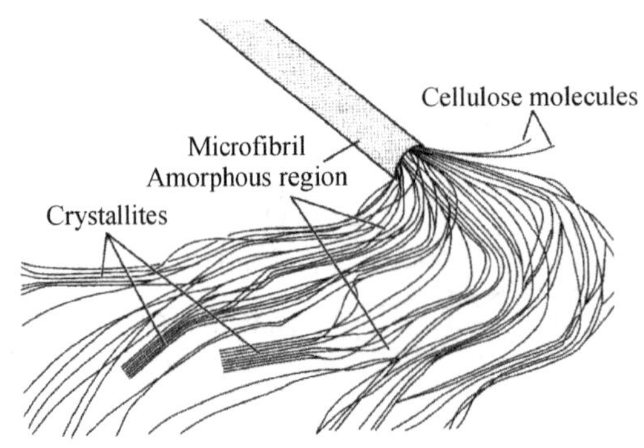

图 3.9　纤维素的两相结构示意图

3.2.3　纤维素的结晶结构

1. 纤维素的结晶结构的介绍

纤维素的结晶结构是指纤维素结晶区的结构，组成纤维素结晶区的基本单元称为晶胞。从各种植物原料如棉花、棉短绒、木材、竹材以及韧皮纤维织物制取的纤维素均称为天然纤维素，它们的结晶区都具有纤维素Ⅰ的晶胞结构，但它们各自结晶区所占百分比是不同的。以往经常使用的纤维素Ⅰ的晶胞结构模型是Meyer & Misch以X-射线图为基础提出来的（见图3.10），a=0.835 nm，b=1.03 nm，c=0.79 nm，a轴与c轴间的夹角β=84°，此晶胞的四角在b轴的方向，各为一纤维素分子的一部分所组成（为使图形表达清楚，右前方和左后方的纤维素分子均未画出）。b轴为两方螺旋轴，故相邻的两个葡萄糖基彼此的位置扭转180° 而排列，与纤维素分子由β-苷键连接相符，又b轴的长度与纤维素二糖理论上的长度相一致，故可认为纤维素的晶胞是以纤维素二糖为单位形成的。另外，晶胞的中心也有一个纤维素分子，其中两个葡萄糖基为此晶胞所独有，而每一角上的两个葡萄糖基则为四个相邻的晶胞所共有，故每个晶胞平均只有四个葡萄糖基。此中心的纤维素分子与四角的纤维素分子在b轴的高度上，彼此差半个葡萄糖基，而方向却完全相反。在ac平面内，a轴方向相邻的葡萄糖基彼此相距仅0.25nm，其羟基可形成氢键。在晶胞的三个方向上，b轴为主价键，其力最强；a轴为氢键，其力次之；c轴为范德华力，其力最弱。

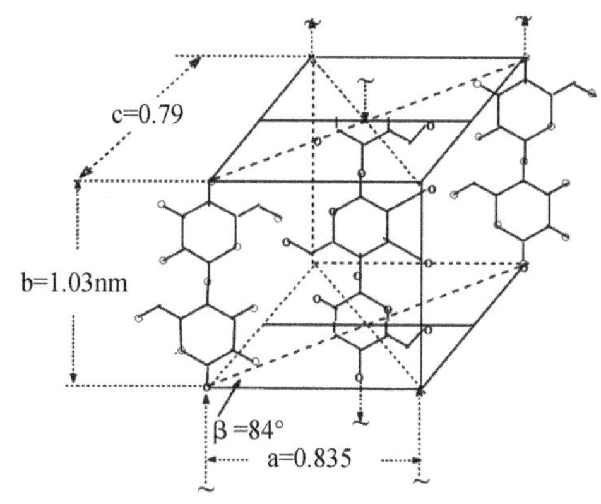

图 3.10 Meyer & Misch 提出的纤维素 I 晶胞结构模型

但此模型既没有考虑葡萄糖椅式构象，也没有考虑纤维素内存在的氢键。1977年J. Blackwell等重新测定了纤维素 I 的晶胞结构，a轴为0.817nm，c轴为1.038nm，b轴为0.786nm（此处*c*轴相当于图3.10中的b轴；b轴相当于图3.10中的c轴），β 角为83°（见图3.11和图3.16）。J.Blackwell等人提出纤维素 I 晶胞结构主要特点：纤维素分子同向平行排列；纤维素分子内有氢键结合。

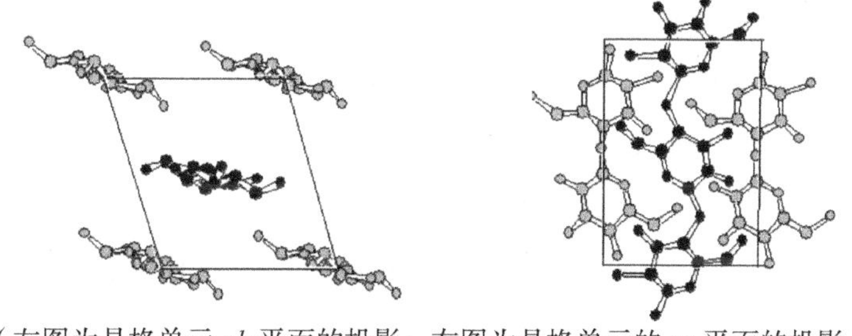

（左图为晶格单元 *ab* 平面的投影；右图为晶格单元的 *ac* 平面的投影）

图 3.11 Blackwell 等人提出的纤维素 I 单元结晶结构模型

20世纪80年代以来，研究发现天然纤维素 I 是一种纤维素I_α和纤维素I_β的混合物。Sugiyama(1991)根据绿色海藻（Microdictyon）纤维素的X射线衍射研究结果，提出了单链三斜晶胞模型和两链单斜晶胞模型（见图3.12），分别对应于纤维素I_α和纤维素I_β，并由衍射图数据和模型测定了晶胞参数：纤维素I_α是亚稳态的含一条链的三斜晶胞，其晶胞参数为：a=0.674 nm、b=0.593 nm、c=1.036 nm（纤维轴）；α=117°，β=113°、γ=81°

纤维素I_β则含两链的单斜晶胞，其晶胞参数为：a=0.801nm，b=0.817nm，c=1.03nm（纤维轴）；α=90°，β=90°，γ=97.3°。

由模型计算得到的纤维素I_α的三斜单元晶胞的密度为1.582g/m^3，而纤维素I_β的单斜单元晶胞的密度为1.599g/m^3。纤维素I_β的密度高于纤维素I_α，说明在热力学上单斜晶胞比三斜晶胞稳定，这与在一定条件下纤维素I_α可以向纤维素I_β转化的现象相符。

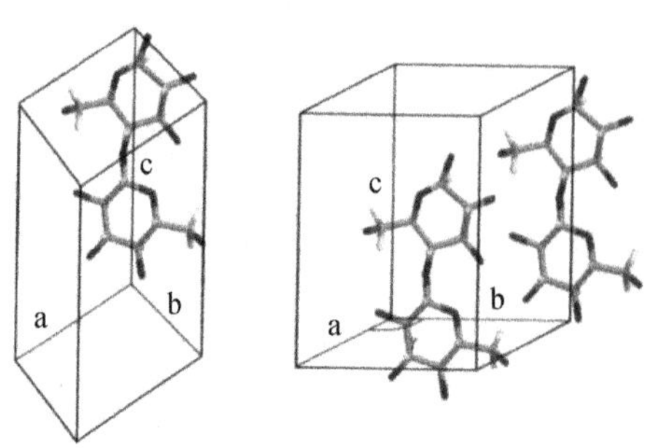

图 3.12　纤维素I_α（左）和纤维素I_β（右）的单元晶胞模型

天然存在的纤维素中，原始生物合成的纤维素以纤维素I_α为主，而高等植物中的纤维素以纤维素I_β为主。Atalla和Vanderhart发现，海藻（Valonia）中I_α/I_β= 65/35，海洋海藻、细菌纤维素富含I_α，质量分数约为0.63，如*Valonia macrophysa*，纤维素I_α的质量分数为0.64；*Valonia aegarropila*，其纤维素I_α的质量分数为0.60；细菌纤维素培养条件不同，纤维素I_α的质量分数也不同，处于0.64～0.71；高等植物如棉花、麻等则富含纤维素I_β，其质量分数为0.8。此外，动物纤维素（Tunicin）中仅含I_β。

2. 纤维素的结晶变体的相互转化

纤维素所形成的宏观结构中有四种结晶形态，即纤维素Ⅰ、Ⅱ、Ⅲ、Ⅳ。纤维素Ⅰ是天然纤维素，是在植物体内生化合成的，通过各种处理它可以转化为其他结晶结构，不同类型的结晶纤维素之间可能有如图3.13所示的转变。

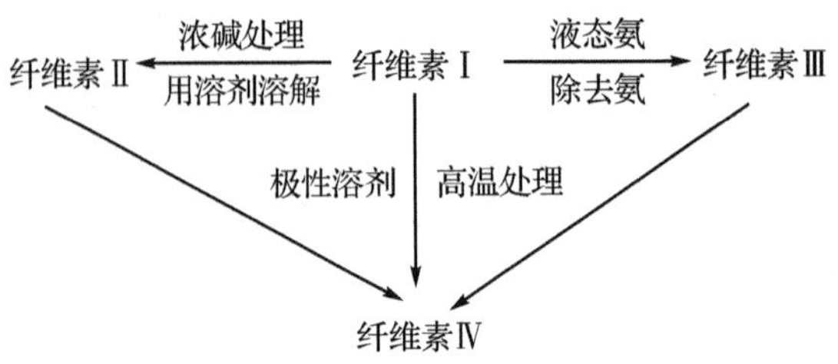

图 3.13　纤维素各结晶变体间可能的互相转化示意图

纤维素Ⅱ是纤维素Ⅰ经18%NaOH处理后，再洗去NaOH以后的纤维素，也称丝光化纤维素。纤维素Ⅰ通过纤维素溶剂溶解之后再从溶液中沉淀出来的纤维素称为再生纤维素。丝光化纤维素结晶度是70%，而再生纤维素结晶度只有50%。Isogai等用85%磷酸在室温条件下溶解天然纤维素，放置6周后获得天然纤维素完全溶解的分散均匀的溶液，缓慢加入水使纤维素沉淀，高得率获得分子量分布范围窄、高结晶度的纤维素结晶Ⅱ。如调控再生条件，可获得聚合度15和聚合度7的低聚糖。聚合度15的低聚糖可溶解在4% NaOH水溶液中，聚合度7的低聚糖可溶解在热DMSO中。纤维素Ⅱ是广为工业所利用的纤维素。

纤维素Ⅲ也称氨纤维素，将纤维素Ⅰ或纤维素Ⅱ经液态氨或有机胺处理，即可形成纤维素Ⅲ，分别称为纤维素$Ⅲ_{Ⅰ}$和纤维素$Ⅲ_{Ⅱ}$。这种结晶变体与纤维素结晶Ⅰ有很大的不同，纤维素Ⅲ的形成有一定的消晶作用，当氨除去后，结晶度和分子排列的有序度都下降，可极度增加。利用这一性质，工业上已经成功地用液氨处理棉织物以提高棉纱和织物的机械性能、染色性和尺寸稳定性。

纤维素Ⅳ是采用将纤维素Ⅲ在260℃甘油中加热处理，再将甘油洗净去除的方法制得，但其结晶度、纯度不高。将聚合度15的高结晶、高纯度纤维素Ⅱ在190℃水中加热处理，可制得高结晶、高纯度的纤维素$Ⅳ_{Ⅱ}$。

3.2.4　纤维素的结晶度和微细纤维结构

1. 纤维素的结晶度

纤维素的结晶度是指结晶区占纤维素整体的百分率。纤维素纤维的结晶度增高，则抗张强度、弹性模量、硬度、密度及尺寸稳定性等均随之增加；而伸长率、吸湿率、染料吸附量、润胀度、韧性、柔软性及化学反应性等均降低。因此，测定纤维素的结晶度具有重要意义。通常采用X射线衍射、拉曼吸收光谱、红外吸收光谱、固体^{13}C-NMR等研究纤维素结晶和分子结构。通过X射线衍射研究，可得到纤维素结晶单胞的大小、形态，从这些数据可以分析出纤维素分子的方向、立体构型等。拉曼吸收光谱通过C-C键的散射强度的分析，可得到纤维素骨架结构信息。红外吸收光谱则可获得拉曼吸收光谱结果得不到的O-H、C-H、C=O等极性基团的信息。固体^{13}C-NMR结果可分析有机化合物最关键的碳骨架的信息

X-射线衍射法是常见的结晶度测定法。X射线衍射研究棉花纤维素$Ⅰ_{β}$型的结晶，2θ为14.7°、16.4°、22.6°的峰分别对应110、110、020指数（见图3.14）。

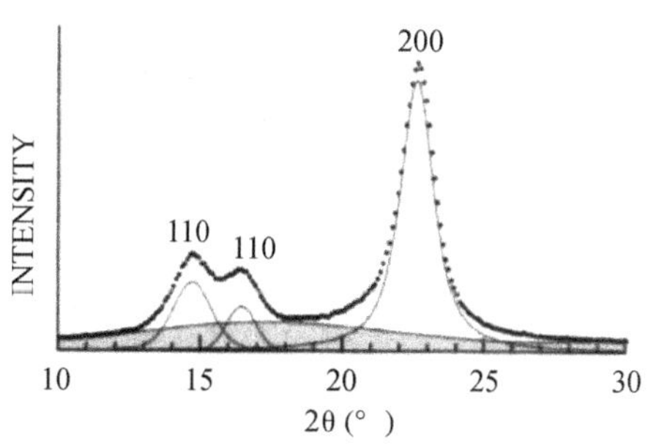

图3.14　棉花纤维素X射线衍射图

纤维素Ⅰ和纤维素Ⅱ的结晶结构差异（见图3.15和表3.2）较大，但是不可逆的。纤维素$Ⅲ_{Ⅰ}$和纤维素$Ⅲ_{Ⅱ}$结构非常相似，且纤维素$Ⅲ_{Ⅰ}$和纤维素$Ⅲ_{Ⅱ}$通过热水处理分别可恢复纤维素Ⅰ和纤维素Ⅱ的结构，但纤维素$Ⅲ_{Ⅰ}$和纤维素$Ⅲ_{Ⅱ}$的结晶度、结晶纯度低。

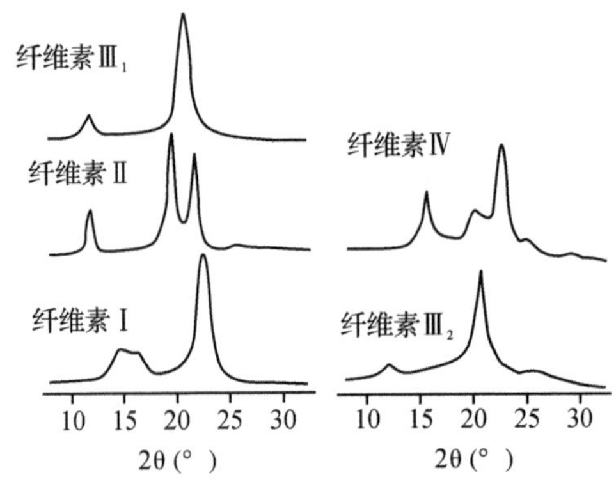

a 纤维素Ⅰ，b 纤维素Ⅱ，c 纤维素 Ⅲ$_{Ⅰ}$，d 纤维素Ⅳ，e 纤维素 Ⅲ$_{Ⅱ}$

图 3.15　不同纤维素结晶体 X 射线衍射图

表3.2　纤维素结晶体的X射线衍射峰值与结晶单胞的形状和大小

晶体	衍射角 2θ			结晶系	结晶单胞大小		
	110	110	020		a (nm)	b (nm)	γ (°)
纤维素Ⅰ	14.8	16.8	22.6	单斜晶系	0.793	0.803	97.2°
纤维素Ⅱ	12.1	19.8	22.0	单斜晶系	0.908	0.817	117.1°
纤维素Ⅲ Ⅰ	11.7	20.7	20.7	单斜晶系	1.011	0.789	121.9°
纤维素Ⅲ Ⅱ	12.1	20.6	20.6	单斜晶系	0.997	0.765	120.1°
纤维素Ⅳ	15.6	15.6	22.5	斜方晶系	0.790	0.817	90.0°

由表3.3可知，纤维素Ⅰ、Ⅱ、Ⅲ、Ⅳ之间的不同点可根据C_4和C_6的化学位移分类，纤维素Ⅰ、Ⅱ、Ⅲ的差异在C_1和C_4的构型相同，C_6的构型不同。另外，纤维素Ⅳ和非结晶纤维素的X射线衍射图完全不同，但固体^{13}C-NMR的C_1、C_4、C_6的化学位移基本相同，且反映分子链构型的拉曼吸收光谱也呈现出共同点。

表3.3　纤维素结晶体的葡萄糖基的^{13}C-NMR谱

晶体	C_1	C_4	C_6
纤维素Ⅰ	105~106	89 ~ 90	66
纤维素Ⅱ	106	89	64
纤维素Ⅲ Ⅰ	105~106	88	63
纤维素Ⅲ Ⅱ	107	88	63
纤维素Ⅳ Ⅱ	105	84~85	64
纤维素非结晶	105	84	63

部分纤维素试料的纤维素种类和特征如表3.4所示，棉花纤维素纯度95以上，天然纤维素结晶Ⅰ的结晶度为80%；木材漂白硫酸盐浆纤维素纯度85以上，天然纤维素结晶Ⅰ的结晶度为60%；阔叶材纤维素聚合度低于针叶材；再生纤维（粘胶纤维）的结

晶度随纤维素来源不同差异较大，棉铜氨溶液再生纤维素的结晶度约为46%，而针叶材粘胶纤维只有24%，其聚合度也低于棉铜氨再生纤维素。

表3.4 部分纤维素试料纤维素种类和特征[7]

试料	来源	纤维素纯度（%）	结晶形	结晶度(%)	聚合度（DPv）	备注
Linter 纤维素	棉	>95	纤维素Ⅰ	80	500～5000	滤纸浆
漂白硫酸盐浆	针叶材	>85	纤维素Ⅰ	60	1000～1500	纸浆
	阔叶材	>85	纤维素Ⅰ	60	800～1200	纸浆
微晶纤维素	棉	>98	纤维素Ⅰ	85	200～300	CF1、滤纸粉末
	针叶材	>96	纤维素Ⅰ	80	200～300	
粘胶纤维	针叶材	>95	纤维素Ⅱ	24	400	黄原酸酯
铜氨纤维	棉	>95	纤维素Ⅱ	46	600	铜氨溶液再生
细菌纤维素	醋酸菌	>95	纤维素Ⅰ	80	>5000	培养醋酸菌
低聚合度纤维素	棉、木材	>98	纤维素Ⅱ	80	15	85%磷酸溶解－水再生
低聚合度纤维素	棉、木材	>98	纤维素Ⅱ	80	7	85%磷酸溶解－甲醇再生
非晶纤维素	棉、木材	>98	非晶	0	<50	干燥条件下球磨
非晶纤维素	棉、木材	>98	非晶	0	200～2000	SO_2/胺/DMSO溶解－再生

viscose rayon: 粘胶纤维；bemberg rayon: 铜氨纤维

纤维素的可及度是利用能进入纤维素无定形区的化学试剂，测定这些试剂可以达到并起反应的部分占全体的百分率。可见，可及度与化学反应活性密切相关，可及度大，则化学反应活性大；反之，可及度小，化学反应活性小。通常测出结晶度后，换算成可及度。

2. 纤维素的微细纤维结构

由纤维素分子链组成原细纤维，原细纤维组成微细纤维，微细纤维组成细纤维（见图3.16）。天然纤维素分子链长度约为5000nm，结晶区（微晶体）长度约为100~200nm，因此沿着纤维素链的长度必须通过多个微晶体，这些微晶体存在于原细纤维之中。原细纤维的横断面是3.5nm × 3.5nm，约含40条纤维素链，通过氢键结合在一起。在细胞壁内由原细纤维连接而成微细纤维。一般微细纤维直径在10~20nm，在细胞壁中是定向排列的，由微细纤维连同半纤维素和木质素一起，组成了细胞壁的细纤维。用普通光学显微镜，观察打浆后的纤维表面或两端，可观察到细纤维的结构。

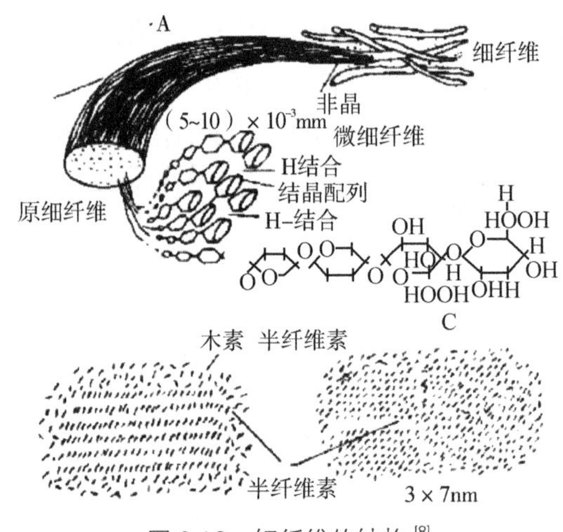

图 3.16 细纤维的结构 [8]

3.3 纤维素的相对分子量及其分散性

3.3.1 纤维素相对分子量和聚合度

纤维素是由β–D–吡喃型葡萄糖基1–4苷键连接而成的线性高分子聚合物，其分子式为：$C_6H_{11}O_5$–$(C_6H_{10}O_5)_{n-2}$–$C_6H_{11}O_6$ ，n为聚合度，即纤维素的单元葡萄糖的个数，由于纤维素分子链的还原性末端和非还原性末端，多出2个氢和1个氧原子，即相对分子量多了18，纤维素大分子的聚合度DP = n+2，葡萄糖基的相对分子量为162。因此，纤维素大分子分子量M = DP × 162+18。当n很大时，18和两末端的2个葡萄糖单元可以忽略不计，因此，$M = n \times 162$。

纤维素是天然高分子，因此具有高分子的特性，即相对分子量大，且其相对分子量具有多分散性。纤维素由不同聚合度的分子组成，是同系聚合物的混合物，分子量呈现多分散性或不均一性，所以纤维素的分子量都是平均相对分子量。由于统计方法的不同，纤维素平均相对分子量表示方法也不同。常用的统计平均相对分子量有：数均分子量、重均分子量、粘均分子量等多种形式。

数均分子量（$\overline{M_n}$）是按分子的数目统计的分子量；重均分子量（$\overline{M_w}$）是按分子的质量统计的平均分子量。一个纤维素的试样，第i个纤维素分子量为M_i的分子数为n_i个，则数均分子量（M_n）和重均分子量（M_w）分别为：

$$\overline{M_n} = \frac{w}{n} = \frac{\sum_i n_i M_i}{\sum_i n_i} = \sum_i N_i M_i \qquad \overline{M_w} = \frac{\sum_i n_i M_i^2}{\sum_i n_i M_i} = \frac{\sum_i w_i M_i}{\sum_i w_i} = \sum_i W_i M_i$$

通常采用$\overline{M_w}/\overline{M_n}$的比值来评价纤维素多分散性（$D$）。纤维素的聚合度（DP）和分子量的关系：DP=$M$/162，162为葡萄糖基克分子量。不同原料的纤维素具有不同的聚合度（见表3.5）。

表3.5 部分纤维素和纤维素衍生物的聚合度

原料	聚合度（DP）	原料	聚合度（DP）
木棉	<12000	漂白化学浆	700
棉花	10000 ~ 15000	马尼拉麻浆	5200
亚麻	6500 ~ 9000	漂白棉短绒浆	1000 ~ 5000
苎麻	10000	再生纤维素	200 ~ 600
木材	4000 ~ 5500	黏胶纤维	300 ~ 500
木浆	1500 ~ 2000	玻璃纸	300
云杉漂白亚硫酸盐浆	1255	纤维素酯	200 ~ 350
硫酸盐浆	950 ~ 1300	细菌纤维素	1400 ~ 2700

$\overline{M}_w$值或$\overline{M}_n$值除以162，分别为重均聚合度DP_w，数均聚合度DP_n。当DP_w=DP_n，D=1，表明纤维素单分散性；大部分纤维素的D值>2，即DP_w>DP_n。D值越大，说明分散性越大，对于典型高聚物来说D值在1.5 ~ 2.0到20 ~ 50范围，而植物次生壁的天然纤维素，D值近于1，说明几乎是单分散性的。DP_w值是评价纤维素材料的强度重要指标，DP_n值是通过还原性末端的羰基含量的测定获得的。为测得与DP_w值相近的DP_n值，通常将纤维素溶解在溶剂中采用粘度法或凝胶渗透色谱法（GPC）。

1. 粘度法

粘度法测定高分子在溶液中的粘均相对分子量和形态，方法简易、快捷、精度较高，是使用最为广泛的测定相对分子量的方法。液体在流动时，在其分子间产生内摩擦的性质称为液体的粘性。粘度是液体内摩擦力大小的表现，粘度大的液体流动慢，而粘度小的液体则流动快。粘度法测定纤维素的相对分子量，就是将纤维素或其衍生物溶解成溶液，然后通过测定溶液的粘度来计算纤维素的相对分子量和聚合度。粘度法测分子量称为粘均分子量，测粘均分子量标准方法是在0.5M 铜乙二胺溶液中溶解纤维素测得。

相同体积的两种液体，如一种为纤维素溶液，一种为纯溶剂，流经同一大小长短的毛细管，当其他条件都相同时，则所需的时间（t）显然与这两种溶液的粘度（η）成正比，而与液体的密度（s）成反比，其彼此之间的关系如下式：

$$\frac{t_1}{t_0}=\frac{\eta_1}{\eta_0}\cdot\frac{S_0}{S_1}$$

式中：η_1、S_1、t_1分别为纤维素溶液的粘度、密度及流经的时间；η_0、S_0、t_0分别为纯溶剂的粘度、密度及流经的时间；

$$\frac{\eta_1}{\eta_0}=\frac{t_1S_1}{t_0S_0}=\eta_r$$

式中：η_r为相对粘度，由纤维素溶液粘度对纯溶剂粘度的比值。

$$\frac{\eta_1-\eta_0}{\eta_0}=\eta_r-1=\eta_{sp}$$

式中：η_{sp}为增比粘度，为纤维素溶解在溶剂中后所增加的粘度对纯溶剂粘度之比。

纤维素溶液的粘度与纤维素相对分子量有关，同时也取决于分子的结构、形态和在溶剂中的润胀程度。施陶丁格（Staudinger）研究线型高分子化合物如纤维素及其衍生物溶液的增比粘度时，发现它不仅与溶液的浓度成正比，而且与溶质的分子量或聚合度成正比，其关系为：

$\eta_{sp}=K_m\times C_{gm}\times M$

式中：C_{gm}为纤维素溶液的浓度（g/L）；M为线型高分子化合物的分子量；K_m为比例的常数，随溶剂、溶质体系而异（见表3.6）。

表3.6　各种溶剂的K_m值

溶剂种类	K_m / 10^{-4}
铜氨溶液	50
氢氧化四乙铵溶液	42
苛性钠溶液（用于测定 DP<300）	5.5
铜二乙铵溶液	8.0
磷酸	18 ~ 21

用溶液的比粘度η_{sp}测纤维素分子量或聚合度时，为了减少纤维素大分子之间的缔合现象，必须用很稀的溶液，其浓度随纤维素分子量或聚合度的大小而不同，分子量越大浓度就越稀。一般说来，纤维素用0.05% ~ 0.1%，漂白浆用0.1% ~ 0.15%，浓度高就会引起较大的偏差，为了避免此偏差，应由：

$$\frac{\eta_{sp}}{c}=\frac{\eta_r-1}{c}\qquad[\eta]=\lim_{c\to 0}\frac{\eta_{sp}}{c}=\lim_{c\to 0}\frac{\ln\eta_r}{c}=K_m\times P$$

用粘度法（常用乌氏粘度计，见图3.17）测得的分子量或聚合度的数值，随测定Km所用的方法而异，这是粘度法的缺点，但此法测定设备简单，操作方便，又有较好的准确度，因而在生产和研究中广泛使用。目前，在浆粕生产上，特别在人造纤维浆生产过程中常使用粘度法来测定分子量或聚合度。

2. **凝胶渗透色谱法**（Gel Permeation Chromatography，GPC）

凝胶渗透色谱法是利用多孔填料柱将溶液中的高分子按尺寸大小分离的一种色谱技术，其分级原理是：凝胶渗透色谱柱的固定相是一种表面惰性、含有许多不同尺寸的孔穴或立体网状结构的凝胶，当被分离混合物通过凝胶色谱柱时，比固定相孔穴尺寸大的分子渗透进入固定相孔穴的概率较小，即保留时间较短而首先淋洗出；尺寸较小的分子则容易进入固定相孔穴中，滞留时间较长，从而较后淋洗出来（见图3.18）。

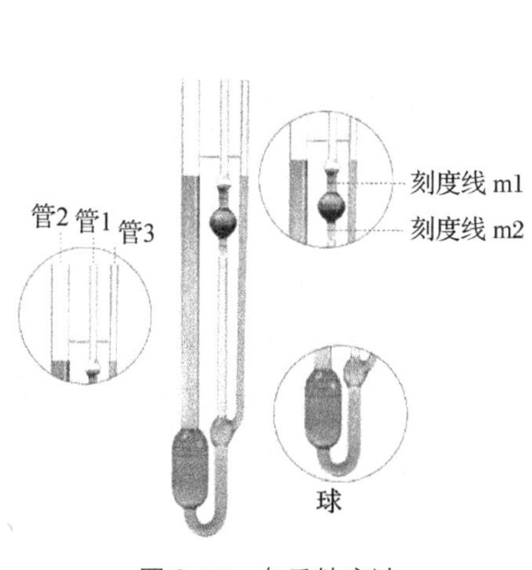

图 3.17　乌氏粘度计

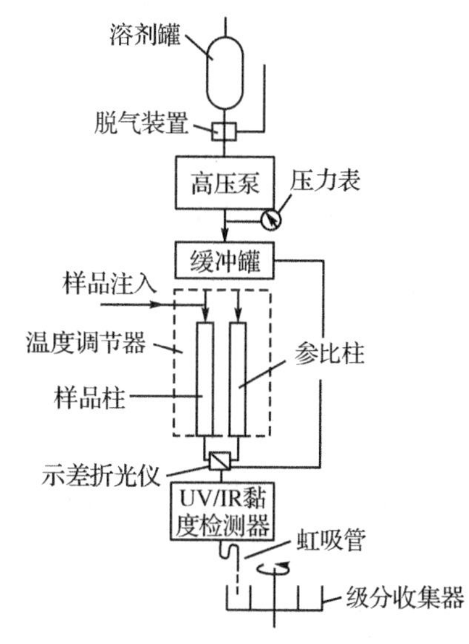

图 3.18　GPC 装置示意

从色谱柱下端接收淋出液，所接收的淋出液的总体积为该试样的淋出液体积，由此得出分子尺寸大小随保留时间（或保留体积V_R）变化的曲线（见图3.19）。等距分割GPC淋洗图谱的保留体积V_R后，对应每个保留体积$V_{R,i}$的色谱峰高度Hi即代表该分子的浓度（由示差或紫外光检测仪得出）。因为试样是多分散性的，故可按淋出的先后次序收集到一系列分子量从大到小的级分，淋出液体积与分子量有关，因此基于淋出液的体积计算其浓度，然后再求其分子量。求分子量时采用一系列不同分子质量的标样与淋出体积的峰值作标准线，用标准线法求出分子量。

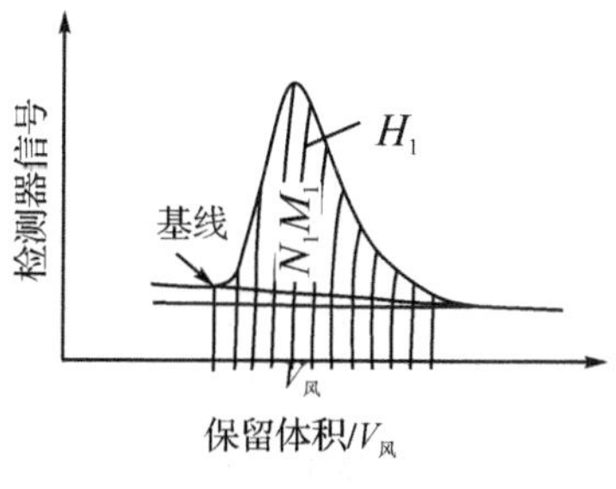

图 3.19　GPC 淋洗图谱

3.3.2 纤维素的多分散性与分级

1. 纤维素的多分散性

纤维素也像其他高聚物一样，具有多分散性特性，或者说它包含着聚合度不同的分子。纤维素的多分散性是纤维素的重要性质之一。纤维素的多分散性对纤维素的机械强度影响很大，随多分散性增高而降低，并以单分散性的纤维素为最大。在制备纺丝液时，如果要想得到过滤性良好的粘胶，那么人造纤维浆不但应具有适当的平均聚合度，而且聚合度分布应力求均匀。因此，纤维素的多分散性的定量分级具有重要的实际意义。

聚合物分子量分布可用多分散系数D来表示：$D=M_w/M_n$，用D来评价纤维素多分散性。当$DP_w=DP_n$，$D=1$，体系为单分散体系；$D>1$或偏离1越远的体系，为多分散体系。分子量分布的重要性在于它更加清晰而细致地表明聚合物分子量的多分散性，便于人们讨论材料性能与微观结构的关系。聚合物平均分子量及其分布对材料物理力学性能及加工性能有重要影响，平均分子量对材料力学性能影响较大些，力学强度随聚合度的增大而迅速增加，到一定聚合度后力学强度增加速度逐渐减慢，力学强度不再明显增加（见图3.20）。

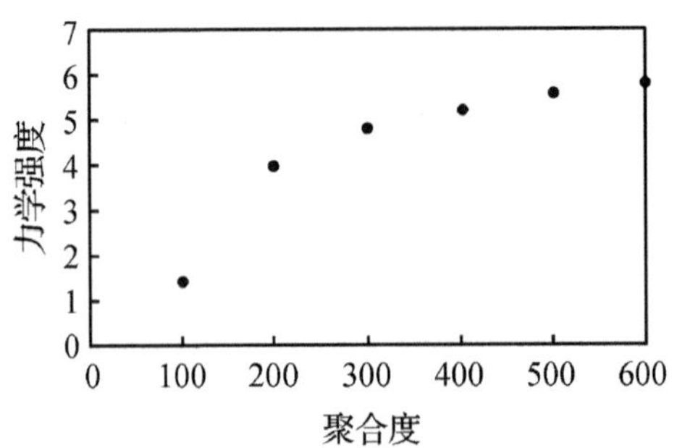

图 3.20　聚合度对材料力学性能的影响

2. 纤维素分级方法

纤维素是天然高分子，其分子量是不均一的，平均分子量相同的试样，其分子量分布却可能有很大的差别。分子均一的纤维素，其化学反应性能比较一致，对强度的贡献也较大，因此，在研究纤维素的性能以及用纤维素为原料进行进一步加工时，往往需要对纤维素原料按分子量大小进行分级。比较常用的纤维素分级方法有溶解分级法、沉淀分级法、凝胶色谱法等，前两者是利用溶解度的差异进行分级的方法，凝胶色谱法是利用分子运动性质分级的方法。

（1）溶解分级法：纤维素的溶解性质随分子量的大小而不同，分子量大的不容易溶解，而分子量小的易溶解。此外，还与溶剂的性质及浓度有关，在纤维素中加入纤维素溶剂，低分子量的纤维素首先溶解，而高分子量的溶解较迟。通过改变溶剂的浓度、用量、温度，使纤维素逐次溶解，便可按分子量将纤维素分成不同级分。常用溶剂有铜氨溶液、铜乙二胺溶液、磷酸、氢氧化钠水溶液等。

（2）沉淀分级法：在纤维素溶液或纤维素酯的溶液中逐步加入沉淀剂，降低在原有溶剂中的溶解能力，分子量大的纤维素首先沉淀，将沉淀分离；再增大沉淀剂用量，溶剂溶解能力进一步减小，最终使不同分子量的纤维素依次沉降出来，达到分级目的。为避免纤维素氧化降解，可先将纤维素酯化。

（3）凝胶渗透色谱法（Gel Permeation Chromatography，GPC）：根据物质分子大小差异进行分离，利用分子筛分离物质的一种方法，大小不同的分子在多孔固定相中的选择性渗透而达到分离的目的。分离原理是：凝胶渗透色谱柱的固定相是一种表面惰性、含有许多不同尺寸的孔穴或立体网状结构的凝胶。当被分离混合物通过凝胶色谱柱时，比固定相孔穴尺寸大的分子不能进入孔穴而被排斥，先流出色谱柱；尺寸小的分子则渗入其中最后流出，因此被分离组分依相对分子量由高到低的顺序依次流出色谱柱（见图3.21）。

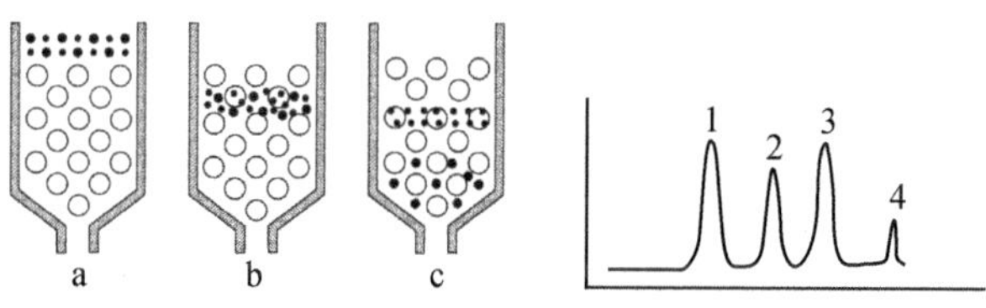

图3.21　GPC法纤维素分级

3.4　纤维素的物理性质

3.4.1　纤维素的基本性质

纤维素的基本性质如表3.7所示。

表3.7　纤维素基本性质

类别	性质
纤维平均长度	针叶材浆：3.1 ~ 3.4 mm，阔叶材浆：0.85 ~ 1.2 mm，竹浆：2.7 mm，秸秆浆：1.41 mm，甘蔗渣浆：1.7 mm，Linter：9 mm
纤维宽度	针叶材浆：31 μm，阔叶材浆：20 ~ 21 μm，竹浆：14 μm，秸秆浆：15 μm，甘蔗渣浆：20 μm，Linter：19 μm
聚合度	天然纤维素：1000 ~ 10000，再生纤维素：250 ~ 800
Level off 聚合度	高等植物纤维素：200 ~ 300，碱润胀纤维素：80，再生纤维素：40
密度	天然纤维素：1.5 ~ 1.9 g/cm^3，再生纤维素：1.5 ~ 1.69 g/cm^3
比抵抗（65% 相对湿度）	天然纤维素：105 ~ 109 Ωcm，再生纤维素：10^{10} ~ 10^9 Ωcm

续表

类别	性质
比诱电率（65% 相对湿度）	天然纤维素：3 ~ 6，再生纤维素：3 ~ 7
折光率	天然纤维素：1.6 ~ 1.7，再生纤维素：1.5 ~ 1.6
热降解起始温度	200 ~ 270℃
发火点	390 ~ 420℃
最大火焰温度	850℃
65% 相对湿度最大含水率	天然纤维素：7% ~ 8%，再生纤维素：12% ~ 14%
纤维饱和点含水率	棉纤维素：15%，Linter 纤维素：12%，rayon 纤维素：26% ~ 30%
比表面积（氮气吸附法）	0.35 m^2/g（热干燥针叶材亚硫酸盐浆），5.3 m^2/g（冷冻干燥针叶材亚硫酸盐浆），0.6 ~ 0.72 m^2/g（棉纤维素），0.3 ~ 0.4 m^2/g（粘胶纤维）
比表面积（蒸汽吸附法）	1000 m^2/g（未干燥针叶材浆），135 m^2/g（棉纤维素），292 m^2/g（粘胶纤维），135 m^2/g（CF1）
羧基含量	<0.01 meq/g（Linter 纤维素），0.02 ~ 0.03 meq/g（溶解亚硫酸浆），0.01 ~ 0.03 meq/g（前水解硫酸盐浆），0.02 ~ 0.1 meq/g（漂白硫酸盐纸浆）
醛基含量	<0.03 meq/g

Marcer 化纤维素：碱润胀纤维素；Viscose rayon：粘胶纤维　Linter：一种棉纤维；Level off 聚合度：稀酸水解到一定程度时聚合度保持稳定值

3.4.2 纤维素的吸湿与解吸

纤维素的游离羟基对能够可及的极性溶剂和溶液具有很强的亲和力。纤维素自大气中吸收水或蒸汽称为吸附（absorption），因大气中降低了蒸汽压而自纤维素释放出水或蒸汽称为解吸（desorption）。

纤维素能够吸附水的内在原因是：在纤维素链分子无定形区中的部分羟基没有形成氢键，仍是游离羟基。由于羟基是极性基团，易于吸附极性水分子，并与吸附的水分子形成氢键结合。纤维素吸附水蒸汽的现象对纤维素的许多重要性质有影响，例如随着纤维素吸附水量的变化引起纤维素润胀或收缩，纤维素的强度和电化学性质也会发生变化，此外，在纸的干燥过程中，产生纤维素对水的解析。

纤维素吸附的水可分为两部分，一部分是进入纤维素无定形区与纤维素的羟基形成氢键的水，称为结合水。这种结合水具有非常规的特性，即最初吸着力强，并伴有热量释放，使纤维素发生润胀，还产生对电解质溶解性下降等现象，因此结合水又称为化学结合水。当纤维素吸湿达到饱和点后，水分子继续进入细胞腔和各空隙中，形成多层吸附水，这部分水称为游离水或毛细管水。结合水属于化学吸附，而游离水属于物理吸附。

图3.22是棉花纤维素的吸附等温曲线，随着相对湿度的增加，吸附水量迅速增加，吸附水后纤维发生润胀，但不改变其结晶结构，X-射线图没有变化，说明吸附水只在无定形区，结晶区没有吸附水。相对湿度较低（20% ~ 25%）时，水分子被吸附

在原来无定形区的游离羟基上，并形成氢键，这部分的吸水量相对较低，为2%～4%；随着相对湿度增加（20%～60%），氢键破坏程度增加，更多羟基游离出来，因此吸附水缓慢增加；相对湿度增加到60%以上时，由于纤维素的进一步润胀，将会出现更多的吸附中心。故纤维素的吸附等温曲线呈现“S”形曲线。如果吸附水含量达到饱和然后相对湿度降低，则吸附水含量降低，但在一定的相对湿度下，其解吸水含量都比吸附水含量稍高。同一种纤维素，在同一温度和同一相对湿度下，纤维素吸附时的吸附水含量低于解吸时的吸附水含量的现象，称为滞后现象。

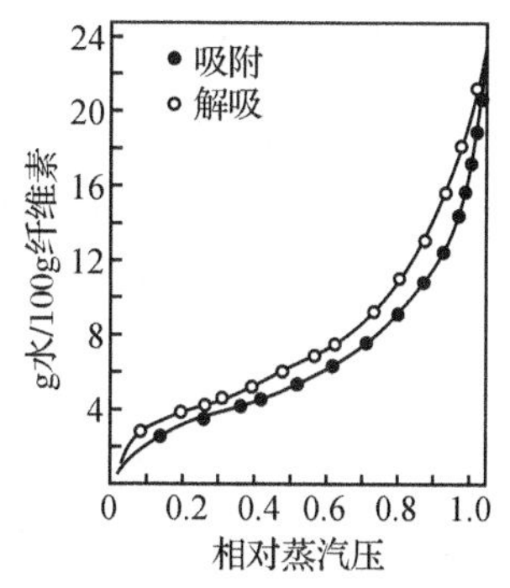

图 3.22　棉纤维素的吸附等温曲线

为什么会发生滞后现象呢？由于纤维素结晶区内纤维素链分子的羟基都形成了氢键，分子间结合紧密，而无定形区纤维素链分子只有部分形成氢键，还有部分未形成氢键的游离羟基。当纤维素吸附时发生润胀，其无定形区的未形成氢键的游离羟基与水分子形成氢键。在解吸过程中，润张的纤维素脱水收缩，无定形区没有形成氢键的游离水首先脱水，其次脱去与纤维素形成氢键的水，解吸过程中，游离羟基与水分子间的氢键未完全可逆地打开，致使部分水分子留在纤维素上，故吸附水较多，产生滞后现象。

3.4.3　纤维素的润胀

纤维素纤维吸收极性液体之后，大分子之间的内聚力削弱，纤维变软，体积增大，但仍保持可见的均一性，这种现象为纤维素的润胀。润胀是高分子化合物的特性之一。纤维素纤维的润胀过程，按照润胀剂所及的区域，可分为结晶区的润胀与非结晶区的润胀。溶剂只能进入微纤丝的非结晶区，不引起X-射线图谱变化的润胀，即非结晶区的润胀；若溶剂不仅能进入非结晶区，而且也能使结晶区发生润胀，并形成润胀化合物而产生新的X-射线图谱的，称为结晶区的润胀。润胀使分子间内聚力减少、固体变软、体积变化，但均一性不变，属于有限润胀。纤维素吸收极性溶剂之后，天然纤维素结晶Ⅰ的X射线衍射图逐渐消失，但并不出现新的X射线衍射图，纤维素以分子状态进入溶液，称为纤维素的溶解，属于无限润胀。

1. 水分对纤维素的润胀

水分对纤维素的润胀是非结晶区润张的实例之一，在一定的相对湿度的空气中，纤维素羟基可吸附一定量的水分，使纤维素纤维的直径变粗。在100%的相对湿度下，纤维素纤维的直径增加20%～25%，在水中浸泡直径增加25%，但纤维轴向的变化很少。

2. 纤维素在碱金属氢氧化物中的润胀

纤维素在稀碱溶液中浸渍也会产生非结晶区润胀，其润胀程度比水的润胀大。纤维素在某浓度以上的强碱溶液中浸渍，会剧烈润胀，出现新的X-射线图谱，即产生结晶区的润胀。纤维素在氢氧化钠溶液中的润胀称为Mercer化，不同浓度的氢氧化钠溶液，不仅引起纤维不同程度的润胀，而且还会形成具有不同X-射线图谱、不同化学组成的碱纤维素。当氢氧化钠的浓度10%以下时天然纤维素Ⅰ的X-射线图保持不变，但浓度达到约15%时出现新的X-射线图谱，此时天然纤维素Ⅰ变成纤维素Ⅱ。

碱纤维素是制备多种纤维素衍生物的中间产物，在工业生产上具有实际意义。碱液种类、碱液浓度、碱液温度均对纤维素润胀有影响。

（1）碱液种类：碱金属离子润胀能力、润胀度与碱金属离子半径成反比（见图3.23）。碱液中的金属离子通常以水合离子的形式存在，半径愈小的碱金属离子对外围水分子的吸引力越强，润胀度越大，其润胀能力的次序为：LiOH＞NaOH＞KOH＞RbOH＞CsOH。

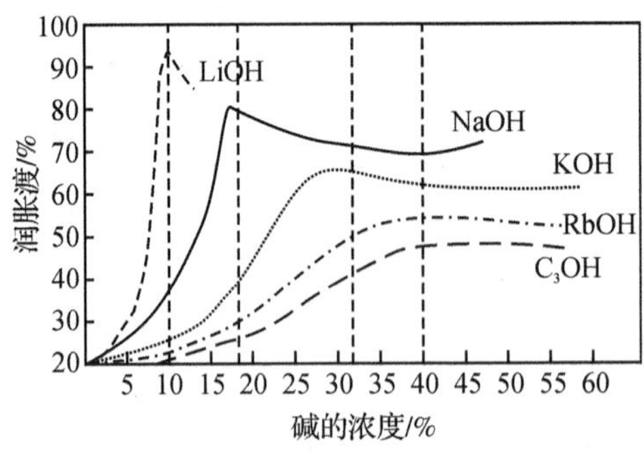

图3.23　棉花的润胀度与各种碱液浓度间的关系（在25℃）

（2）碱液浓度：在常温下，将棉纤维放在NaOH溶液中浸渍，当NaOH的浓度低于8%时，其润胀度随碱液浓度提高而缓慢增加，当碱液浓度超过8%以后，润胀度迅速增大，碱液浓度达到17.5%（20℃）时，润胀度达到最大值，即96%。碱液浓度超过17.5%，润胀度反而降低，这是因为在稀的NaOH溶液中，Na^+水化度尽管很大，但Na^+数量较少，不足以引起强烈润胀；而碱液浓度太高，Na^+数量虽多，但水化度小，因而润胀度反而下降。

（3）碱液温度：纤维素润胀是放热效应，因此，温度低时，离子水化度大，对纤维素润胀有利。

3. 浓酸溶液对纤维素的润胀与溶解

研究纤维素在浓酸溶液中的润胀和溶解，对于正确理解木材在酸性溶液中的水解过程及木材细胞壁微细结构具有一定的意义。木材浓酸水解的第一个阶段实质上就是纤维素的润胀。纤维素在浓酸溶液中的润胀，如同在碱金属溶液中润胀那样，有一个产生最大润胀的酸液浓度，如当硫酸浓度增加到64.5%时，润胀度达最大值，木纤维细胞壁为原来的358.6%，以后再增加浓度时，润胀度迅速下降，这是因为酸液浓度达到64.5%时，纤维素有轻度的溶解，并发生水解反应，形成少量葡萄糖。葡萄糖与酸结合，降低了酸的浓度，因而再提高酸液浓度，纤维素的润胀度反而下降。

不同种类的酸对纤维素的润胀、溶解能力不同。棉花纤维素在55% ~ 75%的硫酸中产生润胀，62.5%的硫酸最适宜用作丝光化处理，当硫酸浓度达76%时，5秒即可得到高度润胀产物，延长时间，纤维素就溶解，用硫酸润胀纤维素最佳的温度范围是0 ~ 20℃；磷酸的浓度在75%以下时纤维素润胀，浓度在81% ~ 85%及92% ~ 97%范围时纤维素则溶解；硝酸浓度在59% ~ 69%引起纤维素结晶区间和结晶区内的润胀，浓度超过69%则发生硝化；棉花纤维素在40% ~ 42%的盐酸中能迅速溶解，而木浆在此浓度以下就能溶解；三氟化氢能溶解纤维素，但水解反应却不可避免。纤维素之所以能溶于浓酸，有人认为是由于纤维素与酸分子能形成鲜化物（氧原子由二价变成四价），其结构式（见图3.24）。

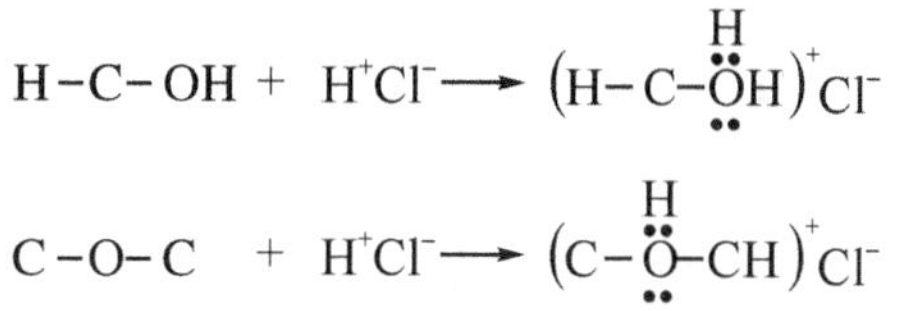

$$\text{H-C-OH} + \text{H}^+\text{Cl}^- \longrightarrow (\text{H-C-}\ddot{\underset{\cdot\cdot}{\text{O}}}\overset{\text{H}}{}\text{H})^+\text{Cl}^-$$

$$\text{C-O-C} + \text{H}^+\text{Cl}^- \longrightarrow (\text{C-}\overset{\text{H}}{\ddot{\underset{\cdot\cdot}{\text{O}}}}\text{-CH})^+\text{Cl}^-$$

图 3.24　纤维素与酸分子能形成鲜化物结构式

另外，鲜化物就是与水结合的分子化合物，如（$C_6H_{10}O_6 \cdot 4H_2O \cdot H_2SO_4$）$_n$，（$C_6H_{10}O_5 \cdot 4H_2O \cdot HCl$）$_n$等，在浓酸中非常稳定，成为单相溶液。当用水稀释即进行分解，浓酸水解就是利用这样的原理得到了产率很高的葡萄糖。

温度也是对浓酸润胀、溶解的影响因素。据测定，温度对不同浓度的硫酸溶解纤维素的影响有所不同（见表3.8）。温度对65%硫酸溶液影响最小，对80%硫酸影响最大。因此，随着酸浓度增加，温度对纤维素溶解度的影响也增加。

表3.8　硫酸浓度、温度和纤维素最大溶解度之间的关系

温度 / ℃	100mL 各种硫酸浓度中纤维素溶解的克数		
	65%	71%	80%
15	34	42	57
25	35	48	69
35	38	53	84

根据奥钦佐夫在含葡萄糖的酸液中对纤维结构变化的研究，发现初生壁几乎不发生润胀，但是在次生壁润胀压的作用下，会产生纵向开裂或横向开裂，如果强烈润胀，多呈横向开裂，如果缓和润胀，则出现纵向开裂。

浓酸对纤维素的润胀及溶解作用不仅与水解工业关系密切，在造纸工业中也有实际意义。如用在仿羊皮纸的制造上，仿羊皮纸又称硫酸纸，是用原纸在71%左右浓硫酸中适当润胀后脱酸压榨、干燥而制成的，可作绘图纸等用。

4. 盐类溶液对纤维素的润胀与溶解

无机盐溶液对纤维素的润胀与溶解能力可归因于离子水化度，而离子水化度又与离子促变序列（Lyotropic Series）有关。能引起纤维素润胀的盐通常具有一个高度水化的阳离子和一个大而水化度较小的阴离子。从表面上看，氯化锌似乎不符合上述规律。但实际上，氯化锌在溶液中形成复杂的离子$Zn^{2+}(ZnCl_4)^{2-}$，溴化锌也具有类似的结构，能引起纤维素剧烈润胀的阴离子是I^-、CNS^-、HgI_4^{2-}、$ZnCl_4^{2-}$等。

无机盐对纤维素的润胀过程如下：当一个离子被纤维素吸附后，为了维持电中性，平衡离子必然紧紧相随，而纤维素也同时因离子周围的结合水而产生润胀。吸附放出的热会引起水化物离解，有助于释放游离水促进润胀，然而一部分盐被纤维素表面截留，会使润胀有所抵消。

氯化锌溶液对纤维素的润胀具有实际意义。在造纸工业中，常用浓氯化锌溶液处理纤维素使之润胀，用来制造钢纸。在活性炭生产上也经常使用氯化锌。纤维素在浓度低于60%的$ZnCl_2$溶液中，在25℃下，作用缓慢，如棉花纤维素在50% $ZnCl_2$溶液中只能慢慢松开；而在70%溶液中，在20℃下处理1小时就会引起超分子结构的变化，吸碘量增高，水平聚合度降低，但试样的聚合度不变。氯化锌溶液对纤维素有去晶作用，浓度低于50%的$ZnCl_2$，去晶作用不明显；在50%与饱和浓度之间呈现两个结晶度参数的最低值，即有两个最大润胀区；最小结晶度出现在60%～72%浓度，润胀时间从1小时延长到5小时，温度从20℃提高到35℃，都会增强去晶作用。$ZnCl_2$溶液与纤维素间是否会形成润胀化合物，晶格能否从纤维素I变成纤维素Ⅱ，至今仍未阐明。值得注意的是，提高温度会促进氯化锌溶液对纤维素的润胀。

盐酸与弱碱的其他盐类如氯化铝、四氯化锡、四氯化钛等，对纤维素的作用也与氯化锌相似。但这些盐水解所生成的盐酸对纤维素的降解作用较氯化锌更为剧烈。纤维素在高温下也能溶于浓的中性盐溶液。硫氰酸盐对纤维素的分散作用最大，低聚合度纤维素与硫氰酸钾饱和溶液在120℃下加热时，可得到5%纤维素溶液，一经冷却则凝结而成凝胶。盐的阳离子水化程度越高，纤维素在其溶液内的润胀也越剧烈，其润胀度按下列次序有规律地降低：

$Li^+>Na^+>K^+>Rb^+>Cs^+$；$Mg^{++}>Ca^{++}>Sr^{++}>Ba^{++}$；$CNS^->I^->Br^->Cr^->F^-$

3.4.4 纤维素的溶解

1. 纤维素溶解的意义

纤维素不溶于普通溶剂，因此在纤维素工业上或者理论研究上，都要把它先转变成衍生物。在纤维素工业上，如再生纤维素纤维、玻璃纸、塑料、胶片、喷涂等工业部门，都是用纤维素衍生物的溶液进行加工成形的。研究纤维素的溶剂，特别是新溶剂，一直是人们长期所关注的。如果能将天然纤维素完全溶解在溶剂中，即纤维素均匀地分散在溶剂中，那将给纤维素化学工业带来巨大的变革。因此，纤维素新溶剂的研究具有重要的实际意义。

（1）作为纤维素的成型溶剂利用：天然纤维素的长度是有限的，如木材纤维大多小于3mm，棉花或韧皮纤维也就数cm以内，将纤维素纤维溶解在溶剂中，通过纺丝可将纤维长度变成无限长，可制成纤维素膜，吸管状或中空的纤维都变成可能。

（2）作为纤维素化学反应介质利用：将纤维素溶解在溶剂中，纤维素可进行均相反应，从而提高纤维素羟基的反应活性，通过控制化学改性的反应条件可制得具备分子设计的化学结构和性能的纤维素衍生物。

（3）作为纤维素分析手段利用：将纤维素溶解在溶剂中，可测得纤维素分子量及其分布。通过研究纤维素溶解状态，可探讨纤维素分子运动、超分子结构、化学反应性及与其他物质的相互作用等纤维素相关的基础知识。

2. 纤维素溶剂种类

根据纤维素羟基与溶剂的相互作用，将纤维素溶剂分为作为酸作用的溶剂、作为碱作用的溶剂、形成络合物的溶剂和形成衍生物的溶剂四类；也有根据溶剂中是否含水，纤维素溶剂可分为含水溶剂和非水溶剂两大类。本书主要介绍纤维素含水溶剂和非水溶剂。

（1）纤维素含水溶剂

含水溶剂可分为酸类、盐类、铵类和碱类（见表3.9）。

表3.9 纤维素含水溶剂体系

溶剂体系	主溶剂	添加剂	溶解状态、特征
无机酸类	72% 硫酸		溶媒和酸解
	82% 磷酸		溶媒和酸解
无机盐类	64%$ZnCl_2$ 水溶液		溶媒和酸解
	58%$Ca(SCN)_2$ 水溶液		溶媒和加热酸解
铵类	水	N- 甲基氧化吗啉	络合物、加热熔融溶解
碱类	水	Cu(乙二胺 $)_2(OH)_2$	络合物、溶解性好、青色
	水	Cd(乙二胺 $)_3(OH)_2$	络合物、溶解性好、无色
	水	Co(乙二胺 $)_3(OH)_2$	络合物、溶解性好、氧化
	水	Ni(乙二胺 $)_2(OH)_2$	络合物、溶解性好、氧化
	水	Zn(乙二胺 $)_2(OH)_2$	络合物、溶解性不好、无色
	水	$Cu(NH_3)_4(OH)_2$	络合物、溶解性好、氧化、不稳定
	水	$(C_4H_3O_6)_3FeNa_6$	络合物、溶解性好
	水	$NaOH+CS_2$	衍生物、稳定
	水	NaOH	溶媒和、需前处理

① 无机酸：作为溶剂时，纤维素发生酸水解，纤维素低分子化是不可避免的。无机酸溶解机理：在酸的作用下，纤维素苷键断裂，聚合度下降。将纤维素溶解在浓酸中，再加水稀释可保持纤维素溶解状态。Isogai等用85%磷酸溶解纤维素，获得聚合度为15或7的低分子量纤维素，用于纤维素与溶剂的相互作用（溶解状态）的研究。

② 碱类：纤维素在碱性条件下比较稳定，通过溶解条件的选择可调控纤维素聚合度降低。在碱性条件下的溶解机理：在NaOH水溶液中，Isogai等采用聚合度为15的低聚糖研究了不同浓度NaOH条件下的溶解状态。^{1}H–NMR和^{13}C–NMR研究结果表明，在不同的NaOH浓度条件下，纤维素葡萄糖单元的6个碳原子的化学位移不同。随着NaOH的浓度升高，C_1和C_4位向高磁场（低ppm）位移，而C_2、C_3、C_5、C_6位向低磁场（高ppm）位移。溶液的NMR化学位移的变化主要是反应电子密度，说明C_2、C_3、C_5、C_6位的电子密度减少，而C_1和C_4位的电子密度增加。研究结果表明，NaOH浓度低时C6位的伯羟基解离，高浓度NaOH条件下，C_2位甚至C_3位的仲羟基也解离（见图3–24）。

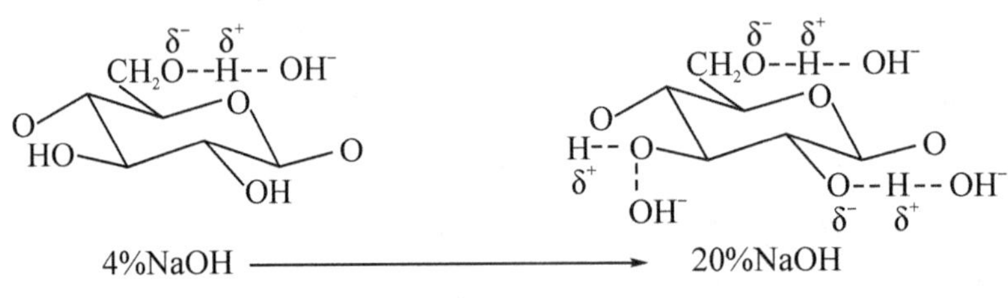

图 3–24　不同 NaOH 浓度下的纤维素羟基解离状态的变化

③ 铜氨溶液、铜乙二胺溶液：铜氨溶液、铜乙二胺溶液等也属于碱性溶液，较纯NaOH溶液对纤维素的溶解能力强，因此粘度法测定纤维素分子量采用这些溶剂。铜氨溶液（Cuam）是纤维素的碱性溶剂中溶解能力较强，是最普遍使用的一种溶剂。铜氨溶液是氢氧化铜与氨生成的铜四氨氢氧化物（见图3.25），即$Cu(NH_3)_4(OH)_2$，但这并不是唯一的络合物。纤维素铜氨溶液对空气中的氧非常敏感，只要有极微量的氧存在，便可使纤维素发生强烈的氧化降解，因此必须加入阻氧剂。常用的阻氧剂有：多元醇（甘油、甘露糖、蔗糖等）、亚硫酸钠、亚硫酸氢钠、纯净的金属铜等。纤维素在铜氨溶液中的溶解度取决于纤维素的聚合度及铜氨溶液中的含铜量和氨的浓度。适用于测定纤维素聚合度的铜氨溶液组成为：氢氧化铜水溶液（1.5%）、氨（20%）、蔗糖（0.2%）。

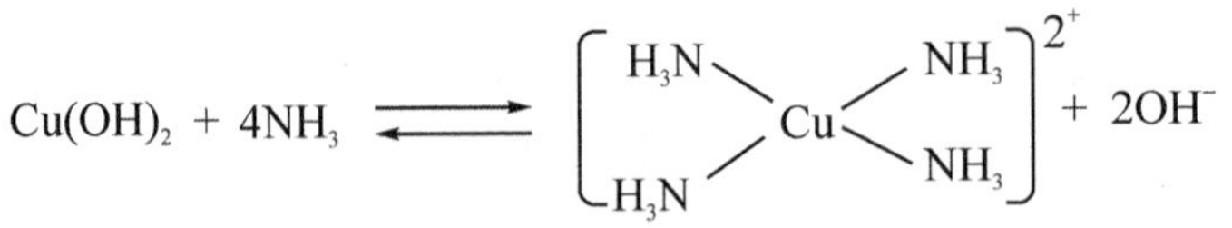

$$Cu(OH)_2 + 4NH_3 \rightleftharpoons \left[Cu(NH_3)_4\right]^{2+} + 2OH^-$$

图 3.25　铜氨溶液 Cuam 结构

将氢氧化铜溶于等当量的高浓度的乙二胺水溶液中，即可制得铜乙二胺溶液（Cuen），其结构式如图3.26所示。适用于纤维素分子量测定的铜乙二胺溶液的组成为：铜与乙二胺的克分子比为1∶2；而Cuam中Cu：NH_3的克分子比为1∶50。纤维素在Cuen中要比在Cuam中稳定，因此使用Cuen测定的纤维素聚合度要略高于Cuam测定值。纤维素铜乙二胺溶液对空气的稳定性比铜氨溶液好些，纤维素受到的氧化降解较少，从纤维素聚合度的测定方法来看，铜乙二胺法常比铜氨溶液法所测的黏度值高。

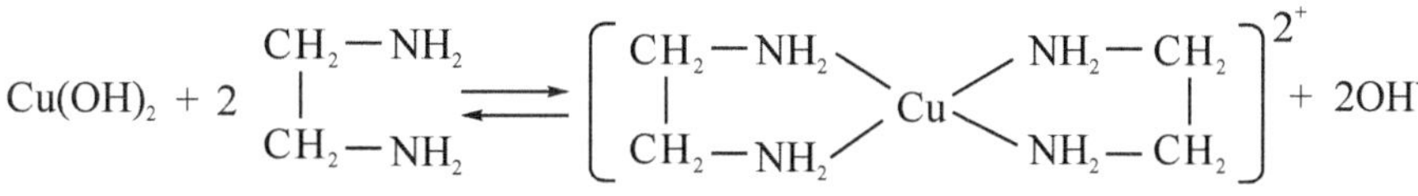

图 3.26　铜乙二胺氨溶液 Cuen 结构

铜氨溶液和铜乙二胺溶液中的氢氧离子、氨或乙二胺，都是纤维素的优良润胀剂，它们可以破坏超分子结构，使分子链间的氢键断裂，进而使分子链分散到溶剂中，形成润胀化合物，从而防止纤维素分子链重新聚集，使溶液保持稳定。Miyamoto等研究结果表明铜氨溶液和铜乙二胺溶液中的铜与纤维素的C_2和C_3位的羟基形成络合物（见图3.27）。纤维素的铜氨络合物受稀酸作用时，可迅速地完全分解络合物使纤维素再生，工业上利用这种方法制备铜氨纤维素纤维。用铜氨法也可制出高质量的血液透析膜。自1857年Schweizer研制出铜氨溶液以来，在很长一段时期里，铜氨溶液和铜乙二胺溶液被认为是纤维素的优良溶剂。

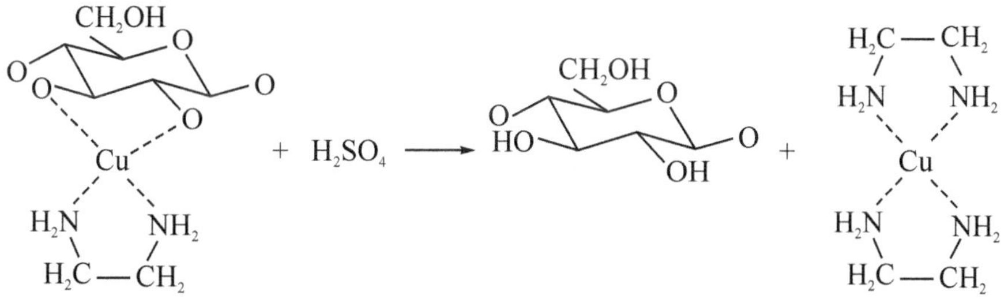

图 3.27　纤维素与铜乙二胺溶液的相互作用

④ 其他金属胺溶剂：20世纪50年代，Jayme等发现钴乙二胺配合物能溶解纤维素，进而用镉、镍、锌、钴等代替铜乙二胺中的铜，分别制得镉乙二胺、镍乙二胺和锌乙二胺等，这类溶剂与纤维素间的作用，并不都像铜乙二胺那样形成牢固结合的铜-高聚糖配合物，如纤维素在镉乙二胺溶液中只能形成结合不牢靠的配合物。

表3.8 纤维素的金属配合物溶剂

名称	化学式	颜色	组成	研究者	年份
铜氨溶液	$Cu(NH_3)_4(OH)_2$	紫色	$Cu+NH_4OH$	Schweizer	1857
铜乙二胺	$Cu(en)_2(OH)_2$	紫色	$Cu(OH)_2+H_2N-(CH_2)_2-NH_2$	Traube	1911
钴乙二胺	$Co(en)_3(OH)_3$	深红色	$CO(OH)_2+H_2N-(CH_2)_2-NH_2$	Jayme	1951
EWNN*	$Fe(C_4H_3O_6)_3Na_6$	绿色	$Fe(NO_3)_3$+Na- 酒石酸盐 -NaOH	Jayme	1954
镍氨溶液	$Ni(NH_3)_6(OH)_2$	深蓝色	$Ni(OH)_3+NH_4OH$	Jayme	1955
镍乙二胺	$Ni(en)_3(OH)_2$	紫色	$Ni(OH)_3+H_2N-(CH_2)-NH_2$	Jayme	1955
锌乙二胺	$Zn(en)_3(OH)_2$	透明的	$N(OH)_3+H_2N-(CH_2)-NH_2$	Jayme	1957
脲一碱	$NH-CO-NH_2)_2$	深紫色	$CuSO_4$+ 缩二脲 +KOH	Jayme	1957
镉乙二胺	$Co(en)_3(OH)_3$	透明的	$CdO+H_2N-(CH_2)_2-NH_2$	Jayme	1957

*EWNN：铁 – 酒石酸 – 钠配位剂。

⑤ 铁–酒石酸–钠配位剂（EWNN）：EWNN溶液有两种：一种呈绿色，由$Fe(OH)_3$：酒石酸：碱金属以1：3：6的比例溶于NaOH中制成的；另一种显棕色，由铁：酒石酸：碱金属按照1：1：1的比例溶于NaOH中制备的。两种组成的EWNN对纤维素有较大的溶解能力，而且对氧较稳定，是纤维的理想溶剂。

第一种组成的绿色配合物[Fe（Ⅲ）（$C_4H_3O_6$）$_3$]Na_6的可能结构如图3.28所示。

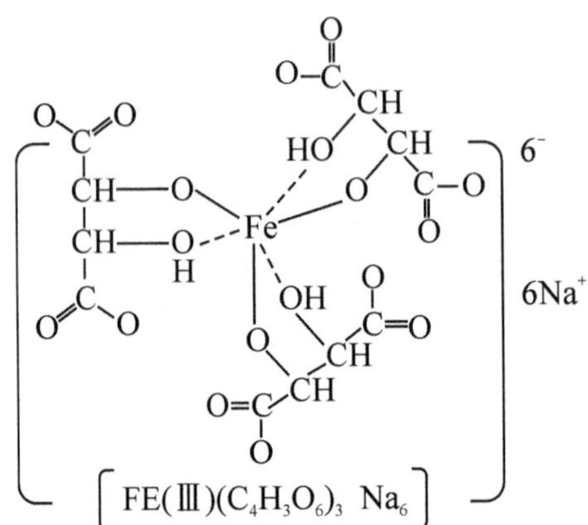

图3.28 [Fe（Ⅲ）（$C_4H_3O_6$）$_3$]Na_6的可能结构

由于EWNN溶液比其他溶剂对氧化降解不敏感，因此，它首先应用在纤维素的分子量测定方面。此外，采用GPC法对纤维素进行分级，如用0.2M酒石酸钠将EWNN溶剂稀释至1：1作为淋洗剂，以葡萄糖为标样，以Sephadex为柱填充物，对纤维素进行分级；也有用EWNN纤维素浓溶液制备再生纤维素以及用这种溶剂制造无纺布。

（2）纤维素的非水溶剂

纤维素的非水溶剂是指以有机溶剂为基础的纤维素溶剂，早在20世纪40年代就已发现。非水溶剂能更深刻地反映纤维素的溶解过程与纤维素结构的关系，并且能选择再生纤维素纤维的抽丝工艺，以及应用在均态下制备纤维素酯、醚等衍生物方面。1947年Fowler等在硝化物、酯、腈等的有机溶剂中加入N_2O_4后即能很好地溶解纤维素，而且纤维素既未氧化又未硝化，之后许多学者从事于纤维素非水溶剂的研究，先后提出了数十种纤维素非水溶剂体系。

纤维素非水溶剂体系通常由主溶剂和活性剂组成。在一般情况下，活性剂的用量较大，要使纤维素完全溶解，每克分子葡萄糖单元至少需要3克分子活性剂。质子与非质子有机液都可作为活性剂使用，或作为主溶剂使用，但必须具有相当高的极性。常用的非水主溶剂和活性剂（见图3.29），大多数其本身就是相当强的纤维素润胀剂，在一类溶剂体系里，其成分的可变性取决于活性剂的种类。溶解纤维素的适宜浓度范围视溶剂种类，即活性剂的种类以及所选择的特殊成分而定，有时也视纤维素的物理结构而定。

主溶剂

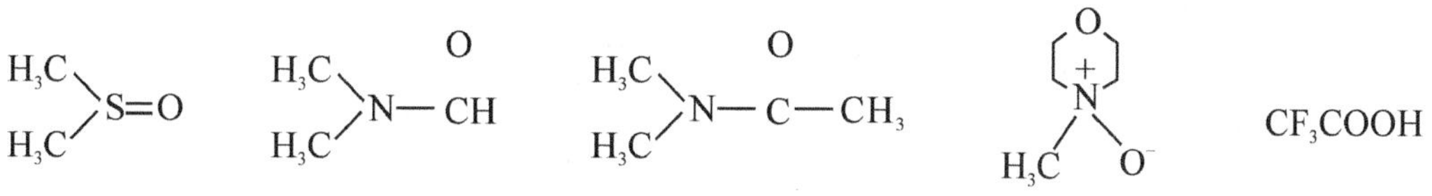

$(H_3C)_2S{=}O$ 二甲基亚砜

$(H_3C)_2N{-}CH{=}O$ 二甲基甲酰胺

$(H_3C)_2N{-}C(=O){-}CH_3$ 二甲基乙酰胺

N-甲基氧化吗啉

CF_3COOH 三氯醋酸

活性剂

$HCHO$ 甲醛

$HO\text{-}(CH_2O)nH$ 对羟基甲醛

Cl_3CCHO 三氯乙醛

N_2O_4 四氯化二氮醛

$NOCl$ 亚硝酰氯

$SO_2+(CH_3CH_2)_2NH$ 二氧化硫+二乙胺

$SO_2+(CH_3CH_2)_3NH$ 二氧化硫+三乙胺

$LiCl$ 氯化锂

图3.29 非水溶剂的主溶剂和活性剂的化学结构

表3.9 纤维素非水溶剂体系

溶剂体系	主溶剂	活性剂	溶解状态、特征
甲醛类	DMSO	多聚甲醛	衍生物、稳定、不均匀
	DMSO	甲醛	同上
	DMSO/DMF	Cl_3CCHO	衍生物、时间长
SO_2- 胺类	DMSO	SO_2- 二乙胺	络合物、短时间溶解、不稳定
	DMSO	SO_2- 三乙胺	同上
NO-X	DMF/DMSO	N_2O_4	衍生物、分解、副反应
	DMF/DMSO	NOCl	同上
LiCl	DMAc/DMF	LiCl	络合物、稳定、活化处理

续表

溶剂体系	主溶剂	活性剂	溶解状态、特征
含硫	DMSO	SO_3	衍生物
	DMSO	$SOCl_2$+ 三乙胺	衍生物
	DMSO	CS_2+ 胺	衍生物
含氮	DMSO	CH_3NH_2	络合物
	DMSO	N_2H_2	络合物
	DMSO	N- 乙锂	络合物
其他	CH_2Cl_2	CF_3COOH	衍生物

非水溶剂不含H，但非水溶剂极性强，如二甲基甲酰胺（DMF）、乙醇胺、二甲基亚砜（DMSO）等，其本身就是相当强的纤维素润胀剂，和活性剂一起与纤维素羟基相互作用，可使纤维素几乎全部的羟基形成络合物或衍生物，从而使纤维素溶解在溶剂体系中。

① DMSO/PF溶剂：二甲基亚砜（DMSO）中含0.5%的可溶性的聚甲醛（PF），是纤维素的一种良好的溶剂，溶解能力强、不引起纤维素降解，聚合度为16-8000的纤维素试样都能溶解，对含有一定量木质素的高得率浆也能部分溶解。溶解所形成的纤维素溶液像水一样清澈，加水或甲醇后可使纤维素再生。因此，这种溶剂既适合于作光散射测定分子量，亦可在工业上用来生产再生纤维素纤维。DMSO的作用是：先引起纤维素润胀，使纤维素与甲醛的反应均匀；形成$-OCH_2OH$后，通过氢键结合使$-OCH_2OH$稳定，从而可防止纤维素链缔合在一起，避免由溶液中沉淀出来。DMSO/PF溶解纤维素的溶液只要不吸水，可以稳定几个月。

② DMF/N_2O_4或DMF/N_2O_4溶剂：Williams将少量的N_2O_4加入DMSO，Schweinger将N_2O_4或NOCl加入DMF、DMAC（二甲基乙酰胺）中作为纤维素的新溶剂。这类溶剂对纤维素的溶解主要是生成纤维素亚硝酸酯。

③ 纤维素非水溶剂的溶解机理：纤维素分子间形成分子内和分子间的氢键，一部分还形成结晶结构，因此要将纤维素溶解，破坏纤维素分子内、分子间的氢键，使纤维素分子均匀地分散在溶剂中，还必须保持在溶剂中的分散状态。在非水溶剂体系中，纤维素与主溶剂反应或与活化剂相互作用，纤维素的几乎所有羟基形成不稳定的络合物或衍生物，封锁纤维素羟基使之成为疏水基团，从而使纤维素分子分散在溶剂中，并且保持溶解状态。典型的非水溶剂体系中纤维素溶解状态以及再生机理，如图3.30所示。Isogai等将纤维素溶解在非水溶剂中，通过NMR化学位移阐明了上述机理。

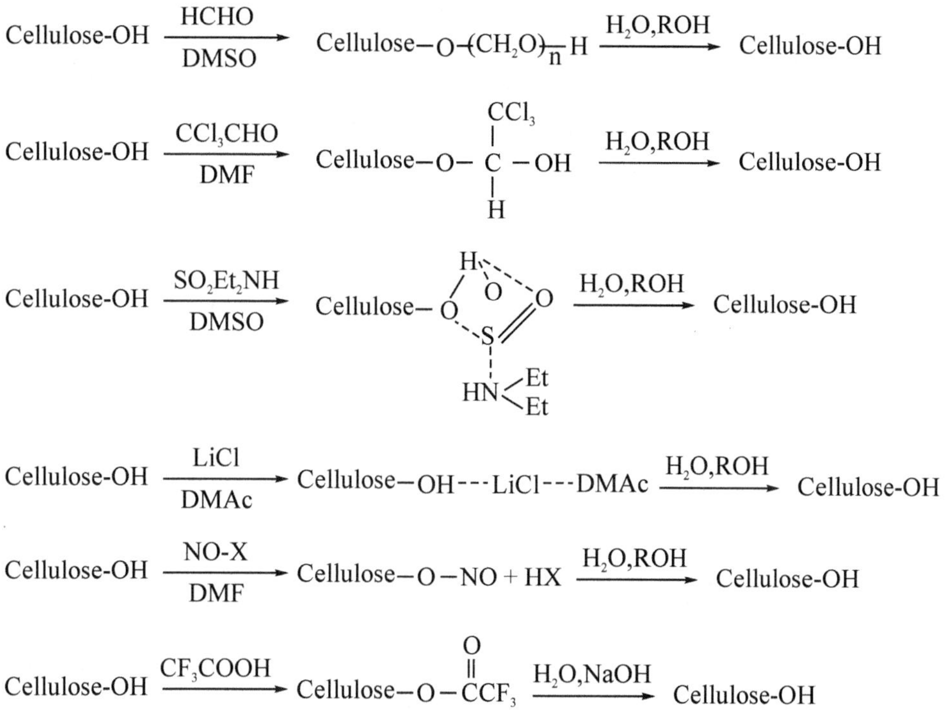

$$\text{Cellulose-OH} \xrightarrow[\text{DMSO}]{\text{HCHO}} \text{Cellulose—O}\!\left(\text{CH}_2\text{O}\right)_n\text{H} \xrightarrow{\text{H}_2\text{O,ROH}} \text{Cellulose-OH}$$

$$\text{Cellulose-OH} \xrightarrow[\text{DMF}]{\text{CCl}_3\text{CHO}} \text{Cellulose—O—}\underset{\text{H}}{\overset{\text{CCl}_3}{\text{C}}}\text{—OH} \xrightarrow{\text{H}_2\text{O,ROH}} \text{Cellulose-OH}$$

$$\text{Cellulose-OH} \xrightarrow[\text{DMSO}]{\text{SO}_2\text{Et}_2\text{NH}} \text{Cellulose—O(H}\cdots\text{O}\cdots\text{O=S}\cdots\text{O)}\text{—S(HNEt}_2\text{)} \xrightarrow{\text{H}_2\text{O,ROH}} \text{Cellulose-OH}$$

$$\text{Cellulose-OH} \xrightarrow[\text{DMAc}]{\text{LiCl}} \text{Cellulose—OH}\text{---LiCl---DMAc} \xrightarrow{\text{H}_2\text{O,ROH}} \text{Cellulose-OH}$$

$$\text{Cellulose-OH} \xrightarrow[\text{DMF}]{\text{NO-X}} \text{Cellulose—O—NO} + \text{HX} \xrightarrow{\text{H}_2\text{O,ROH}} \text{Cellulose-OH}$$

$$\text{Cellulose-OH} \xrightarrow{\text{CF}_3\text{COOH}} \text{Cellulose—O—}\overset{\text{O}}{\overset{\|}{\text{C}}}\text{CF}_3 \xrightarrow{\text{H}_2\text{O,NaOH}} \text{Cellulose-OH}$$

图 3.30 非水溶剂体系中纤维素溶解状态和再生机理

3.4.5 纤维素的电化学性质

纤维素具有很大的表面积，其表面电化学性质对造纸施胶、加填料、漂白、染色等都具有很大的影响，了解纤维素表面电化学性质，有助于阐明这些过程的机理。

纤维素纤维表面含有羟基、醛酸基等极性基团，纤维素在水中其表面总是带负电荷。在离纤维素表面由远而近有不同浓度的正电荷分布。近纤维素表面部位的正电荷浓度大，离界面越远浓度越小（见图3.31）。纤维素表面带负电荷厚度a，吸附的正电荷浓度较大，其厚度b称为吸附层，此层随纤维运动而运动；从吸附层向外延伸至电荷为零，厚度为d的一层称为扩散层，这一层不随纤维的运动而运动。吸附层和扩散层组成双电层，称为扩散双电层，扩散双电层的正电荷等于纤维素表面的负电荷。

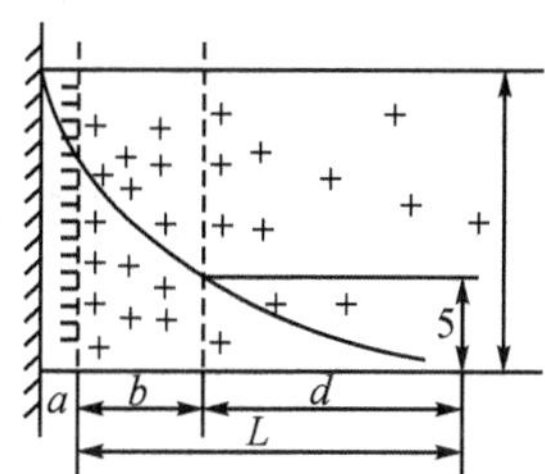

图 3.31 纤维素纤维表面的双电层

在双电层中过剩正电子浓度为零处，设其电位为零，纤维素表面处的电位相对于该处的电位之差称为电极电位。纤维素吸附层b界面相对于该处的电位之差称为Zeta电位（ζ–电位）。它代表分散在液相介质中带电粒子的有效电荷，ζ–电位的绝对值越大，离子之间的相互排斥越强，分散体系越稳定；ζ–电位的绝对值越小，离子之间的相互排斥力越弱；ζ–电位趋向零时，分散体系很不稳定，出现絮凝。

改变电解质浓度，对ζ–电位影响很大，如电解质浓度增大，则有更多的正电荷被纤维素表面的负电荷吸附到表面上，即吸附层内正电荷增加，扩散层的正电荷减少，扩散层变薄，ζ–电位下降。当加入足够的电解质时，ζ–电位为零，这时扩散层的电位也为零，此时纤维素处于等电状态。各种纤维素原料的ζ–电位是各不相同的，纸浆越纯净，ζ–电位越大，含杂质越多，ζ–电位越小。在pH值6.0–6.2的纯水中，棉花纤维素的ζ–电位是–21.4mV，α–纤维素是–10.2mV，而未漂硫酸盐纸浆是–4.2mV（见表3.12）。此外，pH值对ζ–电位也有很大的影响，pH值增大，ζ–电位绝对值增大，pH值降至2时，ζ–电位接近零。

表3.12　纸浆的ζ–电位

纸浆种类	ζ–电位/mV	
	纯净水（pH 6.0–6.2）	0.1 KCl/（mmol/L）
工业用未漂亚硫酸盐纸浆	–4.1	–6.2
工业用未漂硫酸盐纸浆	–4.2	–6.1
无灰未漂亚硫酸盐纸浆	–6.8	–7.6
无灰未漂硫酸盐纸浆	–7.3	–7.8
工业用黏液法亚硫酸盐纸浆	–7.6	–9.9
α–纤维素	–10.2	–11.1
无灰粘液法亚硫酸盐纸浆	–12.0	–13.3
无灰定量滤纸	–14.4	–10.2
标准棉花	–21.4	–16.8

纤维素表面的电化学性质直接影响到制浆造纸中一些工艺条件，如在施胶时，由于纤维素表面带负电荷，而对加入的胶料负离子（松香的皂化物$C_{19}H_{29}COO^-$）排斥，达不到施胶的效果，因此在施胶时加入电解质–矾土$Al_2(SO_4)_3$，其水解出来的Al_3会降低松香离子的ζ–电位直至为零，这样松香就会沉积在纤维素表面上了。

在纸浆染色时，可用碱性染料染色，因纤维素表面带负电，碱性染料带正电，染料离子可以被吸附在纤维素上。如果用酸性染料染色，其离子在水中带负电，则不能被纤维素吸附，所以必须加入媒染剂明矾后，改变纤维素表面的电性，使染料被纤维素吸附，达到染色的目的。

3.5　纤维素的降解反应

纤维素从植物纤维原料中分离（制浆）过程、精制（漂白）过程中受到化学、热、力学等作用，导致纤维素的结构变化，其结果对纤维素作为工业原料的品质的影响很大。另外，将纤维素作为工业原料利用时，其纤维素的加工、保存等过程中也发生结构的变化，导致分子量降低、聚合度下降，造成纤维素化学、物理、机械性能的变化，从而影响其产品的强度、品质等。相反也可以利用纤维素降解导致的结构变化，改善产品的品质。植物原料的水解在国民经济中具有重要地位，许多农林副产品如木屑、竹屑、禾（稻、麦、玉米等）秆、稻壳、玉米芯、棉籽壳、油茶壳等都是含有纤维素的植物原料，如将它们进行水解，使之生成葡萄糖、木糖等单糖，经进一步加工，则可制得酒精、酵母、糖醛、木糖醇等重要工业产品。工业上纤维素的降解有利有弊，因此对纤维素的降解及其控制是十分重要的。纤维素的主要降解反应包括酸水解降解、碱性降解、氧化降解、热降解、机械降解、酶降解等。

3.5.1　纤维素的酸水解反应

1. 纤维素的酸水解机理

纤维素大分子在酸性水溶液中引起苷键断裂，聚合度降低，这种反应称为酸性水解降解。根据模型物和示踪研究，水解反应历程分三段进行（见图3.32）。

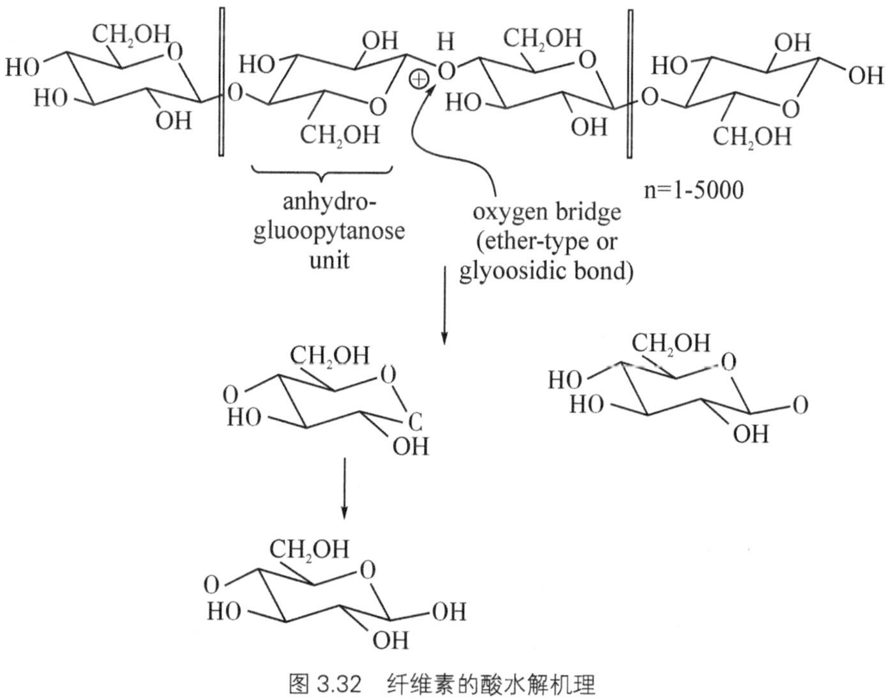

图 3.32　纤维素的酸水解机理

（1）在酸性条件下连接两个糖基的糖苷氧原子迅速质子化，形成所谓的共轭酸，随后C1–O键缓慢断裂，随之形成环状的碳正离子中间体，最后在正碳离子上快速加成一个水分子，形成新的还原性端基并释放出质子。随着纤维素水解反应的进行，纤维素聚合度逐渐下降，还原性不断增加，生成聚合度不等的同系列混合物，直至最终产物，即葡萄糖。酸的种类、浓度，处理温度、时间，纤维素结晶度，纤维素形状等都会影响纤维素酸水解降解。

纤维素经酸水解后不溶于水的产物称为水解纤维素，它的化学结构与原来纤维素完全一样，只是聚合度小、还原性强、机械强度低、碱溶解度增高、吸湿性高。

2. **稀酸水解**

纤维素在不同酸、不同温度下进行稀酸水解。纤维素的稀酸水解属多相水解，即在稀酸水解过程中纤维素仍保持它原有的纤维状结构，反应在固液两相中进行。在稀的无机酸作用下，纤维素水解速度变化很大，在水解初期反应速度很快，经过一定时间后，纤维素重量损失约10%～12%，反应速度大大降低，并在多数情况下维持恒定（见图3.33）。对于稀酸水解规律，认为是由于纤维素在稀酸条件下，稀酸能很快渗透进纤维素的无定形区，在无定形区各处几乎同时进行水解，故水解速度很快。由于稀酸很难甚至根本不能渗透到结晶区，因此当无定形区水解完毕以后，起水解作用的只有结晶区表面的少数纤维素链分子，故水解速度显得慢而趋于稳定。根据这种看法，纤维素的结晶度以及结晶区长度可用稀酸水解法测定，常用的是盐酸或硫酸水解法，操作容易且方便。

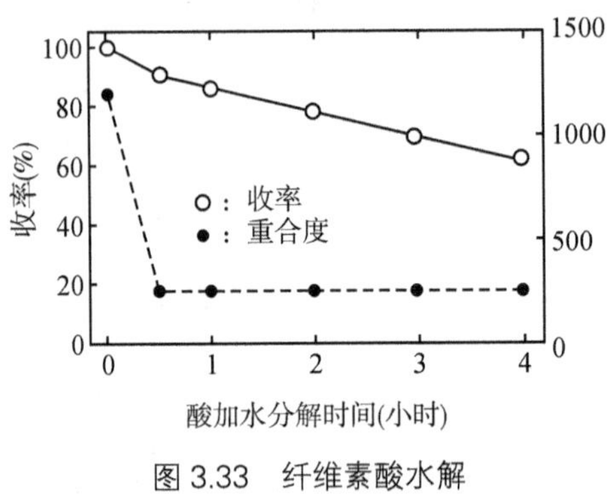

图 3.33　纤维素酸水解

另外，酸水解初期纤维素结晶度急速降低，此后随着水解进程，得率逐渐降低的过程中，纤维素结晶度保持一定值不变（见图3.33），该值称为结晶度保持值。该保持值的结晶度，天然纤维素Ⅰ为200～300；将天然纤维素用18% NaOH水溶液处理后形成的纤维素Ⅱ，其保持值的结晶度约为80；而将纤维素溶解在纤维素溶剂中后再从溶液中沉淀出来的再生纤维素，其保持值的结晶度约为40。在不同的纤维素试料中结晶度保持值的不同，有可能与结晶区-无定形区的分布有关，因此，Isogai等提出了如图3.34的模型。

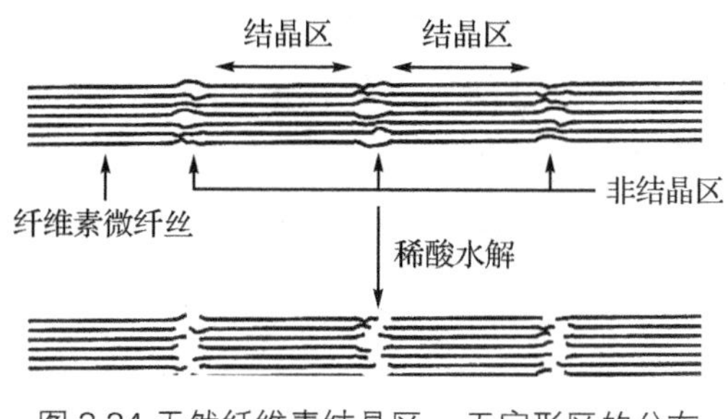

图 3.34 天然纤维素结晶区 – 无定形区的分布

因纤维素结晶区对稀酸水解有抵抗作用，要将纤维素溶解在130℃左右水解也需要10h以上。相反，短时间水解后停止反应，可获得纤维素纯度高、具有结晶度保持值、在水中分散性好，且易于加工的微晶纤维。将木材漂白化学浆、棉花α-纤维制得的滤纸粉末等，用于药片成型片剂、食用分散剂、乳化稳定剂、保水剂、膳食纤维等利用。另外，如果用不至于将纤维素溶解的高浓度酸，例如50%硫酸水溶液，60℃左右条件下处理几个小时，因酸浓度高，得率不到50%，但纤维素表面形成硫酸酯，可以获得在水溶液中的分散稳定性高的纤维素微晶悬浮液。如用盐酸，不导入酸性基团，同样可以获得纤维素微晶纤维悬浮液。

3. **浓酸水解**

纤维素结晶度高的区域对稀酸水解具有抗性，要使纤维素完全水解，必须破坏纤维素的结晶结构，用浓酸可以达到预期的目的。根据X-射线图谱的研究，各种无机酸达到引起结晶区内润胀所需的浓度如表3.13所示。

表3.13 棉花纤维结晶区内润涨要求的酸浓度

酸的种类	酸浓度 / %	
	结晶区间润胀	结晶区润胀
硝酸	60.0	60～66
硫酸	62.5	63～74
磷酸	89.0	90
盐酸	39.6	39.6

用浓酸将纤维素的结晶区润胀，然后再用稀酸水解处理就可以提高糖化效率。采用中性糖分析方法，用72%硫酸在室温条件下放置3～4小时，将纤维素润胀，然后再加水稀释至3%稀硫酸，加热（121℃）水解0.5～1小时，植物细胞壁高聚糖全部降解成单糖。对于纤维素在浓酸中润胀的热效应，目前还没有进行足够的研究，但就浓硫酸来说，低温有利于润胀。润胀过程中，在浓酸条件下引起纤维素充分润胀的同时会发生部分纤维素水解。总之，在浓酸中，主要是破坏超分子结构，要充分水解必须加水稀释，提高温度才能达到预期效果。因此，用浓酸法水解植物纤维原料时，在水解后期必须将酸液稀释并加热使聚合物水解。

3.5.2 纤维素的碱性水解反应

纤维素在稀碱液中的反应，与碱法制浆关系密切。纤维素在热碱液中有两种反应，即剥皮反应和碱性水解。

1. **剥皮反应**（Peeling reaction.

在碱性条件下，温度较低时纤维素发生剥皮反应，即纤维素链分子的还原性首端基逐个脱落，聚合度降低。在碱溶液中，纤维素链分子的还原性首端基先变成果糖基的形式，使羰基从C_1上位移到C_2上，苷键位于羰基的β位置上。这样，便具备了发生所谓β-烷氧基消去作用的条件，使C_4上的苷键断裂，同时，纤维素分子首端又产生了新的还原性首端基，再继续发生类似的反应，使纤维素分子的首端逐个脱落，导致聚合度降低（见图3.35）。

剥皮反应不能进行到底，而于某一阶段终止，这可能是由于纤维素分子剥皮反应进行到某阶段时，首端出现了偏变糖酸的缘故。在这种情况下，纤维素链分子首端基先从C_3上脱除羟基，形成新的烯醇结构，再进行酮-烯醇互变形成新的羰基，最后再经过加水并进行分子重排为偏变糖酸，具有偏变糖酸端基的纤维素因不具备β-烷氧基消去作用的条件，故不再进行剥皮反应，这个反应称为终止反应（见图3.36）。由于在碱性溶液中存在大量的羟基，脱除C_3上的羟基受到阻碍，因而终止反应速度是剥皮反应速度的1/70～1/90，所以在碱法蒸煮时剥皮反应总是存在的，从一个纤维素分子中因剥皮反应大约要损失50个葡萄糖单元。

2. **碱性水解**

剥皮反应在温度较低的条件下发生，而碱性水解是在温度较高的条件下发生。温度在100℃以下，剥皮反应是引起纤维素碱性降解的主要原因，超过100℃就会发生碱性水解，在约170℃的高温下，碱性水解反应激烈。碱性水解不需要还原性首端基，而是糖苷键的任意断裂。纤维素C-2羟基解离成氧负离子，经生成1，2糖苷中间体的途径，使苷键断裂（见图3.37）。

还原性首端Ha脱离

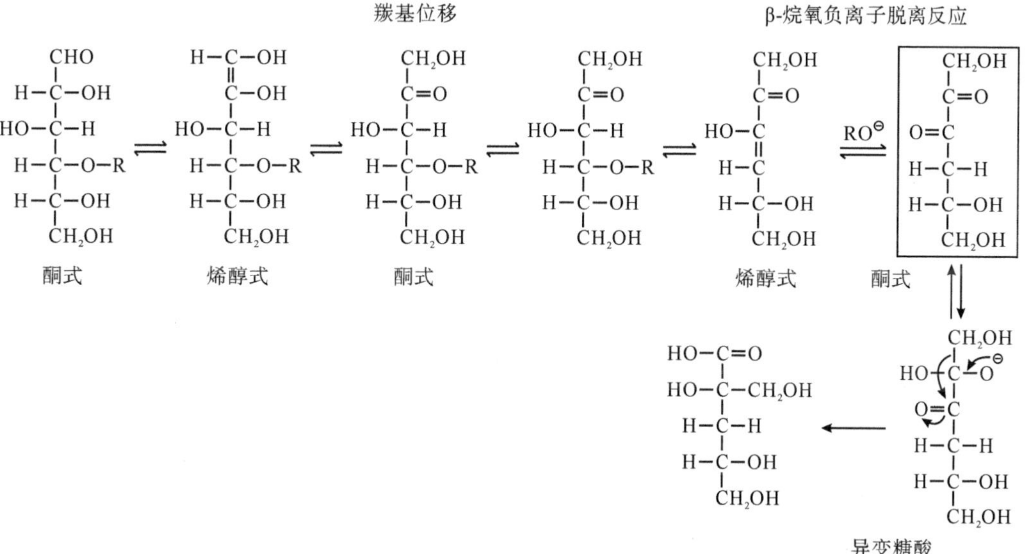

图 3.35　纤维素的剥皮反应

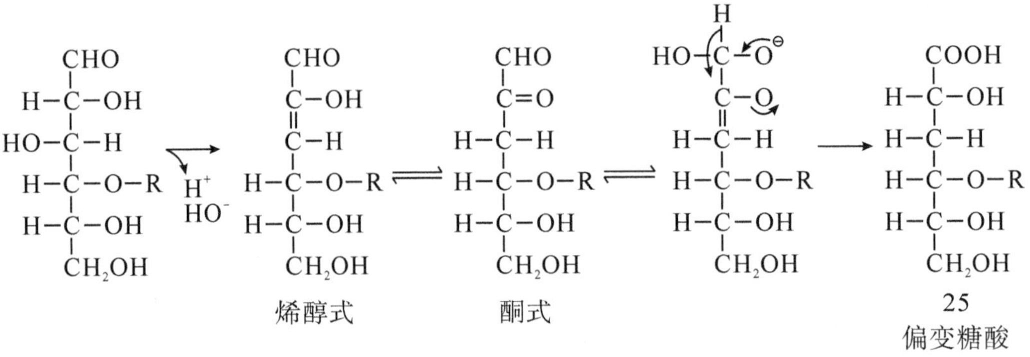

图 3.36　纤维素的终止反应

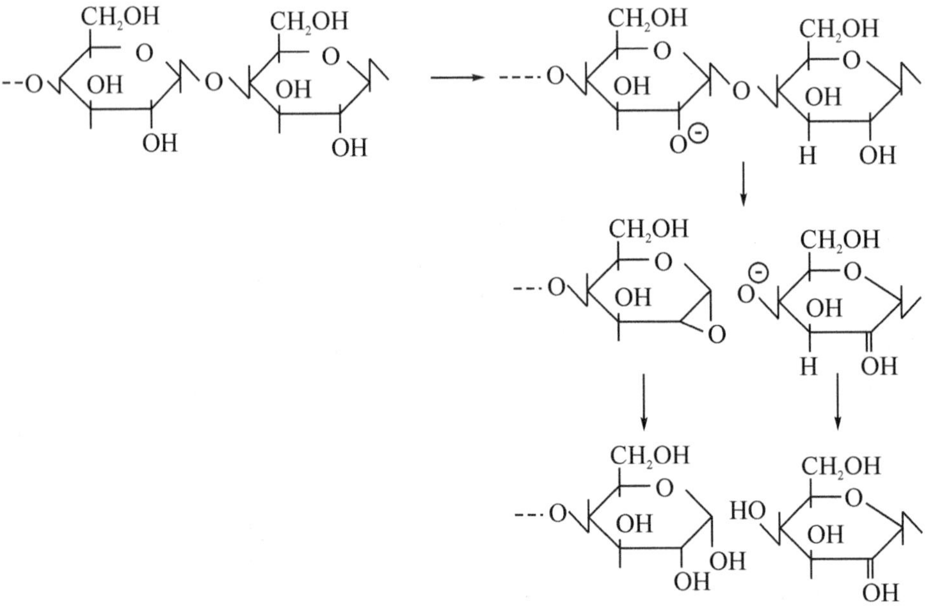

图 3.37　纤维素的碱性水解

3.5.3　纤维素的氧化反应

纤维素的氧化反应是纤维素的重要化学反应之一，在棉织物和纸浆漂白过程中，经常会发生纤维素的氧化反应。纤维素经氧化剂作用之后，羟基氧化成醛基、酮基或羧基，形成所谓氧化纤维素。氧化纤维素在化学结构上和性质上都与原来的纤维素不同，在大多数情况下，随着官能团的变化，纤维素的聚合度也同时下降，这种现象称为氧化降解。纤维素经氧化降解后，机械强度也随之下降。因此，研究控制纤维素的氧化作用，对于提高棉织物和浆料的强度与得率，或者调节粘胶纤维生产中所需要的聚合度，都是非常必要的。

1. 氧化的类型

氧化剂按其对纤维素的氧化性能可分为选择性氧化剂和非选择性氧化剂两类。大多数氧化剂如氯、次氯酸盐、过氧化氢、氧气等都是非选择性氧化剂，它们能使纤维素的伯醇基、仲醇基发生种种变化，生成醛、酮和酸等基团（见图3.38）：

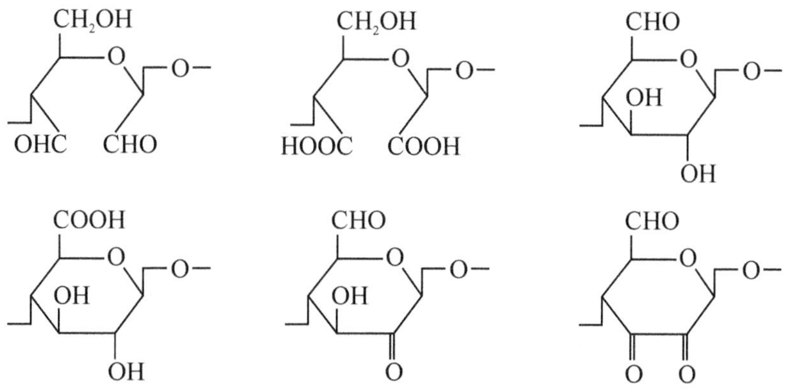

图 3.38　纤维素的氧化产物

然而某些氧化剂，或几种氧化剂配合使用，可以使纤维素的氧化反应具有选择性。一般说来，选择性氧化剂具有较好的渗透性能，能够引起结晶区的润胀，氧化作用比较缓和，氧化比较均匀，氧化后仍能保持纤维状态，损失较少。非选择性氧化剂具有较强烈的氧化作用、渗透性能又比较差，难以引起结晶区内的润胀，因而氧化作用基本上局限于无定形区，氧化纤维素强度下降，甚至成为脆粉，这种强烈氧化往往发生在碱性介质中。

（1）选择性氧化

① 高碘酸盐：用高碘酸或高碘酸钾氧化纤维素时，可得到还原性极强的二醛基纤维素（见图3.39）。这种选择性的氧化作用，可使纤维素中的醛基含量高，这就为与酚类、尿素缩合（酚醛缩合）反应奠定了理论基础，因此，在塑料工业上可能获得应用。

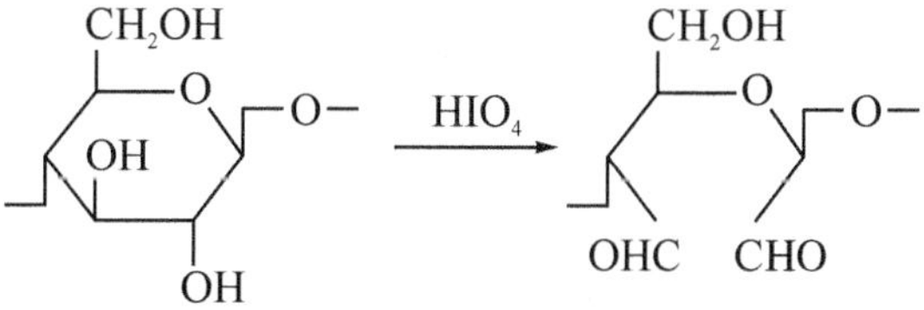

图 3.39　高碘酸氧化产物

② TEMPO/NaClO/NaBr共氧化剂体系：TEMPO是2，2，6，6–四甲基哌啶–1–氧化物自由基（2，2，6，6–tetramethylpipelidine–l–oxyl radical）的简称，TEMPO及其衍生物的结构式见图3.40。TEMPO是可以稳定存在的N–氧自由基，作为目前制备纳米纤维素最常用的方法，TEMPO现在已经商品化，常用作ESR自由基俘获剂、自由基反应抑

制剂和阻聚剂。作为选择性氧化剂，TEMPO能够选择性氧化糖类伯羟基，如含TEMPO的共氧化剂体系在pH为9–11的条件下可将多糖的伯羟基氧化为羧基，其产率高，选择性好。

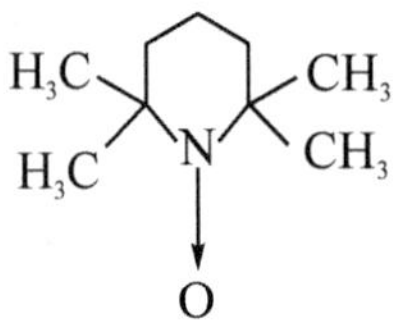

图 3.40　TEMPO 结构式

TEMPO与NaClO、NaBr组成的TEMPO／NaClO／NaBr共催化氧化体系可以选择性地将纤维素C6位伯羟基氧化变为羧基，反应式如图3–41所示。

TEMPO反应机理（见图3.41）：NaClO首先将TEMPO自由基氧化成亚硝鎓离子，然后纤维素大分子链上的伯位羟基再对其进行亲核攻击，使其形成羟胺，而纤维素上的羟基则被氧化成羧基，羟胺再经共氧化剂氧化形成亚硝鎓离子，如此循环。因此TEMPO／Na–ClO／NaBr氧化体系是一个循环再生的氧化体系，体系中只需要加入催化量（如对绝干浆用量为0.25%）的TEMPO，反应就能很好地进行。

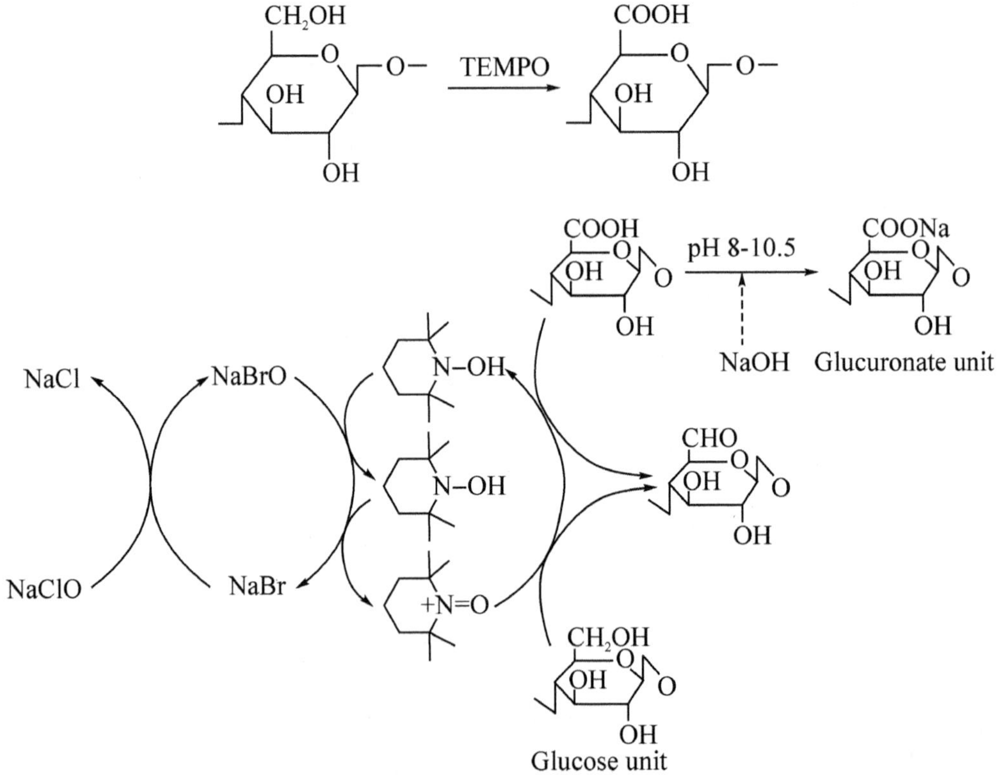

图 3.41　TEMPO 选择性氧化伯羟基

TEMPO氧化体系氧化纤维素的特点：依据反应起始原料的不同，可以得到不同的产物：用再生纤维素和丝光化纤维素为原料时，可以定量地得到水溶性的β -1-4连接的聚葡萄糖醛酸（水溶性纤维素糖醛酸）的钠盐，产物结构均一，与一般水溶性纤维素衍生物不同，TEMPO体系中制备的糖醛酸含有葡萄糖酸重复单元，因此可能具备独特的溶液性质或生物活性；用天然纤维素为原料时，在起始阶段，即使反应试剂过量，产物仍然保持原来纤维素的形态，更重要的是，由于可以在水相体系和温和的条件下，在纤维素大分子链上引入羧基和醛基官能团，因此TEMPO共氧化体系被认为是最有潜力的天然纤维素表面改性方法之一。此外，因氧化反应主要发生在无定形区，同时纤维素大分子的分子间氢键部分被破坏，TEMPO氧化的纤维素经进一步的机械或超声波处理可制得C6位含羧基的高结晶度纤维素纳米纤维。

（2）非选择性氧化

① 氯和次氯酸盐对纤维素的氧化作用：氯和次氯酸盐能够与木质素迅速反应，使木质素氯化、氧化、降解，随之溶解于碱性溶液中。对于纤维素，也会引起氧化反应，使羟基氧化成羰基。在碱溶液中，经由β -烷氧基消去反应，引起苷键断裂，反应如式图3.42所示。

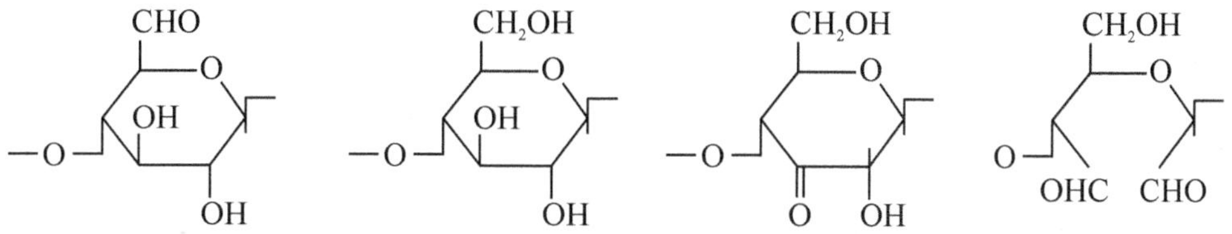

CHO　—O　OH　OH　O　|　CH_2OH　—O　OH　OH　O　|　CH_2OH　—O　O　OH　O　|　CH_2OH　O　OHC　CHO　O

图 3.42　氯或次氯酸氧化产物

氯或次氯酸盐与糖类的反应主要是按照游离基的机理进行，当C1受到氯游离基氧化之后，苷键开裂，产生糖酸首端基，反应如图3.43所示。

次氯酸盐对纤维素的氧化作用与pH值关系极大，如果PH＞9，主要生成羧基，该氧化纤维素称为酸性氧化纤维素；若PH＜9，纤维素的羟基主要被氧化成羰基，称为还原型氧化纤维素。这种氧化纤维素，由于易发生β -烷氧基消除反应，对碱特别不稳定，在储存中极易“返黄”。当每个葡萄糖酐氧耗约0.11个氧原子时（完全氧化消耗12个氧原子），平均每个纤维素断片所含的羧基、醛基和酮基数如表3.14所示。

表3. 14　纤维素次氯酸盐氧化时生成的官能团基数和pH的关系

pH	官能团		
	COOH	CHO	CO
5	1.1	3.6	4.8
6	1.2	3.55	4.4
7	1.3	3.4	3.6
8	2.0	3.0	2.6
9	3.4	1.9	0.65
10	5.0	0.8	0

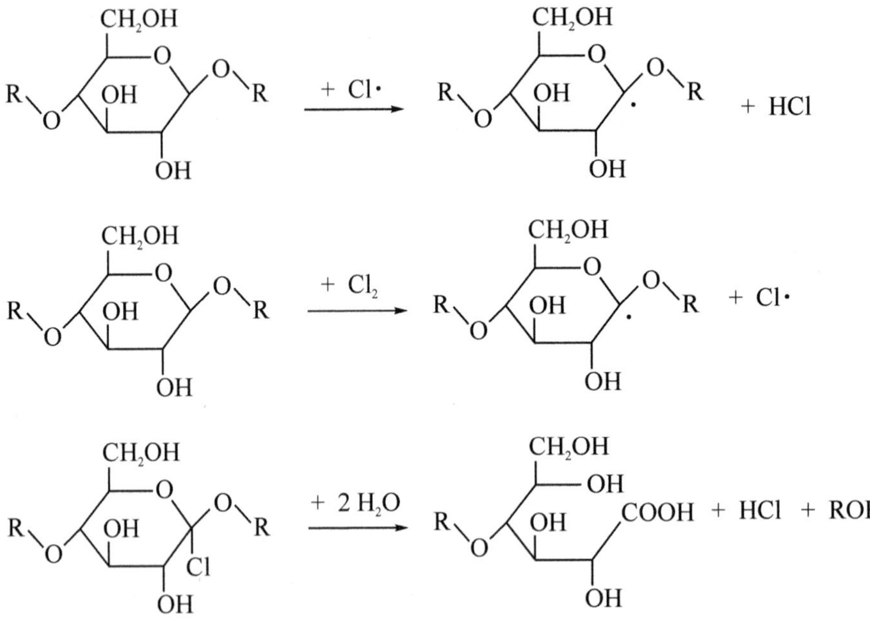

图 3.43　氯或次氯酸氧化机理（R 代表纤维素链）

pH值对氧化速度也有影响，pH在7左右时氧化最快，这是由于未解离的次氯酸和次氯酸盐离子同时参加反应的缘故，生产中应当尽量避免。

次氯酸盐对纤维素的氧化作用会受多种物质的强烈催化，而这些物质本身就容易氧化，如低价状态的过渡金属离子，金属离子的催化能力按顺序增大：$Mn^{++}<Fe^{++}<Cu^{+}<Ni^{++}<Co^{+}$。在氧化反应中，约41%的氧消耗在官能团的氧化，其余的则用在氧化溶液中的短链降解产物。S.A Anderssen等从溶液中检测出二十几种酸类，如葡萄糖酸、阿拉伯糖酸、赤酮酸、二元羧酸和乙醇酸、甲酸、草酸等，它们中部分的可能结构如图3.44所示。

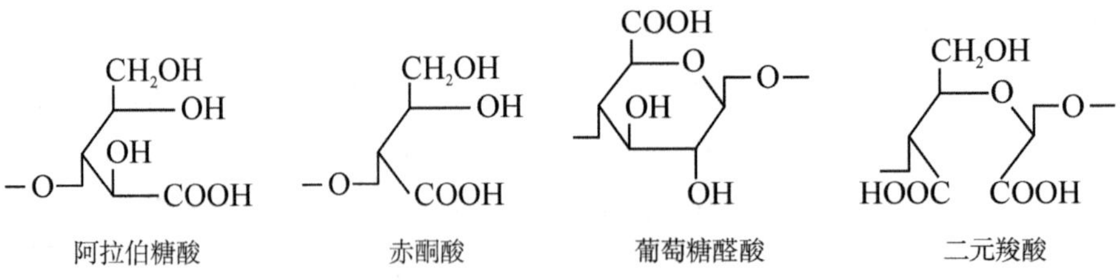

阿拉伯糖酸　赤酮酸　葡萄糖醛酸　二元羧酸

图 3.44　次氯酸盐对纤维素的氧化产物

② 二氧化氯：在含氯漂白剂中，二氧化氯是最有选择性的木质素氧化剂，它与高聚糖只起很缓和的反应。在氯化阶段若有二氧化氯存在，它可以起到一种游离基消除剂的作用，阻止氯和高聚糖之间游离基反应，使高聚糖的稳定性增高。同时，不会影响木质素的氯化，因为木质素的氯化并不是一种游离基反应。

2. 在碱性介质中气态氧和过氧化氢对纤维素的氧化

（1）气态氧对纤维素的氧化：近年来，采用氧气漂白代替多段漂中氯化和碱处理阶段，主要目的在于减少漂白废液的污染，但是采用氧气漂白，也会使纤维素受到氧化。在氧漂过程中，氧通过电子传递分四步还原成水，同时形成活性中间体；游离基（$HO_2\cdot$）、过氧化氢（H_2O_2）和羟基游离基（$HO\cdot$）等，反应步骤如图3.45所示。

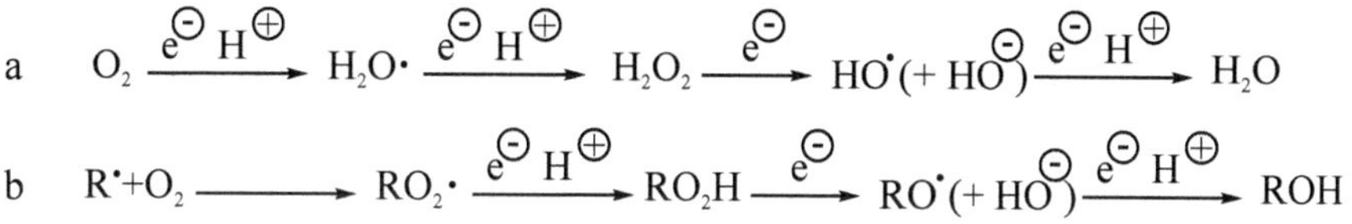

$$\text{a}\quad O_2 \xrightarrow{e^{\ominus}\,H^{\oplus}} H_2O\cdot \xrightarrow{e^{\ominus}\,H^{\oplus}} H_2O_2 \xrightarrow{e^{\ominus}} HO^{\cdot}(+HO^{\ominus}) \xrightarrow{e^{\ominus}\,H^{\oplus}} H_2O$$

$$\text{b}\quad R^{\cdot}+O_2 \longrightarrow RO_2\cdot \xrightarrow{e^{\ominus}\,H^{\oplus}} RO_2H \xrightarrow{e^{\ominus}} RO^{\cdot}(+HO^{\ominus}) \xrightarrow{e^{\ominus}\,H^{\oplus}} ROH$$

a：主要的还原反应；b：有机游离基参与的反应

图 3.45　氧在碱性介质中电子传递反应

木材或纸浆脱木质素的反应中，木质素是产生有机游离基的主要来源，但是重金属离子也能把过氧化氢催化分解成游离基。在氧气中脱除木质素时，高聚糖的主要氧化反应是在糖单元的C_2位置上形成羰基，致使葡萄糖苷键由于发生β-烷氧基消除反应而断裂。如果C_3位置被氧化，C_6-OH亦被氧化，也能导致纤维素分子链断裂。若C_2、C_3位置同时被氧化形成2，3-二酮结构，并进而变成羧基呋喃糖苷，则不致引起链断裂，也不易在碱性介质中降解（见图3.46）。

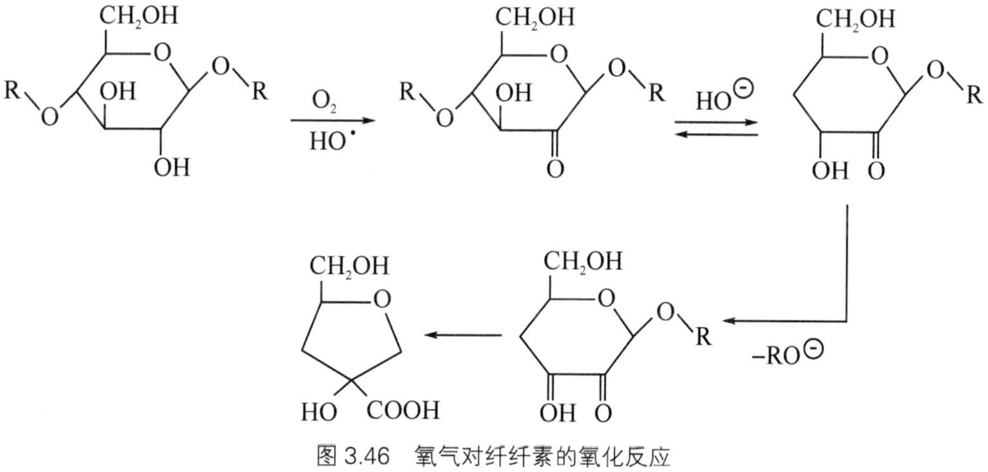

图 3.46　氧气对纤纤素的氧化反应

氧化降解产生的新还原首端基进而发生剥皮反应。剥皮反应脱落的葡萄糖单元，在氧碱介质中会发生氧化降解，生成如3，4-二羟基丁酸、乙醇酸、甲酸、甘油酸等。示踪研究表明氧碱条件下释放出的CO、CO_2、甲酸等挥发物，均系糖类和木质素的分解碎片。

在氧脱木质素过程中为了抑制纤维素的氧化降解，可添加保护助剂，常用的主要是镁盐。添加剂的作用是稳定过氧化物，使活性物分解或清除部分游离基。当pH大于

11时，镁盐（主要是$MgCO_3$）能变成$Mg(OH)_2$沉淀，它具有很强的吸附能力，使重金属离子钝化，从而间接地保护了纤维素。由于加入镁盐，硫酸盐浆的脱氧木质素约除去50%木质素时，不会引起浆料粘度明显地下降。如果进一步脱木质素，会使纤维素逐渐解聚，而损及纤维强度。

在碱性条件下，过氧化氢对纤维素的氧化与气态氧的作用相似。在反应中都会形成过氧化物中间体，并伴随有链开裂，产生还原型氧化纤维素（主要含酮基）。过渡金属离子对这两种氧化剂都有强烈的催化作用，而且都可用镁盐来加以抑制。

3.5.4 纤维素的机械降解

纤维原料加工过程中，机械应力的作用大大改变纤维素纤维的物理和化学性质，例如纤维素分散、长度变短、还原端基增加，聚合度、结晶度和强度下降等对化学反应的可及度和反应性提高均有影响。机械力引起纤维素纤维的机械降解对纺织、制浆、造纸、纤维素衍生物、纤维素水解等方面的影响是值得重视的。

棉纤维原料加工成纺织用纱的过程中经受了大量的损伤和磨损，并造成一定程度的降解，主要发生在轧棉和清棉操作中，整个过程聚合度降低26%左右，但对棉纤维的物理性质影响不大。造纸工业的打浆工序、超声振动处理，不足以断裂纤维素纤维链上的共价键，因此，不引起纤维素聚合度大的改变。

与一般机械加工过程不同，纤维素纤维经受机械球磨处理将发生多方面的变化。球磨过程产生压缩和剪切相结合的应力，集中于某些分子链片中可超过共价键的强度，引起分子链的断裂。球磨作用还使纤维素分散、结晶度下降、还原端基和反应性增加。

在球磨过程中，机械能经由吸收和扩散两个途径传递到纤维素材料中。如果球磨产生的动能只被有效地扩散，不引起纤维素聚合度的下降，还原端基增加等化学变化；如果能量被吸收，可有效地裂解纤维素的次价键（分子间和分子内氢键）和共价键，使纤维素分散、聚合度下降。例如棉花纤维素和木材纤维素经球磨后形成纤维和粉末两部分，且随着球磨时间增加，粉末部分含量也增加。纤维素纤维在球磨过程中能有效地吸收机械能引起其形态和微细结构的变化，使结晶度下降，可及度明显提高。

棉花纤维和木材纤维经Norton球磨磨50h后，002晶面衍射完全消失（见图3.47），说明结晶Ⅰ消失。表3.13和表3.14分别是棉花纤维和木材纤维球磨过程中结晶度和可及度的变化。

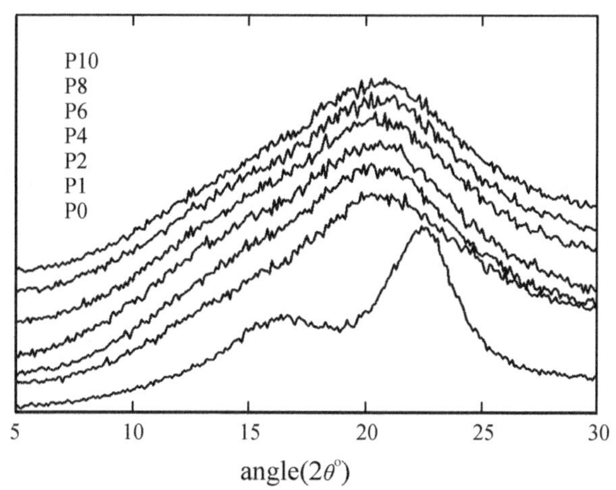

图 3.47　纤维素在球磨过程中的结晶度变化

表3.15　棉花纤维在空气中机械处理后结晶度和可及度的变化

磨碎时间 /h	Norton 球磨				振动球磨			
	纤维部分		粉末部分		纤维部分		粉末部分	
	X	A	X	A	X	A	X	A
0	64.5	10.1	64.5	10.1	64.5	10.1	64.5	10.1
50	48.2	27.1	27.6	31.5	40.4	31.5	28.4	57.3
100	41.9	33.8	23.1	38.4	36.3	38.4	23.9	65.7
200	38.2	37.5	21.3	40.1	34.7	40.1	21.4	69.4
300	38.0	40.0	20.8	43.7	33.2	43.7	20.5	73.6
400	38.0	42.2	19.4	45.2	31.9	45.2	19.1	77.1

注：X 表示结晶度（%），A 表示可及度（%）。

表3.16　木材纤维在空气中机械处理后结晶度和可及度的变化

磨碎时间 /h	Norton 球磨				振动球磨			
	纤维部分		粉末部分		纤维部分		粉末部分	
	X	A	X	A	X	A	X	A
0	51.6	38	51.6	38	51.6	38	51.6	38
50	38.5	46	--	--	29.4	54	--	--
100	32.4	51	--	--	24.1	62	--	--
200	25.1	54	--	--	18.3	64	--	--
300	21.7	59	--	--	18.3	64	--	--
400	19.8	60	14.2	83	14.8	67	8.7	89

注：X 表示结晶度（%），A 表示可及度（%）。

3.5.5　纤维素的热降解

纤维素的热降解是指纤维素在受热过程中，尤其是在较高的温度下其结构、物理和化学性质发生的变化，包括聚合度和强度的下降，挥发性成分的逸出，质量的损失以及结晶区的破坏。严重时还产生纤维素的分解，甚至发生碳化反应或石墨化反应。研究纤维素的热解过程，对于木材干馏，木炭、活性炭、纸张、碎料板、纤维板、防火纤维和耐高温的碳纤维的制造，以及热分解产物的控制和应用等具有重要的意义。

纤维素在完全没有氧气或有少量氧气存在下热解，最终生成液态产物（焦油等）、固态产物（碳化物等）和气体产物（甲烷等）等，不同的反应条件将会得到不同比例的产物。纤维素在有水和空气存在下热解，发生水解和氧化作用使纤维素强烈降解。纤维素受热降解、分解和石墨化的过程是分阶段进行的。

第一阶段：纤维素热解在低温阶段主要发生脱水，纤维素物理吸附的水解析，温度为25～150℃。

第二阶段：纤维素结构中部分葡萄糖基开始脱水，温度范围是150～240℃。在低温（240℃以下）条件下，纤维素热降解会导致强度下降，但对纤维素质量的损失较少。此外，在热解过程中，除蒸发出水、二氧化碳和一氧化碳外，还形成羰基和羧基，氧的存在对羰基和羧基的形成及CO_2、CO和水的挥发有较大的影响。

第三阶段：主要发生以左旋葡萄糖为主要成分的生物油。纤维素结构中糖苷键开环断裂，并产生一些新的产物和低分子质量的挥发性化合物，温度范围是240～400℃。

第四阶段：纤维素结构的残余部分进行芳环化，逐步形成石墨结构，温度在400℃以上。

纤维素在高温条件下热解得到CH_4、CO、CO_2气体并产生大量的挥发性产物，超过300℃时产生大量的1，6–脱水吡喃式葡萄糖，继而变成焦油，其得率为40%左右，它是高温热解最重要的产物。此外，还有一些少量的分解产物，如酮、有机酸等。在高温条件下热解，纤维素的质量损失较大，当加热到370℃时，质量损失达40%～60%，结晶区受到破坏，聚合度下降。

图3.48为纤维素热解和转化为石墨的简化过程。应该指出，纤维素的热分解反应是很复杂的，反应产物的种类与反应条件有关，如升温速度，是否在氧气或惰性气体中反应，反应产物（挥发物）移去的速度等对反应都有影响。表3.17列出了纤维素的热解产物种类及其质量分数。

表3.17　纤维素的热解产物种类及其质量分数

热解产物	热解产物质量分数 /%（以纤维素为 100%）	热解产物	热解产物质量分数 / %（以纤维素为 100%）
水	34.5	二氧化碳	10.35
醋酸	1.39	一氧化碳	4.5
丙酮	0.07	甲烷	0.27
焦油	4.18	乙烯	0.7
其他液态有机物	5.14	碳	38.8

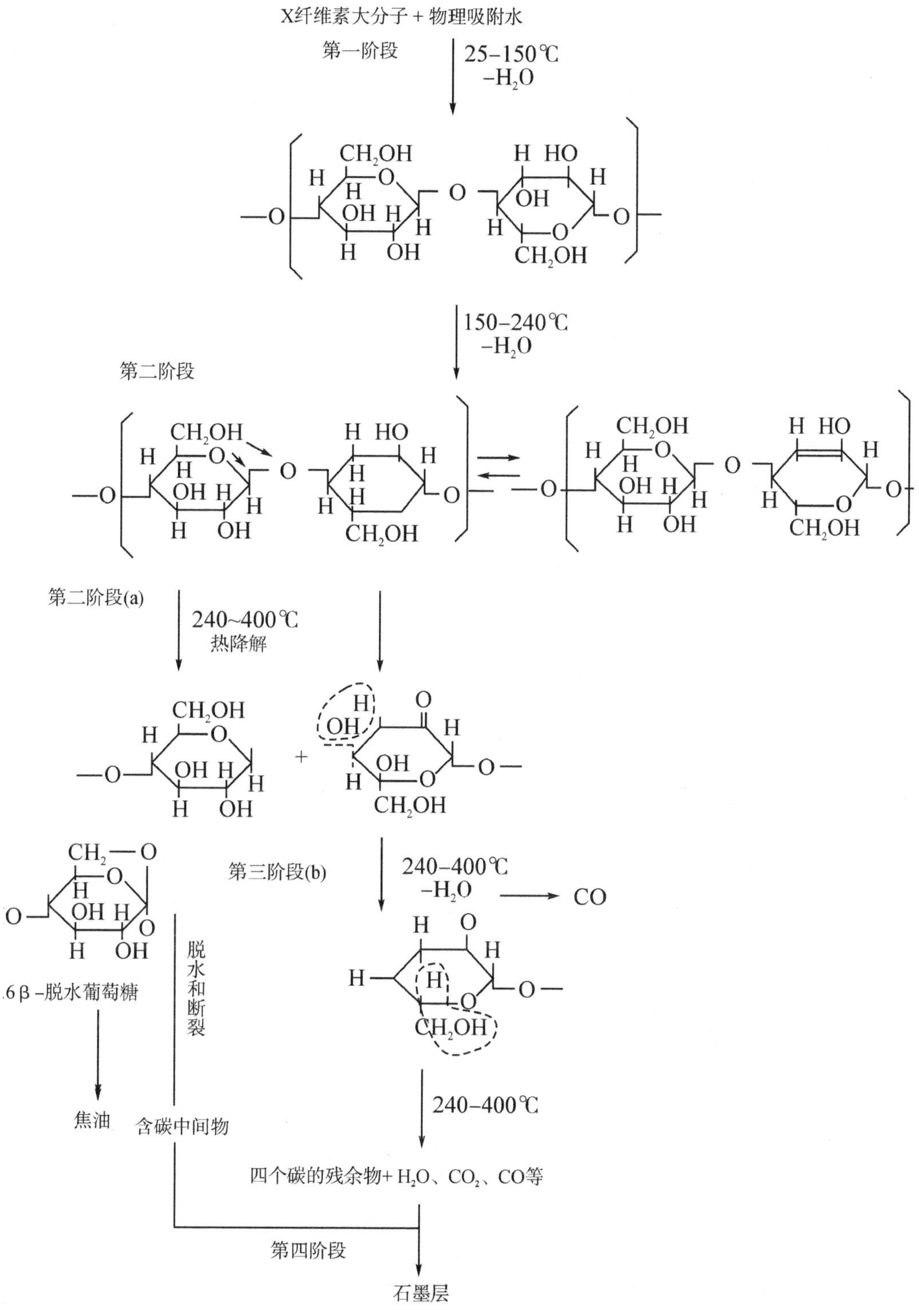

X纤维素大分子＋物理吸附水

第一阶段 25–150℃ $-H_2O$

150–240℃ $-H_2O$

第二阶段

第二阶段(a) 240~400℃ 热降解

第三阶段(b) 240–400℃ $-H_2O$ → CO

1,6β–脱水葡萄糖

脱水和断裂

焦油

含碳中间物

240–400℃

四个碳的残余物+ H_2O、CO_2、CO等

第四阶段

石墨层

图 3.48 纤维素热解石墨化的过程

3.6 纤维素的化学反应与化学改性

纤维素链中每个葡萄糖单元上有3个活泼的羟基：一个伯羟基（C_6位）和两个仲羟基（C_2位和C_3位），因此，纤维素可发生如氧化、醚化、酯化、接枝等反应生成相应的纤维素衍生物（见图3.49）。

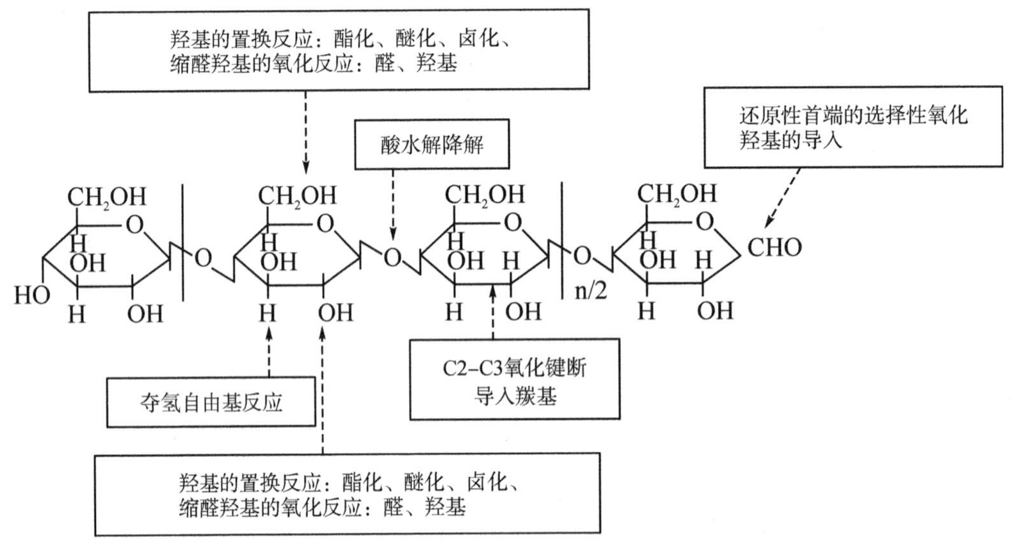

图 3.49 纤维素化学反应的部位和类型

3.6.1 纤维素的可及度与反应性

纤维素葡萄糖基环中的羟基既可发生一系列与羟基有关的化学反应，又可缔结成分子内和分子间氢键，对纤维素形态和反应性有着深远的影响，尤其是C_3羟基的氢与同一纤维素分子邻位葡萄糖基吡喃环上的氧原子形成分子内氢键；C_3羟基的氧原子与相邻纤维素分子葡萄糖基C_6羟基的氢形成分子间氢键，不仅增强了纤维素分子链的线性完整性（linear integrity）和刚性（rigidity），同时使纤维素分子链紧密排列而成高度有序的结晶区。

1. 纤维素的可及度

纤维素的可及度是指反应试剂抵达纤维素羟基的难易程度，是纤维素化学反应的一个重要因素。在多相反应中，纤维素的可及度主要受纤维素结晶区与无定形区的比率的影响。大多数反应试剂只能渗透到纤维素的无定形区，因此也把纤维素的无定形区称为可及区；大多数反应试剂不能进入结构紧密的结晶区。

纤维素的可及度不仅受纤维素物理结构的真实状态所制约，而且也取决于试剂分子的化学性质、大小和空间位阻作用。由于与溶胀剂作用的纤维素不是单一的大分子，而是由分子间氢键结合而成的纤维素链片。因此，小的、简单的、不含支链分子的试剂具有穿透到纤维素链片的间隙中的能力，并引起链片间氢键的破裂，如二硫化碳、丙烯腈、氯代醋酸等均可在多相介质中与羟基反应，生成高取代度的纤维素衍生物；具有庞大分子的试剂，如3-氯-2-羟丙基二乙胺和对硝基苄卤化物，即使与活化的纤维素反应也只能抵达其无定形区和结晶区表面生成取代度较低的衍生物。

2. 纤维素的反应性

纤维素的反应性是指纤维素大分子单元上的伯、仲羟基的反应能力。影响纤维素的反应性能及其产品均一性的因素如下：

（1）纤维素形态结构差异的影响

来源不同和纯化方法不同的纤维素纤维有不同的形态结构，导致其反应性能不同。例如，初生壁对化学试剂的浸透、润胀和反应能力低于次生壁；纯化方法不同，如多糖、木质素、果胶等除去程度不同，使纤维素化学纯度和形态结构差异很大；纤维素中还含有数量和纯度不同的各种细小纤维、薄壁细胞，增加了纤维素形态结构、化学纯度的复杂性，直接影响到纤维素的化学反应性。

（2）纤维素纤维超分子结构差异的影响

纤维素纤维的超分子结构，如结晶区-无定形区结构、细纤维结构、分子量及其分布、微孔大小及其分布、氢键及其分布等，对其反应性有重要的影响。在结晶区分子间紧密、氢键数量多、试剂不易进入、化学试剂可及度低、反应性能差；在无定形区分子间疏松、氢键数量少、孔隙多、易被试剂渗入、化学试剂可及度高、反应性能好。

（3）纤维素葡萄糖单元上不同羟基的影响

纤维素葡萄糖单元上的3个羟基，由于立体化学的位置不同，反应能力各不相同，一般来讲，伯羟基的反应能力比仲羟基高，尤其是与较庞大基团反应时，由于空间位阻小，伯羟基的反应能力显得高些，如与甲苯磺酰氯的酯化反应，主要发生在伯羟基。然而，取代基的直接测定又表明，对于不同类型的反应，纤维素葡萄糖单元上各羟基的反应能力不同。可逆反应主要发生在C_6-OH，而不可逆反应则有利于C_2-OH。因此，对于纤维素的酯化反应，C_6-OH反应能力高；而纤维素醚化时，C_2-OH的反应能力高。

纤维素醚化的先决条件是羟基的离子化，由于邻位取代基的诱导效应，纤维素分子葡萄糖基上羟基的酸性和离解倾向为：C_2-OH > C_3-OH > C_6-OH。因此，C_2-OH易于醚化，C_2-OH被取代后增强了C_3-OH的反应性。由上述排序也可推断：在碱性介质中，主要进行纤维素仲羟基的化学反应；而酸性介质则有利于伯羟基的反应。

（4）聚合度及其分布的影响

一般来说，平均聚合度较高的纤维素原料反应性能较低；平均聚合度较低，反应性能较高；聚合度分布较窄的纤维素反应性能较好；聚合度太低（DP<200）和太高部

分的含量过大都将使反应性能变差。但在一定的聚合度范围内，其对反应速度的影响不大。

3. 提高纤维素可及度和反应性的途径

无定形区羟基可及度高，易于反应；结晶区的羟基，由于受到各种分子力的束缚，可及度低，甚至完全不可及，反应性能差。因此，为了提高纤维素的可及度和反应性，通常需要对纤维素进行预处理。按所用方法性质分类，纤维素预处理方法可分为：物理预处理、化学预处理和生物预处理。物理预处理方法主要有机械粉碎、蒸汽爆破、微波处理、超声波处理、冷冻粉碎、高能辐射处理等；化学预处理方法主要有碱润胀处理、有机溶剂处理、无机酸润胀处理等，其中碱润胀处理是最为常用的化学预处理方法；生物预处理方法主要有微生物处理、纤维素酶、半纤维素酶及纤维素酶/半纤维素酶混合酶处理等。

3.6.2 纤维素衍生物

取代度（Degree of Substitution，DS）是指纤维素分子链上平均每个失水葡萄糖单元上被反应试剂取代的羟基数目。取代基的分布包括取代基沿纤维素分子链的分布及取代基在每个葡萄糖单元的分布。取代基沿纤维素分子链分布的均一性影响产品的溶解度，对电解质、温度和添加物的稳定性，溶液的流变性质。取代基在每个葡萄糖单元上的分布均一性影响产品的溶解度、溶液的稳定性和产品的溶解性质。由于纤维素分子链中每个失水葡萄糖单元上有3个羟基，所以取代度只能小于或等于3。通常只能得到部分取代的产物，这是由于：当葡萄糖单元上有1～2个羟基被取代时，立体位阻效应使余下的羟基无法完全反应；对特定的反应试剂和反应条件，不是所有的羟基都是可及的；在所有可及的羟基上，不同的羟基反应性和反应速率不同。因此，造成每个葡萄糖单元上3个羟基的取代比例不均一。

大多数的纤维素酯化和醚化反应都是多相反应，为了提高纤维素酯化、醚化的反应能力，提高反应速度和反应均一性，改善纤维素酯化、醚化产品的质量，采用润胀处理方法来对纤维素进行预处理。润胀处理方法有纤维素在浓碱液（常用NaOH）中预润胀、纤维素在冰醋酸中预润胀、纤维素的乙胺消晶润胀等。

纤维素作为一种工业原料，其应用不仅局限在纸及纸制品，而且纤维素通过酯化、醚化等反应，纤维素酯、醚已经大量用在工业生产中作为成型材料（见表3.18）。纤维素黄原酸酯是生产粘胶纤维、玻璃纸的原料；纤维素醋酸酯是耐热性、电绝缘性较高、不易燃烧的用途极广的功能材料；羧甲基纤维素广泛应用于医药、食品、洗涤剂、造纸业等，被誉为“工业味精”。

表3.18 纤维素衍生物的用途

工业名称	用途	衍生物种类
一般工业	包装用胶膜	纤维素醋酸酯、再生纤维素
纺织工业	纤维	纤维素醋酸酯、再生纤维素
	胶料	羧甲基纤维素（CMC）
	胶合织物粘结剂	羟乙基纤维素（HEC）
	涂料	纤维素硝酸酯
塑料工业	成型	纤维素醋酸酯、纤维素醋酸丁酸酯 纤维素醋酸丙酸酯、乙基纤维素
照相	胶片	纤维素醋酸酯
表面涂层	喷漆	纤维素硝酸酯、纤维素醋酸酯、乙基纤维素
	涂料	CMC、HEC、甲基纤维素、乙基纤维素
国防工业	火药	纤维素硝酸酯
飞机	火箭推进剂	纤维素硝酸酯
记录	磁带	纤维素醋酸酯
分散剂	农药分散剂	CMC
化学药品	耐水性玻璃纸	纤维素硝酸酯
	乳液聚合剂	HEC
食品工业	乳液稳定剂	羟基丙基纤维素（CMC、HPC）
医药工业	泻剂	CMC
	乳液稳定剂	CMC
	造粒剂	甲基纤维素、HPC
	涂层	羟基丙基纤维素 HPC
	肠溶剂保护层	醋酸酞酸纤维素、羟丙基甲基纤维素、酞酸酯
医疗	人造肾脏渗透膜医疗用品 （药布、绷带）	再生纤维素 氧化纤维素
化妆品	乳液稳定剂	CMC、甲基纤维素、HEC、HPC
香烟	过滤嘴	纤维素醋酸酯
造纸工业	施胶剂	CMC、甲基纤维素
	涂料	乙基纤维素
石油工业	油井钻探泥水剂	CMC
电气工业	绝缘材料	苯甲基纤维素、氰乙基纤维素
印刷	墨水稳定剂	乙基纤维素
土木工程	水泥添加剂	HEC
陶瓷工业	粘结剂	甲基纤维素
皮革工业	加工处理剂	甲基纤维素

1. 纤维素的酯化反应

（1）纤维素酯化反应的基本原理

在酸性条件下，醇与有机酸或酰氯作用生成酯，称之为酯化反应。纤维素是一种多元醇化合物，这些羟基均为极性基团，在强酸液中，羟基氧原子上的孤立电子作为亲核试剂发生亲核取代反应，生成相应的纤维素酯。其反应机理如图3.50所示。

纤维素可与无机酸和有机酸生成酯，酯化反应时纤维素的葡萄糖单元的2位、3位、6位羟基的反应活性差异不大，通常较易获得三取代的酯。纤维素酯化反应中每个葡萄糖单元中被酯化的羟基数称为取代度（DS），纤维素的葡萄糖单元的2位、3位、6位羟基均被酯化，DS = 3，而把每100个葡萄糖基中被酯化的羟基数称为酯化度（γ）。酯化度（γ）与取代度（DS）的关系为：γ=100DS。纤维素的酯化反应是制备许多溶解性良好的纤维素酯的重要反应，如纤维素磺原酸酯是制造粘胶纤维和玻璃纸的中间产品；纤维素醋酸酯是制造清漆、塑料、抗燃性电影胶片和人造丝的优质原料；纤维素硝酸酯可用来制造喷漆、无烟火药等。

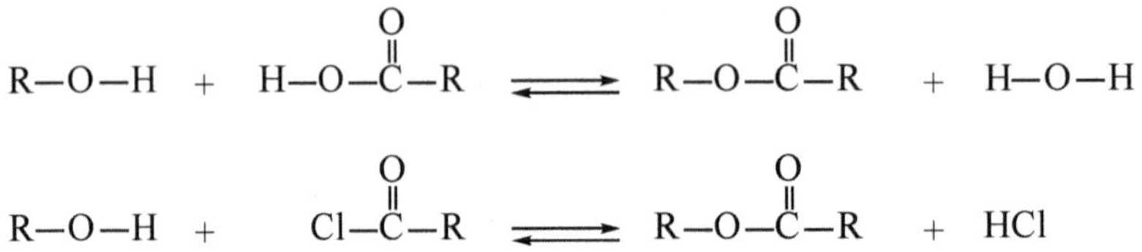

$$R{-}O{-}H + H{-}O{-}\overset{\overset{O}{\|}}{C}{-}R \rightleftharpoons R{-}O{-}\overset{\overset{O}{\|}}{C}{-}R + H{-}O{-}H$$

$$R{-}O{-}H + Cl{-}\overset{\overset{O}{\|}}{C}{-}R \rightleftharpoons R{-}O{-}\overset{\overset{O}{\|}}{C}{-}R + HCl$$

图 3.50　酯化反应机理

（2）主要的纤维素酯化反应

① 纤维素硝酸酯

纤维素硝酸酯在工业上又称为硝酸纤维素或硝化纤维素。纤维素硝酸酯的试剂有硝酸、硝酸和无机酸（硫酸）的混合酸、氮的氧化物等。

在工业生产上，一般使用硝硫混合酸为硝化剂，硫酸的作用如同催化剂，在反应初期，先生成硝鎓离子NO^{2+}：

$$HONO_2 + H_2SO_4 \rightleftharpoons NO_2^+ + H_3O+ + 2HSO_4^-$$

此反应可看作是酸-碱平衡反应，其中硫酸起到酸的作用，而较弱的硝酸可作为一种碱来看，因此反应按上式进行，而不是形成惯常的H和NO_3，紧接着，亲电的硝鎓离子易被纤维素羟基氧原子上的孤立电子亲核反应，如图3.51所示。

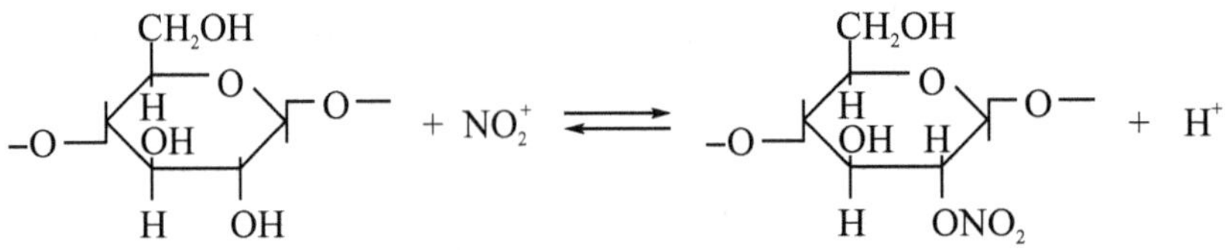

图 3.51　纤维素硝化的酯化反应

酯化反应由于产生水而受到阻碍，必须从反应体系中除水，才能促使反应完成。混合酸中的硫酸恰能起到吸收水分的作用。硫酸还有使纤维素强烈润胀的作用，有助于硫酸渗入纤维素纤维内部，加速硝化反应。当然，硫酸量不宜太多，否则硝化速度反而减慢。

硝硫混合酸中硝酸浓度通常为20%～25%。产物的酯化度可以由改变混合酸中水分的含量来加以控制。所谓酯化度，就是100个葡萄糖基中酯化羟基的数目，常以γ表示，也可以用含氮量表示。例如，含氮量12.5%～13.6%成为高氮硝化纤维素；含氮量10%～12.5%的称为低氮硝化纤维素。如果每个葡萄糖单元的三个羟基都酯化了，理论上含氮量为14.4%，相当于γ=300。酯化度也有用取代度DS的，它表示每个葡萄糖基中的酯化羟基数，γ值为300时，DS等于3，含氮量与取代度DS可按下式换算：

$$N\%=31.1\times \mathrm{DS}/(3.60+\mathrm{DS})$$

在使用硝硫混合酸为硝化剂时，推测可能生成硫酸酯，需用水和酒精煮沸处理，除掉硫酸酯，使纤维素硝酸酯稳定。纤维素硝酸酯的溶解性和稳定性，随含氮量而变，制作火药的纤维素硝酸酯，不但含氮量要高，而且需要高聚合度。纤维素硝酸酯是用途最广泛的纤维素酯类之一，从1869年起就用于生产塑料——赛璐珞，1886年开始用来制造无烟火药，在1884–1890年间应用于生产人造丝，由于纤维素硝酸酯的易燃性，近年来它的应用在不断减少。在制造人造丝和电影胶片方面，已不再使用纤维素硝酸酯，但在无烟火药及某些爆炸性物质的制造方面，以及在清漆的生产方面，纤维素硝酸酯仍占有相当的地位，如表3.19所示。纤维素硝酸酯膜片，具有记载高能粒子通过后的踪迹的特性，因而在其应用上又拓宽了一个新领域。

表3.19　纤维素硝酸酯的用途

DS	溶剂	用途
1.9–2.0	乙醇	塑料
1.9–2.3	酯、乙醇、醚醇	漆
2.0–2.3	酯	软件、胶接剂
2.4–2.8	丙酮	炸药

② 纤维素醋酸酯

纤维素醋酸酯俗称醋酸纤维素或乙酰纤维素，是用醋酸酐（或乙烯酮和醋酸）作乙酰化剂，催化剂（硫酸、高氯酸等）的作用下在不同的稀释剂中生成的，其酯化反应如图3.52所示。

$$\mathrm{Cell{-}OH} + (\mathrm{CH_2CO})_2\mathrm{O} \xrightarrow{\mathrm{H^+}} \mathrm{Cell{-}O{-}\overset{\overset{\displaystyle O}{\|}}{C}{-}CH_3} + \mathrm{CH_3COOH}$$

图 3.52　纤维素醋酸酯的合成反应

纤维素醋酸酯的丙酮溶液穿过喷丝头的细孔，溶剂蒸发，就可产生固体状态的细丝。醋纤就是用这些丝制成的。商品纤维素醋酸酯的溶剂及应用列于表3.20。

表3.20　商品级纤维醋酸酯

DS	溶剂	用途
1.8 ~ 1.9	水 – 丙醇 – 三氯甲烷	复合织品
2.2 ~ 2.3	丙酮	漆、塑料
2.3 ~ 2.4	丙酮	醋纤
2.5 ~ 2.6	丙酮	X– 射线及安全胶片（软片）
2.8 ~ 2.9	二氯甲烷 – 乙醇	绝缘箔（薄片）
2.9 ~ 3.0	二氯甲烷	纺织品

纤维素乙酰化为非均相反应，反应速度决定于试剂扩散进入纤维素纤维结构的速度。用于制作醋酸人造丝的纤维素原料品质非常重要。虽然棉短绒可达到很高的质量要求，但现代纤维素醋酸酯仍多用价廉、易得的木浆来生产。亚硫酸盐浆、预水解硫酸盐浆均可使用，其质量要求列于表3.21。

表3.21　用于乙酰化的纸浆规格

α – 纤维素（%）	>95.6
戊聚糖（%）	<2.1
特性粘度（dm^3/kg）	550 ~ 750
乙醇抽出物（%）	<0.15
灰分（%）	<0.08
铁（mg/kg）	<10

纤维素醋酸酯通常用溶解浆来生产，纸浆先用含有催化剂（常用硫酸）的醋酸进行预处理，此活化阶段的目的在于使纤维素润胀以提高其反应性能及把DP降低到合适的程度，然后，把醋酸酐和作为催化剂的硫酸（为纤维素量的5% ~ 10%）加入醋酸中，再进行乙酰化反应，完全乙酰化后，得到最终的三醋酸酯是可溶性的。这种“第一”醋酸酯通常置入醋酸水溶液中，使之部分皂化得到具有较低DS（约2 ~ 2.5）的“第二”醋酸酯。纤维素的酸催化乙酰化反应按照图3.53进行。

酸酐质子化后亲电的正碳离子就更易被纤维素羟基氧原子上的孤立电子亲核反应，此中间产物再分解成纤维素醋酸酯和醋酸并随之释出一个质子。纤维素醋酸酯具有许多优良的性质，如强度、透明度、耐光性、染色性等都很好。纤维素醋酸酯具有难燃性，广泛应用于制造醋酸丝、电影胶片、香烟滤嘴及塑料等领域。此外，由于乙酰化作用而引进了许多乙酰基，使纤维素醋酸酯的吸湿性下降，电绝缘性增强，适用于制造电绝缘薄膜，在电机上用来代替漆丝和漆布。用纤维素醋酸酯制成的电影胶片、X光胶片，具有在潮湿环境中不易变形的优点。过去，由于缺少适宜于纤维素三

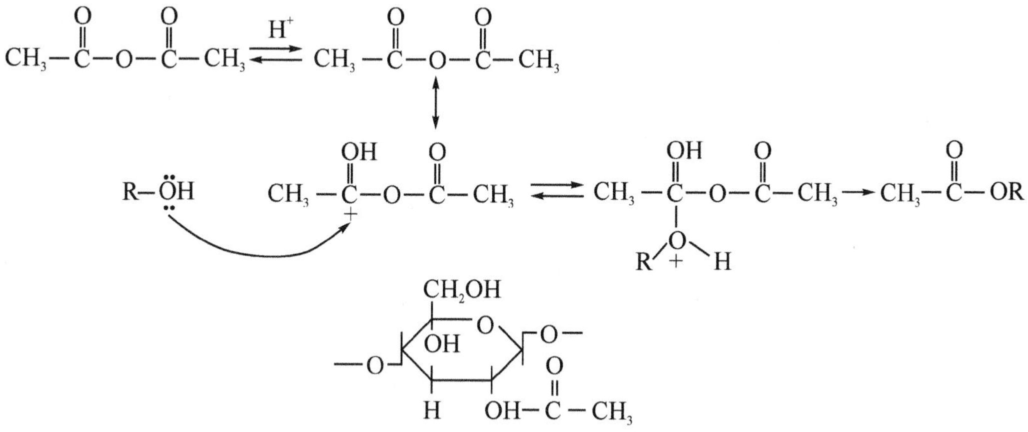

图 3.53　纤维素醋酸酯的酯化反应

醋酸酯的溶剂，因而需将它部分水解至DS为2.0～2.5，制成20%～40%的丙酮溶液后，才能用来制成纤维或胶膜。最近，由于找到比较理想的溶剂，如氯化乙烯及甲醇–氯化乙烯的混合溶剂，已展示这种纤维在制作耐熨烫衣料方面的前景。

③ 纤维素黄原酸酯

纤维素黄酸盐是在碱存在下，使用二硫化碳与之反应而制得的，这个反应于1891年Cross&Bevan及Beadle开始研究，1905年在工业上正式生产的，反应如图3.54所示。

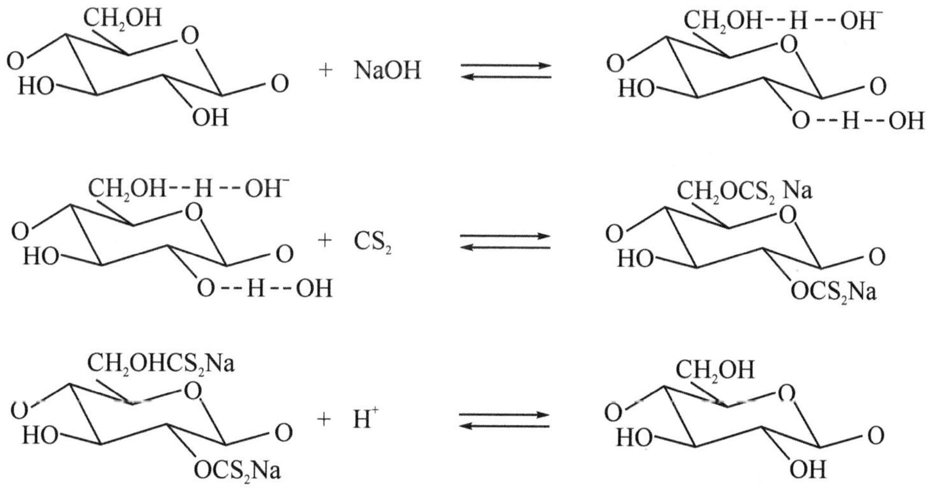

图 3.54　纤维素的黄原酸酯的酯化反应

纤维素黄原酸盐的制造过程大致如下：将溶解浆（α–纤维素含量为88%～96%的高纯度精制漂白浆）用210g/L（重量百分比浓度为17.5）的氢氧化钠溶液在常温下浸渍1～2h，其目的是以氢氧化钠液的润胀力来破坏纤维素大分子间的氢键，使黄原酸化后生成稳定的钠盐，并易于溶解，同时除去部分半纤维素，使以后抽丝不发生困难。碱处理后，用压榨机将它压至原来纸浆重量的2.6～2.8倍。将生成的碱纤维素撕碎经老化处理（碱纤维素吸收空气中的氧，发生氧化降解，使黏度降低，以便制得的黏液具有良好的过滤性能，有利于纺丝操作）。再加入相当于纸张重量35%～40%的二硫化碳，在常温下使之反应2～3h，即生成橙黄色的纤维素磺酸盐，DS为0.4～0.5。纤维素在碱的存在下与二硫化碳起黄原酸化反应的同时，有如下副反应发生：

$$3CS_2 + 6NaOH \longrightarrow 2Na_2CS_3 + Na_2CO_3 + H_2O$$

主要副产物为三硫碳酸钠，呈橙黄色，不仅消耗一部分二硫化碳，而且在纺丝浴中三硫碳酸钠与无机酸作用，会释放有害气体，反应如下：

$$Na_2CS_3 + H_2SO_4 \longrightarrow Na_2CS_4 + N_2S + CS_2$$

在生产中，应将余留的二硫化碳即时排出。

纤维素经黄原酸化后，由于黄原酸基亲水性强，极易溶于稀碱，而且成极性很大的黏稠的黄原酸盐溶液，称为黏胶。将黏胶通过喷丝头喷射至由硫酸-硫酸钠-硫酸锌组成的纺丝浴中，纤维素黄原酸钠在酸的作用下分解而使纤维素再生，即再生纤维素，也称为粘胶纤维。如果把它切成一定长度，像棉花一样粗细和长短的称为人造棉；像羊毛一样粗细和长短的称为人造毛。如果把黏液压过一条狭缝射出时，则生成纤维素的胶膜，将胶膜用软化剂（如甘油）处理，赋予柔软性之后，则为玻璃纸，多数玻璃纸经过耐水处理之后，用于食品或烟草的包装。

④ 天丝（Lyocell）

黄原酸酯用二硫化碳（CS_2），因CS_2有毒，且在生产过程中回收困难等原因，很多国家已经停止了使用CS_2生产粘胶纤维的方法。自1939年Graenacher等人发现三甲基氧化胺、三乙基氧化胺、二甲基环己基氧化胺等叔胺氧化物可以溶解纤维素以来，该类有机物作为纤维素溶剂的研究与开发引起了人们的重视。1967年Johnson首次将*N*-甲基吗啉-*N*-氧化物（NMMO）用作纤维素溶剂。1969年Eastman Kodak公开了以*N*-甲基吗啉制备的氮氧化物作为纤维素溶剂的专利。1980年美国Enka（现在的Akzo Nobel）公司和英国Courtaulds公司建立中试工厂发展纺丝技术以及溶剂回收。Lyocell纤维的研究和不断改进直至实现工业化生产经历了20多年，由Courtaulds公司最早实现商业化生产，产品名确定为Tencel纤维。目前，已用该溶剂生产出多种商业纤维，1989年国际人造丝及合成纤维标准局为NMMO/H_2O溶剂法纺的丝命名为Lyocell，在我国俗称天丝。由于这种纤维比粘胶纤维有明显高的强度和优异的尺寸稳定性，称为“21世纪纤维”。然而，不足之处是溶剂价格昂贵以及生产工艺过程条件苛刻。

NMMO是一种毒性较低但易爆的溶剂，具有很强的偶极（N^+O^-），该基团的氧原子可以与含羟基的物质形成氢键，可破坏75%～80%的纤维素氢键，纤维素通过润胀过程进一步溶解在NMMO水溶液中，因此在高温下可以完全溶解纤维素（见图

3.55）。NMMO工艺是一种不经化学反应而生产纤维素丝的新工艺，属于物理溶解和再生过程。生产Lyocell所用木浆聚合度一般是500～550，经过研磨机加工成小块的浆料，首先将质量分数10%～18%的纤维素与含质量分数76%～78%的NMMO水溶液混合，同时加入少量的抗氧化剂（没食子酸丙酯、焦磷酸钾等）在70～90℃下进行搅拌，变成溶胀的木浆纤维及浆糊状浆料。在真空下进行充分的机械搅拌加速溶解，同时加热（90～120℃）除去过量的水分后得到清亮的琥珀色纤维素溶液，采用干喷湿纺法（dry spray wet spinning）纺丝，然后经低温水浴或H_2O/NMMO溶液凝固成型，经拉伸、水洗、切断、干燥、溶剂回收等工序制成Lyocell。Lyocell纤维具有高结晶、高取向结构，与黏胶纤维相比具有高强度、高湿模量和优良的尺寸稳定性。

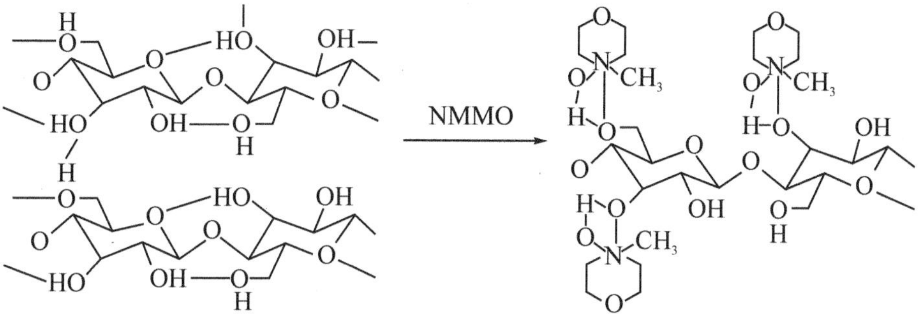

图 3.55　NMMO 溶液纤维素溶解机理

2. 纤维素的醚化反应

（1）纤维素醚化反应的基本原理

在碱性条件下，纤维素的醇羟基与烷基卤化物、芳烷卤化物或其他醚化剂起醚化反应生成纤维素醚。纤维素醚化反应遵循Williamson 醚化反应原理：醇羟基的反应活性比较弱，与氢钠反应形成烷氧负离子，烷氧负离子与烷基卤化物反应生成醚化物（见图3.56）。

$$ROH + NaH \longrightarrow RO^- Na^+ + H_2$$

$$RO^- Na^+ + CH_3-I \longrightarrow RO-CH_3 + NaI$$

图 3.56　醚化反应机理

纤维素进行醚化反应时，羟基的离子化作用是一个前提。在含水溶剂中的醚化反应，纤维素的葡萄糖单元的2位、3位、6位羟基的反应活性为：OH–2 > OH–6 > OH–3；而在非水溶剂体系中的醚化反应中各羟基的反应活性为：OH–6≧OH–2≧OH–3或OH–2≧OH–6≧OH–3。OH–2的反应活性强是因为OH–2在羰基邻位，具有异头碳（anomeric）效应，易于电离，因此反应活性高。

纤维素醚种类繁多、应用很广。羧甲基纤维素（CMC）和乙基纤维素的制造量最大，其他如纤维素的甲醚、苯甲醚、羟乙基、氰乙基纤维素等也有一定数量。此外，纺织工业广泛应用的纤维织物的抗皱、抗缩、防水、防油、耐燃处理，从化学本质来看，大多数属于醚化反应。纤维素的醚类（如甲基纤维素、乙基纤维素，羧甲基纤维素等）都已经在纺织、塑料等工业部门广泛的应用，随着纤维素醚类产品应用的不断开发，也日益显示其重要性。

（2）主要的纤维素醚化反应

① 甲基纤维素

纤维素先与碱作用形成碱纤维素，然后再与甲基化试剂如二甲基硫酸、氯代甲烷、重氮甲烷等作用，制得各种DS的甲基纤维素。在工业上常用氯代甲烷为甲基化试剂。

先用37.8%～57.2%的氢氧化钠溶液处理制得碱纤维素，再向其中加入比碱纤维素当量稍过量的氯代甲烷，在137.3×10^4Pa压力下，在50～100℃下反应，制得DS为1.6～2.0的甲基纤维素（见图3.57），可溶于冷水。

$$\text{Cell}-\text{OH} + \text{NaOH} \longrightarrow \text{Cell}-\text{O}^-\text{Na}^+ + \text{H}_2\text{O}$$

$$\text{Cell}-\text{O}^-\text{Na}^+ + \text{ClCH}_3 \longrightarrow \text{Cell}-\text{O}-\text{CH}_3 + \text{NaCl}$$

图 3.57　甲基纤维素的醚化反应

甲基纤维素是非离子型的表面活性剂，有耐油性，可作化妆品的乳化稳定剂，还可提高涂料的贮藏性，防止颜料的沉淀，在皮革的加工处理及纸的上胶等方面使用，其主要用途如表3.22所示。

表3.22　甲基纤维素的取代度和用途

DS	溶剂	用途
0.1 ～ 0.9	4% ～ 10% 氢氧化钠	胶膜、胶料
1.6 ～ 2.0	水	糊料、洗涤剂
2.4 ～ 2.8	极性溶剂	增粘剂、保水剂、粘结剂

② 乙基纤维素

在所有纤维素醚类中，乙基纤维素因具有高机械强度、抗热性与耐寒性，以及制成品（塑料、薄膜、清漆等）的化学稳定性好而得到了广泛的应用。制备乙基纤维素主要用氯乙烷做醚化剂。纤维素先用40%～50%的氢氧化钠溶液处理制得碱纤维素，然后将活化后的碱纤维素压榨至原重量的3倍，再加入比碱纤维素当量稍过量的氯乙烷，在137.3×10^4Pa压力下，在90～130℃，反应6～24h（见图3.58）。DS为0.8～1.5的乙基纤维素是水溶液性的，可作胶合剂使用。DS为2.2～2.6时，不溶于水，可溶于普通有机溶剂，常用作涂层及制作塑料。

③ 羧甲基纤维素

羧甲基纤维素（Carboxy Methyl Cellulose，CMC）是由碱纤维素与一氯醋酸的羧甲基化反应而制得的（见图3.59）。

副反应如下：$ClCH_2COOH + 2NaOH \longrightarrow HOCH_2COONa + NaCl + H_2O$

表3.23　不同取代度的纤维素醚的溶解性能

溶解性	甲基纤维素 DS	乙基纤维素 DS	羧甲基纤维素钠 DS
4% ~ 8%NaOH	0.1 ~ 0.6	0.5 ~ 0.7	0.05 ~ 0.25
冷水	1.3 ~ 2.6	0.7 ~ 1.3	0.3 ~ 0.8
在乙醇中溶解性增高	2.1 ~ 2.6	1.4 ~ 1.8	2.0 ~ 2.8
在溶剂中的溶解性增高	2.4 ~ 2.7	1.8 ~ 2.2	—
在烃类中的溶解度增高	2.6 ~ 2.8	2.7 ~ 2.9	—

$$Cell-OH + NaOH \longrightarrow Cell-O^-Na^+ + H_2O$$

$$Cell-O^-Na^+ + ClCH_2CH_3 \longrightarrow Cell-O-CH_2CH_3 + NaCl$$

图 3.58　乙基纤维素的醚化反应

$$Cell-OH + NaOH \longrightarrow Cell-O^-Na^+ + H_2O$$

$$Cell-O^-Na^+ + ClCH_2COOH + 2NaOH \longrightarrow Cell-O-CH_2COONa + NaCl + H_2O$$

图 3.59　羧甲基纤维素的醚化反应

乙醇酸钠的生成无论对于制造成本，还是对废物处理都很不利。此外，醚化反应条件不同，如改变醚化温度、一氯醋酸用量和反应时间，可得到不同醚化度的产品。不同醚化度的产品，溶解性能各异，在使用上也有所不同。一般而言，CMC以钠盐的形式存在，是水溶性的，通常配制成2%的水溶液，在25℃下测定CMC的黏度。DS为0.2 ~ 0.5的CMC是白色粉末状，溶于稀碱或分散于水中成黏稠液体；DS>0.5，溶于水而成黏液。造纸厂常用低黏度产品作胶料，纸浆内加入0.1% ~ 0.3%的CMC，能增高纸张的抗张强度40% ~ 50%，耐油性增大4 ~ 5倍，并且纸质均匀，印刷时油墨易于渗入。另外，由于用CMC制成的黏稠液体具有不易腐坏、对光及热稳定、乳化分散性大、生理上无害等优点，CMC得到了广泛的应用。其主要用于制作除垢剂的制剂、作为纺织品的浆料、涂料增粉剂、农药分散剂等，此外在食品、医药及化妆品方面也多用作乳化稳定剂。在纤维素醚类产品中，CMC的产量最多，应用最广（见表3.23）。

3. **纤维素的接枝共聚与交联反应**

接枝共聚是指在聚合物的主链上接另一种单体。纤维素接枝共聚的研究始于1943年，纸和纸板的接枝共聚也做了很多研究工作，但尚未在生产上实际应用。纤维素接枝共聚的方法主要有自由基引发接枝和离子接枝法。自由基引发接枝法研究最多、应用最广，如四价铈、五价钒、高锰酸钾、过硫酸盐等；Fentons试剂、光、高能辐射等离子体辐射等作为引发剂，这些试剂产生自由基与纤维素发生自由基反应（见图3.60）。

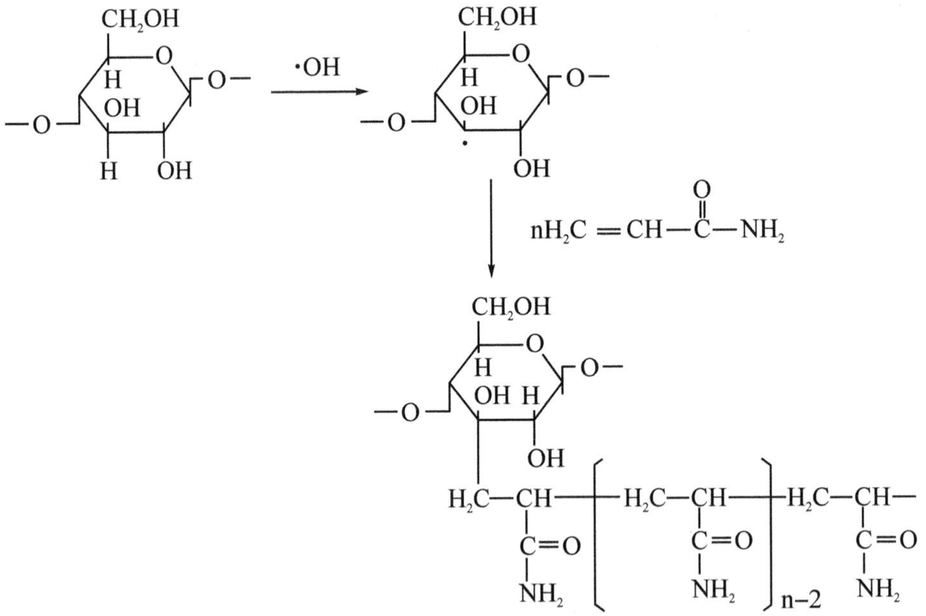

图 3.60　纤维素接枝反应

纤维素多相接枝共聚反应发生在无定形区和结晶区表面，对纤维素的结构没有影响。在均相反应条件下制得的接枝共聚物的结晶和形态结构都发生了明显变化。纤维素的接枝共聚物既具有纤维素固有的优良特性，又具有合成聚合物支链赋予的新性能，如耐磨性、形稳性、黏附性、高吸水性或抗水性、抗油性、阻燃性、耐酸性、耐微生物降解和离子交换性能，用途更加广泛。

纤维素中含有大量的羟基，具有亲水性，植物纤维的物理结构呈多毛细管性，比表面积大，因此可作为吸水材料。但天然纤维素纤维的吸水能力不大，必须通过化学改性，使之具有更强或更多的亲水基团，提高其吸水性能，可制得吸水性能比其自身吸水性能高几十倍甚至上千倍的高吸水性纤维素纤维。对天然纤维素或纤维素衍生物进行接枝共聚，例如纤维素与丙烯酸或丙烯酰胺接枝共聚，可以得到高吸水性纤维素材料。

3.7　纤维素的利用

纤维素是世界上蕴藏量最丰富的天然高分子化合物，来源于棉花、棉短绒、木材、竹材、麦草、稻草、芦苇、麻、桑皮、楮皮、甘蔗渣等植物纤维原料，是取之不尽的可再生资源，因此纤维素复合材料的研究和产品开发一直以来都受到广泛的重视。纤维素的复合材料主要包括以纤维素作为聚合物基底材料，通过将纤维素与其他无机、有机组分构成的复合材料；或用纤维素本身作为增强组分与其他高聚物基底构成的复合材料。前者可以改善纤维素材料的性质；后者利用纤维素的高结晶度和生物可降解性，制备含有环境友好填料的聚合物材料。

3.7.1　纤维素基功能材料介绍

1. 纤维素衍生物新材料

纤维素衍生物的一个重要特征是通过控制它的化学改性很容易控制它的亲水及疏水性。纤维素葡萄糖单元上有3个羟基，易被酯化或醚化而生成纤维素酯类或醚类衍生物，纤维素分子链上通过引入亲水和疏水基团，已制备出多种纤维素衍生物，如硝化纤维素、醋酸纤维素、丙酸纤维素等酯类衍生物；甲基纤维素、乙基纤维素、羟丙基纤维素、羧甲基纤维素等醚类衍生物产品，这些衍生物已广泛地用于食品、化妆品、石油开采、污水处理等领域。近年，纤维素及其衍生物的研究与开发，其中包括新的合成方法、新的纤维素衍生物、接枝共聚物、纤维素共混材料及其复合改性功能材料等备受关注。目前，纤维素新衍生物的合成主要有两个显著特点：一是取代基的分布控制，纤维素衍生物的性质不仅依赖于总取代度，还与取代基在葡萄糖单元上的分布有关；二是纤维素位置选择性取代，对于纤维素的更高级的功能化和更好地了解纤维素分子内和分子间氢键结构非常重要。

纤维素通过衍生化可制备出热塑性纤维素衍生物，目前已经商业化的热塑性纤维素衍生物有三乙酸纤维素（CTA）、纤维素醋酸丁酯（CAB）、纤维素醋酸丙酯（CAD）、乙基纤维素（EC）、O-2-羟丙基纤维素（HPC）等；纤维素烷基取代衍生物作为温度和环境敏感材料；羟丙基纤维素在水溶液中表现液晶行为，利用纤维素衍生物的液晶性质已开发出高强度高模量纤维、高性能纤维液晶复合材料、高性能纤维素液晶分离膜及特殊光学材料的液晶纤维素产品。

2. 纤维素基功能材料

张俐娜等人利用纤维素丝在湿态下的多孔结构，创建了微-纳孔穴原位合成无机磁性纳米材料的新途径。在湿态纤维素丝中通过原位合成制备出含Fe_2O_3纳米粒子的磁性纤维素，该无机纳米离子直径为18nm，它们通过静电力牢固地固定在纤维素基底。这种Fe_2O_3无机纳米材料具有优良的电化学活性和很高的释放电量能力，在电、磁功能材料领域有广阔的应用前景。

张俐娜等人已证明NaOH/尿素是一种稳定的、均相的纤维素反应介质。用这种纤维素溶液制备出纤维素微球，并且通过原位合成制备出磁性纤维素微球。该微球在磁场作用下显示灵敏的迁移性且对牛血清白蛋白具有优良的吸附和释放能力，在生物医药领域具有应用前景；用这种纤维素溶液可制备出透明膜、萤光膜和发光膜，由于这些膜材料在土壤中能完全生物降解，是具有前景的生物可降解材料；基于纤维素水溶剂体系的亲核性，碱土铝盐等发光粒子可均匀分散在纤维素水溶液中，同时萤光膜和发光膜成型后该无机纳米粒子可牢固地埋在纤维素基底中形成发光膜，在信息材料领域具有应用前景。

3. **纤维素气凝胶**

气凝胶是已知密度最低的固体，95%以上的体积是空气，具有低密度、高比表面积、低热传导性、低介电常数等独特的性质。Kistler最早试图从纤维素制备气凝胶，此后有报道用水溶胀浆料制备纤维素气凝胶；以嘧啶作为催化剂通过交联纤维素酯和二异氰酸盐形成湿凝胶，然后利用超临界干燥法制备气凝胶；通过醋酸纤维素和异氰酸盐的缩聚反应获得凝胶，通过超临界干燥获得气凝胶；通过水解纤维素的方法得到纤维素纳米晶须，在超声条件下自组装形成凝胶网络，然后用CO_2超临界干燥的方法制备出纤维素纳米晶须气凝胶；利用碱/尿素水溶液溶剂体系也成功制备出再生纤维素气凝胶，利用NaOH/尿素或LiOH/尿素溶剂溶解纤维素获得透明纤维素水凝胶，经过冷冻干燥或超临界干燥后得到透明纤维素气凝胶。纤维素及其复合气凝胶具有极低密度、高的孔隙度、高的比表面积以及热稳定性和良好的力学性能。

3.7.2 纳米纤维素增强材料

1. **纳米纤维素纤维**

纳米纤维素纤维（CNF）作为一种新型绿色纳米材料，近年来在储能领域受到了广泛关注。除了储量丰富、循环可再生的天然优势外，纳米纤维素还具有精细的纳米结构、良好的力学强度和较低的热膨胀系数等优点。在失水状态下，纳米纤维素可在氢键、范德华力或静电力等力作用下自发形成自组装薄膜，这种新型膜材料具有离子扩散快、耐高温等性能优势，在金属离子电池、超级电容器等储能器件用隔膜和电极材料领域具有广阔的应用前景。此外，纳米纤维素还可通过凝胶化形成三维网络多孔结构，与无机纳米粒子、金属离子及其氧化物、碳材料、导电高分子等光电材料复合可形成具有导电和储能效应的多功能复合材料。纳米纤维素本身具有良好的柔韧性和机械性能，纤维之间彼此交错连接，易形成便于离子和电子传输的多孔结构。纤维表面还附有羟基、羧基等亲水性官能团，在电解质溶液中具有良好的保湿能力，在储能领域应用前景广阔。

CNF（比重1.5 g/cm^3）比钢铁（比重7.85 g/cm^3）轻，而强度是其5倍以上，同时耐冲击性和耐热性优良。由于能使用部分造纸生产设备，各造纸企业正竞相推进开发CNF。

日本在纤维素纳米纤维开发竞争中走在前头的是造纸行业。随着数字化的推进，日本国内对纸张的需求自2011年起持续减少，在纸张持续减产的背景下，纤维素纳米纤维的生产可以转用既有设备，作为高附加值材料受到期待，计划到2030年将相关市场培育为1万亿日元规模市场。电动化的汽车需要轻量化且耐热性高的材料，汽车内

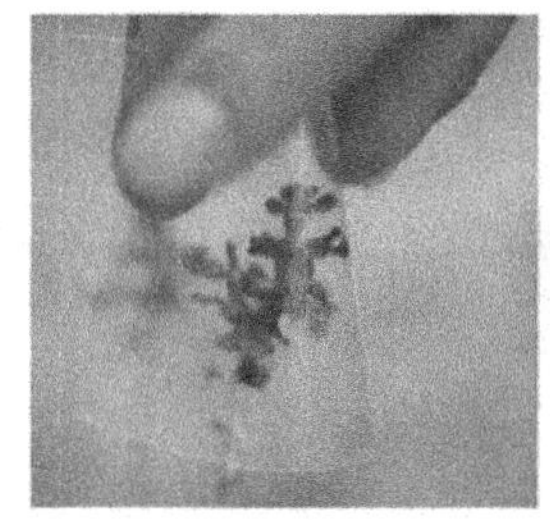

图 3.61　纤维素纳米材料

置的半导体和电池发出大量热，但纤维素纳米纤维与碳纤维等相比，具有容易散热的特点。此外，在半导体领域，由于纤维素纳米纤维耐热性高，正在讨论应用于基板材料。纤维素纳米纤维有望在今后普及。

2. **纤维素纳米晶体（CNC）**

利用酸或纤维素酶可选择性地水解掉无定形的纤维素而剩下部分纤维素晶体，将这些纤维素晶体通过超声波分散和其他物理的分散方法可以得到纤维素纳米晶体（CNC）。CNC通常是直径5～20nm，长度为50～300nm的刚性棒状纤维素材料，它具有高纯度、高结晶度、高聚合度、高杨氏模量、高强度等材料性能以及轻质可降解性、生物相容性和可再生性等环境友好特性，在新型复合材料领域表现出可观的应用前景。在制药工业中，CNC常用作吸附剂、助悬剂、稀释剂、崩解剂，也可用作药品的缓释剂、崩解剂、胶囊剂、稳定乳化剂；在食品工业上CNC可作重要的功能性食品—膳食纤维素，是一种理想的保健食品添加剂；在化妆品领域，CNC用于多种化妆品、皮肤治疗与护理用品等。越来越多的研究结果表明，纳米纤维素晶体已经在纳米光学传感器、新型防伪材料、装饰材料以及手性分离和手性催化等领域具有极大的应用研究价值。近年来，为不断改善纳米纤维素的性能，降低生产成本，迎合环境友好型的理念，人们在不断探索通过更廉价的原料和更环保的方法来制备纳米纤维素，随着科技的进步，纳米纤维素的制备方法必将得到进一步发展。

3.7.3　纤维素乙醇

随着石油资源的逐渐枯竭和环境的日益恶化，大力推广使用可再生能源技术已成为许多国家能源发展战略的重要组成部分，以减少对化石能源的依赖和温室气体的排放。纤维素乙醇一方面可以补充粮食乙醇供给不足，另一方面也为秸秆焚烧污染环境的问题提供了解决方案，同时还能改善农村环境、增加农民收入、促进农业发展，意义十分重大。纤维素乙醇技术是一种高端的清洁能源技术，利用地球上广泛存在的纤维素生物质原料生产清洁的乙醇燃料，被寄予了很高的期望。

纤维素乙醇采用包括农业废弃物、林业废弃物、糖业废弃物以及能源作物等来源广泛的多种生物质原料，应用地域没有限制，具有非常好的经济性和地域适应性。由纤维素制备乙醇过程主要包括3个阶段：第一阶段是通过物理、化学或酶技术将纤维素降解为单糖；第二阶段是通过微生物（一般采用酵母）将糖转化为乙醇；第三阶段是通过蒸馏回收乙醇。其中第一阶段最为重要。纤维素降解为单糖方法主要有两大类：酸水解法和酶水解法。

酸水解法：早期的研究主要采用酸水解法，包括浓酸水解法和稀酸水解法，水解后使纤维素降解为葡萄糖，然后通过酵母发酵生成乙醇。浓酸水解的原理是结晶纤维素在较低的温度下完全溶解于浓酸（72%硫酸、42%盐酸、77%～83%磷酸）中，导致纤维素的均相水解。浓硫酸是最常用的酸，主要优点是糖的回收率高，约有90%的纤维素和半纤维素转化的糖被回收；稀酸水解原理是稀酸引起纤维素微细结构（结晶度、聚合度）的变化，糖的产率较低，为50%～65%，并且水解过程会产生乳糖醛、酚类等对酶有毒性或对发酵过程有抑制作用的物质。稀酸水解法已经积累了大量的经验，德国、日本、俄罗斯在过去的50年中已经建立了用渗滤水解法生产酒精的工厂。最近，一些公司着手寻找更经济的稀酸水解法，以提高稀酸水解法的商业可行性。酸水解法的最大优点是反应速率快，但其缺点同样显著：酸水解需要消耗大量的酸，对设备腐蚀性大；无论是浓酸水解还是稀酸水解，都对反应容器有严格要求，不但要求材质耐酸，还需能承受一定的压力；酸水解容器的体积较大，需大量的额外能源提供高温、高压条件以保证反应顺利进行，因此酸水解的能耗较高；酸水解法糖的转化率低，稀酸水解糖的转化率只有50%，并且在水解过程中会进一步分解，产生对发酵有害的副产物；浓酸水解约有90%的纤维素和半纤维素转化的糖被回收，但浓酸水解中的酸难以回收；酸水解过程通常会伴随产生如乳糖醛、酚类等有毒物质，而且由于过程中使用酸，对环境和生产过程也会造成危害，因此需要回收酸，相应地使生产成本增加。因此需要改善工艺，减少有毒物质的产生，降低生产成本。

酶水解法：纤维素的酶水解是利用微生物分泌的纤维素酶作为催化剂，催化纤维素的水解反应，使纤维素分解为最终产物—葡萄糖的过程。与酸水解法相比，酶水解法有诸多的优越性，如酶水解所用设备简单，无需耐酸、耐压、耐热；酶水解条件温和，在45～50℃下即可水解；酶水解生成的糖不会进一步分解，且不会产生对发酵有害的副产物，从而简化了糖液净化工艺；产物得率高；能耗低，符合“绿色”生产过程。因此纤维素的酶水解备受重视，在美国，酶水解法是当前主要研究方向。

“十二五”期间我国中粮集团、河南天冠、山东龙力等多家企业在积极推进纤维素乙醇的产业化。比如，中粮集团在纤维素乙醇技术开发上已有多年的经验，取得了大量技术成果，开发了一整套农作物秸秆制备纤维素乙醇的工业化技术，但相较于石油和粮食乙醇，纤维素乙醇的市场竞争优势还不强，主要原因是成本过高。就降低纤维素乙醇经济性而言，预处理工艺和酶解工艺技术是核心和关键所在。

随着新技术、新工艺在工程上的应用，将会大大拓展纤维素及其纤维的功能应用

（见图3.62）。因此，植物纤维素功能化开发和利用是非常具有活力的领域。纤维素功能材料对温室气体零排放的角度也具有重要的意义。

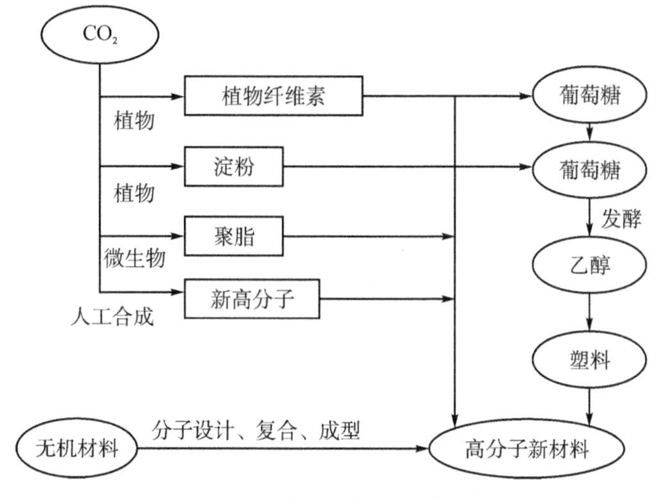

图 3.62　将来高分子的原料及产品

第 4 章　半纤维素

4.1　概述

4.1.1　基本概念

半纤维素（hemicellulose）是细胞壁中除纤维素以外的高聚糖，与纤维素和木质素一起构成细胞壁的主要组分。半纤维素几乎存在于所有的植物细胞壁中，是植物细胞壁的三大组分之一。

“半纤维素”这个名词是1891年由舒尔兹（E. Schulze）最先提出来的，即“在植物细胞壁中与纤维素紧密结合在一起的、可被碱水溶液抽提、酸水解较纤维素容易得多高聚糖”。20世纪50年代以来，随着新实验方法的产生及分离技术的发展，尤其是各种色谱法在聚糖研究中的应用，对半纤维素有了新的认识。1962年Aspinall提出“半纤维素是来源于植物的聚糖，含有D–木糖基、D–甘露糖基、D–葡萄糖基、D–半乳糖基的主链，其他糖基作为支链连接于主链上”。1964年Timell对半纤维素概念进行了补充：“半纤维素是低分子量的聚糖类（其平均聚合度约为200），和纤维素一起存在于植物细胞壁中，可以被水或碱水溶液抽提而分离出来”。随着高聚糖分离纯化的改进以及各类色谱、红外光谱、核磁共振，质谱和电子显微镜的应用，人们已经掌握了半纤维素结构的有关知识，在植物细胞壁中半纤维素与木质素形成物理的或化学（LCC）的结合、与纤维素形成氢键填充在微纤丝之间。研究者们提出过“木材多糖”、“非纤维素高聚糖（按惯例不包括果胶、淀粉、树胶和黏液）”等，但终因“半纤维素”这一名词应用已久，至今仍然继续沿用。应该指出，“半纤维素”这个名词早已被不同工业和研究部门所采用，例如水解工业、制浆造纸工业、粘胶纤维行业等领域，把植物纤维细胞壁中易于水解或漂白化学浆在20℃能溶于17.5%氢氧化钠或24%氢氧化钾水溶液的、较纤维素易被酸水解的复杂的一群非均一高聚糖的总称。因此，我们在习惯上继续沿用“半纤维素”这一名词，但工业上“半纤维素”和学术上“半纤维素”的概念是不相同的。

4.1.2　构成细胞壁的单糖及其化学结构

与纤维素不同，半纤维素不是均一聚糖，而是一群聚糖的总称。植物纤维原料来源不同，复合聚糖的组分也不同。组成半纤维素的结构单元（糖基）主要有：D-木糖基、D-甘露糖基、D-葡萄糖基、D-半乳糖基、L-阿拉伯糖基、4-O-甲基-D-葡萄糖醛酸基、D-半乳糖醛酸基、L-鼠李糖基、L-岩藻糖等。半纤维素的糖基组成可分为以下四类：

己糖基：D-葡萄糖、D-甘露糖、D-半乳糖；

戊糖基：D-木糖、L-阿拉伯糖。

己糖醛酸基：D-葡萄糖醛酸、4-O-甲基-D-葡萄糖醛酸、D-半乳糖醛酸；

脱氧己糖基：L-鼠李糖、L-岩藻糖

单糖在水溶液中以开链式和环式结构的动态平衡的形式共存的，如图4.1所示。

半纤维素含量通常占绝干重的20%～30%，不同种类细胞壁半纤维素的组成和结构不同，组成半纤维素糖基含量也不同。木糖是阔叶材的主要的半纤维素构成糖，含量可达20%～25%，而甘露糖是针叶材的主要半纤维素构成糖（见表4.1）。

表4.1　不同木材中半纤维素糖基的含量（占脱提取物原料百分比）

原料	甘露糖	木糖	半乳糖	阿拉伯糖	糖醛酸	鼠李糖	乙酰基
香脂冷杉	10.0	5.2	1.0	1.1	4.8	—	1.4
欧洲落叶松	11.5	5.1	6.1	2.0	2.2	0.0	—
挪威云杉	13.6	5.6	2.8	1.2	1.8	0.3	—
欧洲赤松	12.4	7.6	1.9	1.5	5.0	—	1.6
西方金钟柏	7.4	3.8	1.5	1.7	5.8	—	0.9
纸皮桦	2.0	23.9	1.3	0.5	5.7	—	3.9
疣皮桦	3.2	24.9	0.7	0.4	3.6	0.6	—
欧洲山毛榉	0.9	19.0	1.4	0.7	4.8	0.5	—
颤杨	3.5	21.2	1.1	0.9	3.7	—	3.9
美国榆	3.4	15.1	0.9	0.4	4.7	—	3.0

4.1.3　半纤维素的命名

半纤维素为非均一高聚糖，其命名法有如下两种：

（1）命名时将非均一高聚糖中的各糖基都列出，支链糖基名列于前，而将主链糖基按量少至量多的顺序排列，并于所列的最后糖基冠以“聚”字。例如某非均一高聚糖（或半纤维素），具有如下结构：

```
      C
      |
-A —A —A —A —A —A —D —A —D -
            |     |
            B     B
```

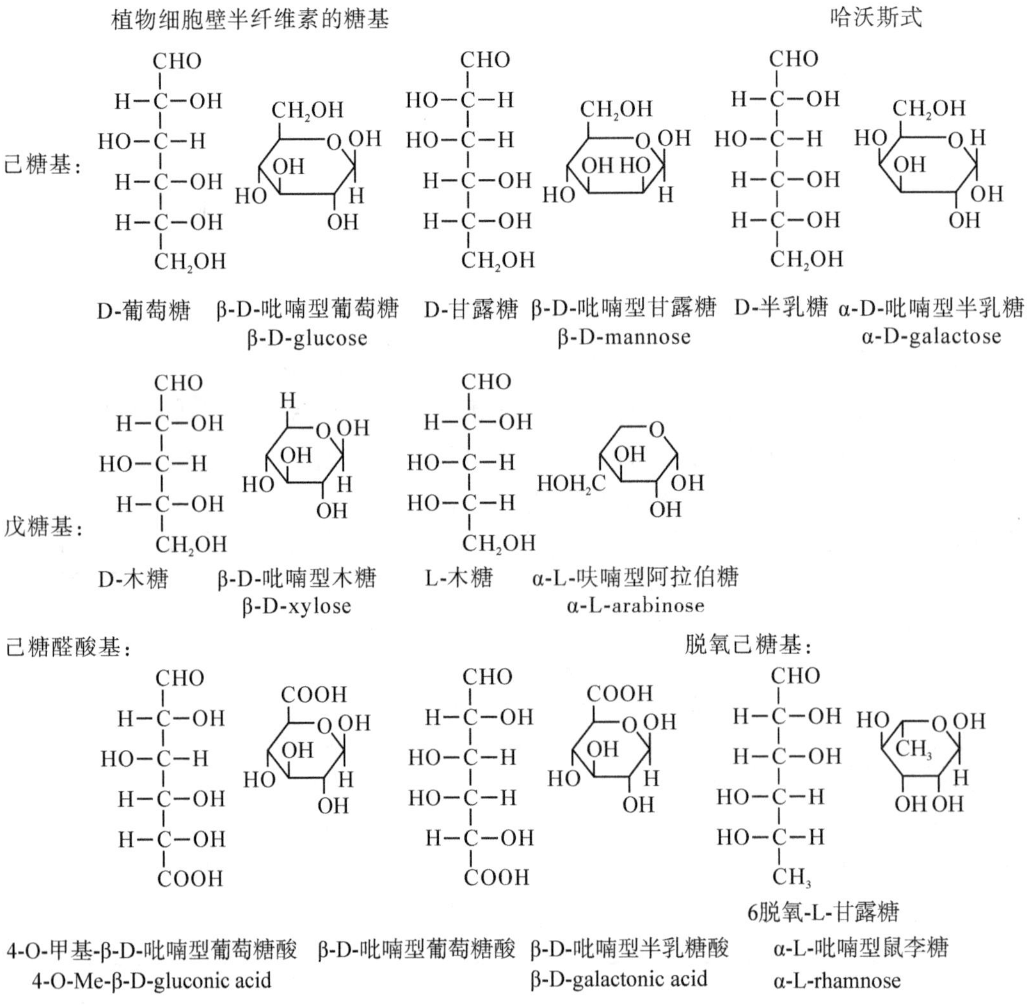

植物细胞壁半纤维素的糖基　　哈沃斯式

己糖基：

D-葡萄糖　β-D-吡喃型葡萄糖 β-D-glucose　D-甘露糖　β-D-吡喃型甘露糖 β-D-mannose　D-半乳糖　α-D-吡喃型半乳糖 α-D-galactose

戊糖基：

D-木糖　β-D-吡喃型木糖 β-D-xylose　L-木糖　α-L-呋喃型阿拉伯糖 α-L-arabinose

己糖醛酸基：　　脱氧己糖基：

6脱氧-L-甘露糖

4-O-甲基-β-D-吡喃型葡萄糖酸 4-O-Me-β-D-gluconic acid　β-D-吡喃型葡萄糖酸　β-D-吡喃型半乳糖酸 β-D-galactonic acid　α-L-吡喃型鼠李糖 α-L-rhamnose

图 4.1　植物细胞壁半纤维素的糖基

其中，A、B、C、D皆为糖基，但B、C为侧链糖基，而A、D为主链糖基且A糖多于D糖，故此非均一聚糖，按以上命名法可称为C-糖基B-糖基-D糖-A聚糖。因本法命名比较全面，故目前应用较广。

（2）命名时只提及主链糖基而不提及侧链糖基，并于主链糖基前冠以“聚”字。例如上述高聚糖命名为聚D-A糖。此种命名虽较第一种简单，但不能全面反映高聚糖的结构，有一定局限性。尽管如此，目前文献中仍经常沿用此种命名法，如木材半纤维素中的4-O-甲基-葡萄糖醛酸基-阿拉伯糖基-木聚糖，因其结构中由木糖基构成主链，而4-O-甲基-葡萄糖醛酸基和阿拉伯糖基为侧链，故按第二种命名法称为“聚木糖”。

4.2　半纤维素的生物合成

半纤维素是植物细胞壁中三大主要组分之一，植物细胞壁形成过程中半纤维素先于木质素沉积在细胞壁中，给木质素单体聚合创造环境，也是造成木质素结构不均一的原因之一。半纤维素构成糖生物合成的细胞器是高尔基体（见图4.2），高尔基体能产生合成半纤维素所需的酶，在植物细胞内质网核蛋白体上合成的蛋白质向高尔基体转移，在高尔基体产生的酶作用下进行糖苷化，合成半纤维素。合成的半纤维素包含在高尔基囊胞内并向细胞膜移动，在细胞膜处高尔基囊胞融合成连续的质膜，使半纤维素沉积到细胞壁中。通常糖基的还原性末端形成核糖苷，在糖转移酶的作用下，转移到糖链上形成聚糖。因此，由多种糖基构成的半纤维素的生物合成，首先是生物合成各种核糖苷，其次是转运核糖苷到糖链上形成聚糖。

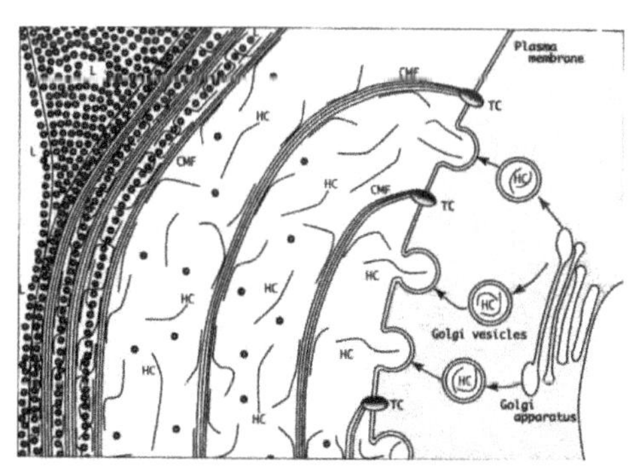

图 4.2　半纤维素生物合成的细胞器 [3]

4.2.1　核糖苷的生物合成

半纤维素生物合成相关的核糖苷（nucleotide sugar）是尿苷磷酸酯（UDP）糖和二磷酸鸟苷（GDP）糖。核糖苷由尿嘧啶-β-D-呋喃核糖苷三-磷酸酯在酶的作用下将嘧啶-β-D-呋喃核糖苷二-磷酸转移到葡萄糖-1-磷酸上而形成。主要的核糖苷生物合成如下（见图4.3）：

（1）UDP-D-葡萄糖的生物合成：

D-葡萄糖-1-磷酸 + 尿嘧啶核糖苷三磷酸(UTP) ⇌ UDP-D-葡萄糖 + 焦磷酸

（2）UDP-D-葡萄糖酸的生物合成：

UDP-D-葡萄糖 + $2NAD^+ + H_2O$ ⟶ UDP-D-葡萄糖酸 + 2NADH + 2H

（3）UDP-D-木糖的生物合成：

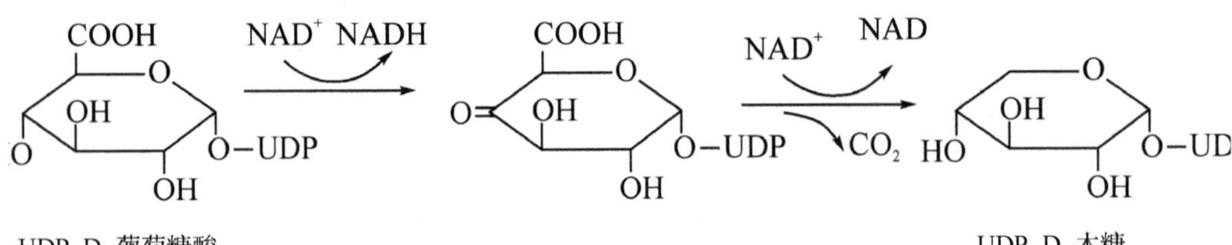

UDP-D-葡萄糖酸　　　　UDP-D-木糖

（4）UDP-D-半乳糖的生物合成：

UDP-D-葡萄糖 ⇌ UDP-D-半乳糖

（5）UDP-D-半乳糖酸的生物合成：

UDP-D-葡萄糖 ⇌ UDP-D-半乳糖

（6）UDP-L-阿拉伯糖的生物合成：

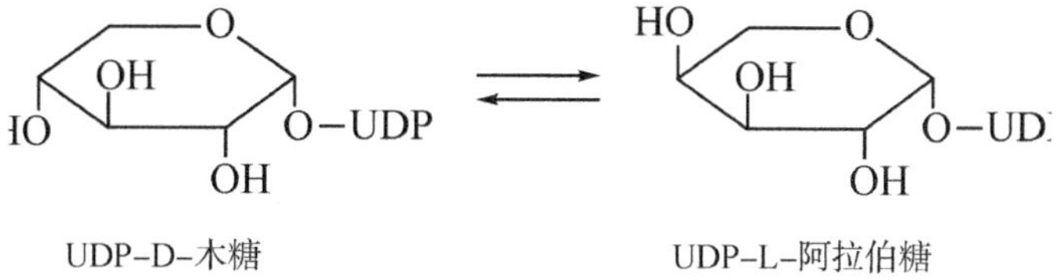

（7）UDP-D-甘露糖的生物合成：

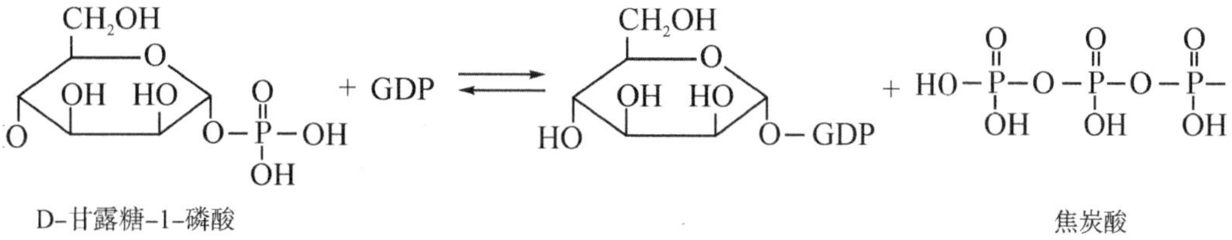

（8）UDP-L-鼠李糖的生物合成：

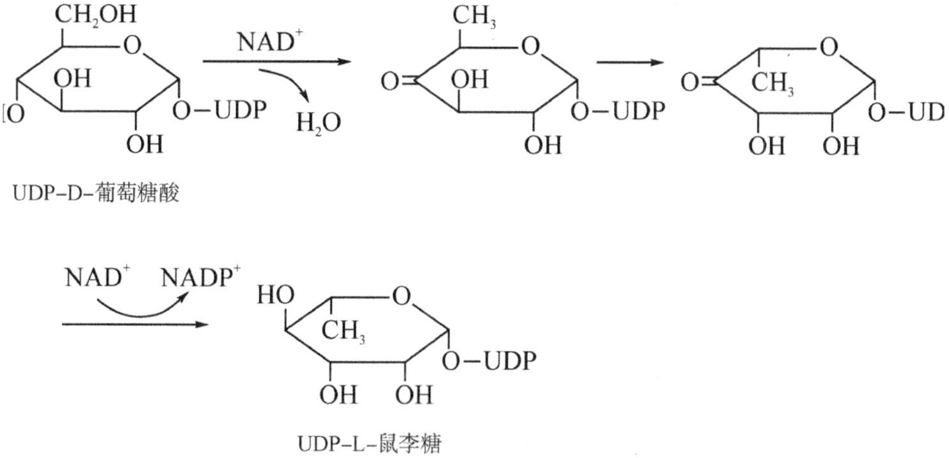

图 4.3　半纤维素构成糖的生物合成

生成的上述种种核糖苷作为前驱物，生物合成各种半纤维素。

4.2.2　聚木糖的生物合成

聚木糖是禾本科植物和阔叶树的主要半纤维素，针叶树半纤维素中也含有一定量的聚木糖。Neish等的研究结果表明，糖醛酸在聚木糖的生物合成中起着重要作用。当把用放射性^{14}C标记的D-葡萄糖分子注入小麦幼芽中后，从植物的聚木糖分离出来的D-木糖的放射性碳原子大多数与葡萄糖相对应的。将在第一碳（C_1）原子上具有^{14}C标记的D-葡萄糖醛酸内酯注入一些植物中后，分析这些植物的聚木糖水解产物中所分离出来的D-木糖，其中所含的放射性^{14}C主要在C_1原子上，葡萄糖醛酸内酯是聚木糖的前驱物质。这些在植物体内的生物合成试验表明，在植物体内产生的聚木糖是由D-葡萄糖经过一系列生化反应形成葡萄糖醛酸，然后经过脱羧变成戊糖。聚木糖不是直接由戊糖聚合而成，而是由葡萄糖合成尿苷二磷酸酯葡萄糖（UDPG），再经脱氢酶、脱羧酶、合成酶等的作用生物合成的（见图4.4）。

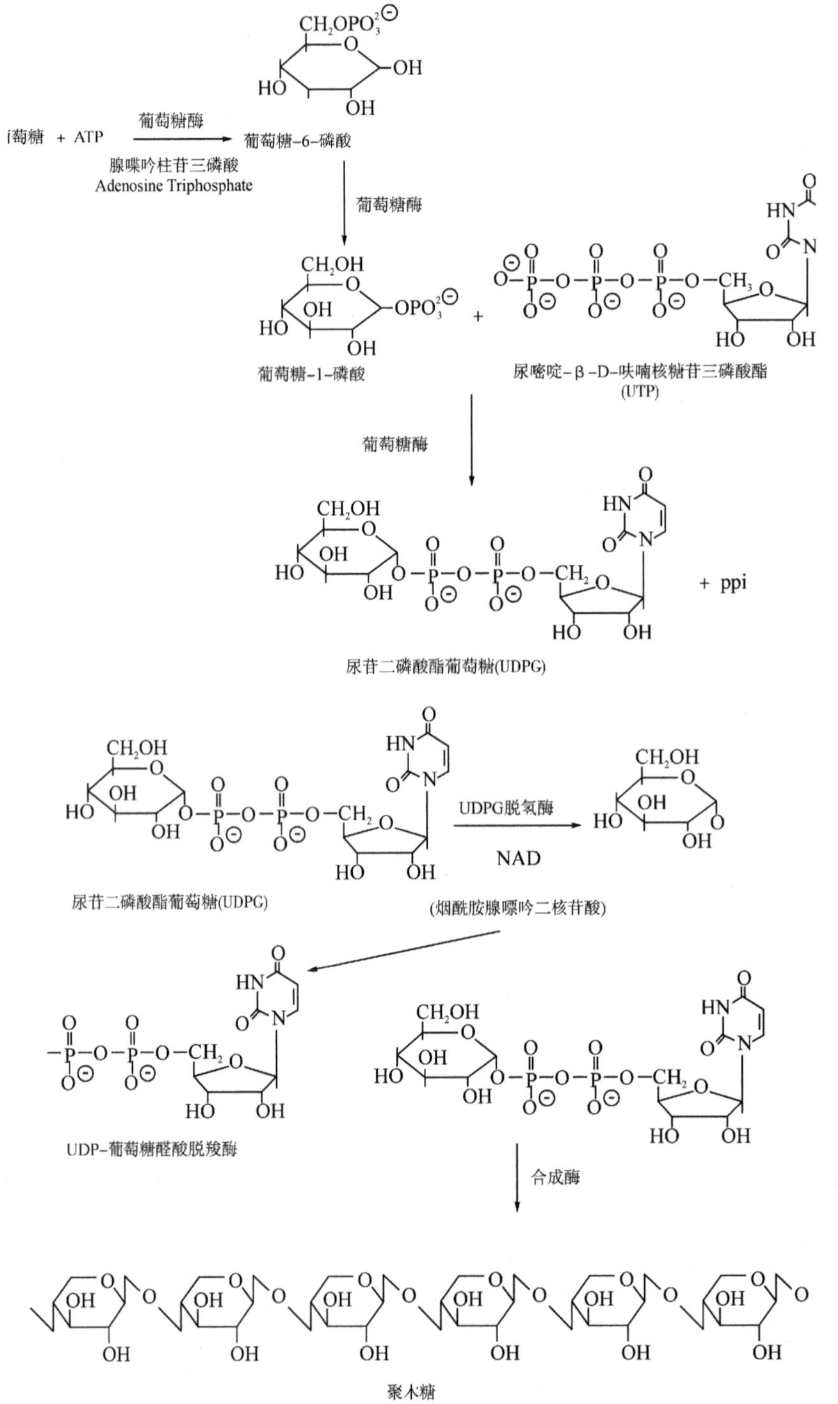

i萄糖 + ATP —葡萄糖酶→ 葡萄糖-6-磷酸

腺喋吟柱苷三磷酸
Adenosine Triphosphate

葡萄糖酶

葡萄糖-1-磷酸 + 尿嘧啶-β-D-呋喃核糖苷三磷酸酯 (UTP)

葡萄糖酶

尿苷二磷酸酯葡萄糖(UDPG) + ppi

尿苷二磷酸酯葡萄糖(UDPG) —UDPG脱氢酶, NAD→

(烟酰胺腺嘌呤二核苷酸)

UDP-葡萄糖醛酸脱羧酶

合成酶

聚木糖

图 4.4　聚木糖的生物合成

UDPG在UDPG脱氢酶和烟酰胺腺嘌呤二核苷酸的作用下生成UDP–D–葡萄糖醛酸，UDP–D–葡萄糖醛酸在UDP–D–葡萄糖醛酸脱羧酶的作用下脱羧基形成UDP–D–木糖，在合成酶的作用下合成聚木糖。Z. Hassid和R.W. Bailey分别从玉米的幼芽和幼嫩的穗轴制得了颗粒状的酶，这种酶可促使含^{14}C的UDP–D–木糖合成为1–4连接的聚木糖。这些合成的聚木糖水解后可得到D–木糖和L–阿拉伯糖，说明这种颗粒状酶不仅含有可使UDP–D–木糖与UDP–L–阿拉伯糖结构互变的异构化酶，而且还含有使UDP–L–阿拉伯糖与UDP–D–木糖合成为聚阿拉伯糖木糖的酶。

这种合成的聚木糖与天然状态植物生长时形成的聚木糖非常一致，阿拉伯糖也是呋喃环。酸水解后所得的D–木糖与L–阿拉伯糖的比例为4∶1。这些结果证明，木质部细胞中的聚木糖也是按同样的机理合成的。

4.2.3　聚葡萄糖甘露糖的生物合成

聚葡萄糖甘露糖是针叶树的主要半纤维素。从绿豆芽中提取的颗粒状酶能使二磷酸鸟苷葡萄糖^{14}C（GDPG^{-14}C）合成为半纤维素，若在此颗粒状酶的反应液中除加入GDPG^{-14}C外，再加入二磷酸鸟苷–D–甘露糖（GDPM），经过培养，能生成不溶于碱的非纤维素聚糖，当时并没有确定该聚糖是聚葡萄糖甘露糖或是纤维素与聚甘露糖的混合物。1966年Elbein和Hassid发现，当加入^{14}C标记的GDPM作为基质时，在有Mg^{2+}存在时可以通过绿豆芽颗粒状酶作用合成为具有放射性的聚葡萄糖甘露糖，反应如图4.5所示。

水解产物的低聚糖中含有带^{14}C标记的葡萄糖与甘露糖的比例大体为1∶1、1∶2、1∶3或1∶4（见图4.6）。由于在欧洲落叶松的形成层中发现了GDP–D–葡萄糖和GDP–D–甘露糖的存在，因此推断针叶树中聚葡萄糖甘露糖以同样机理生成。

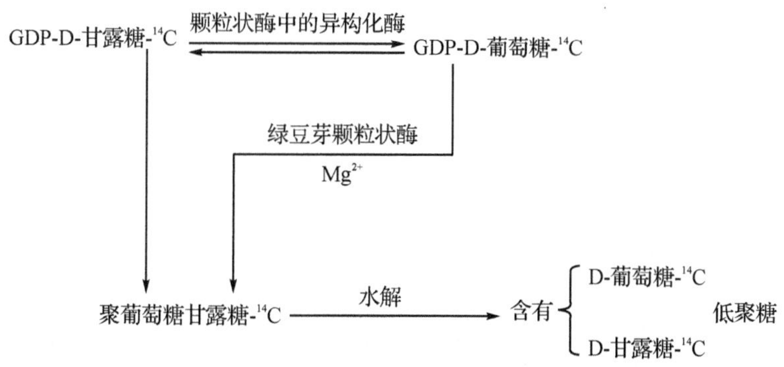

图 4.6　聚葡萄甘露糖的水解 [4,5]

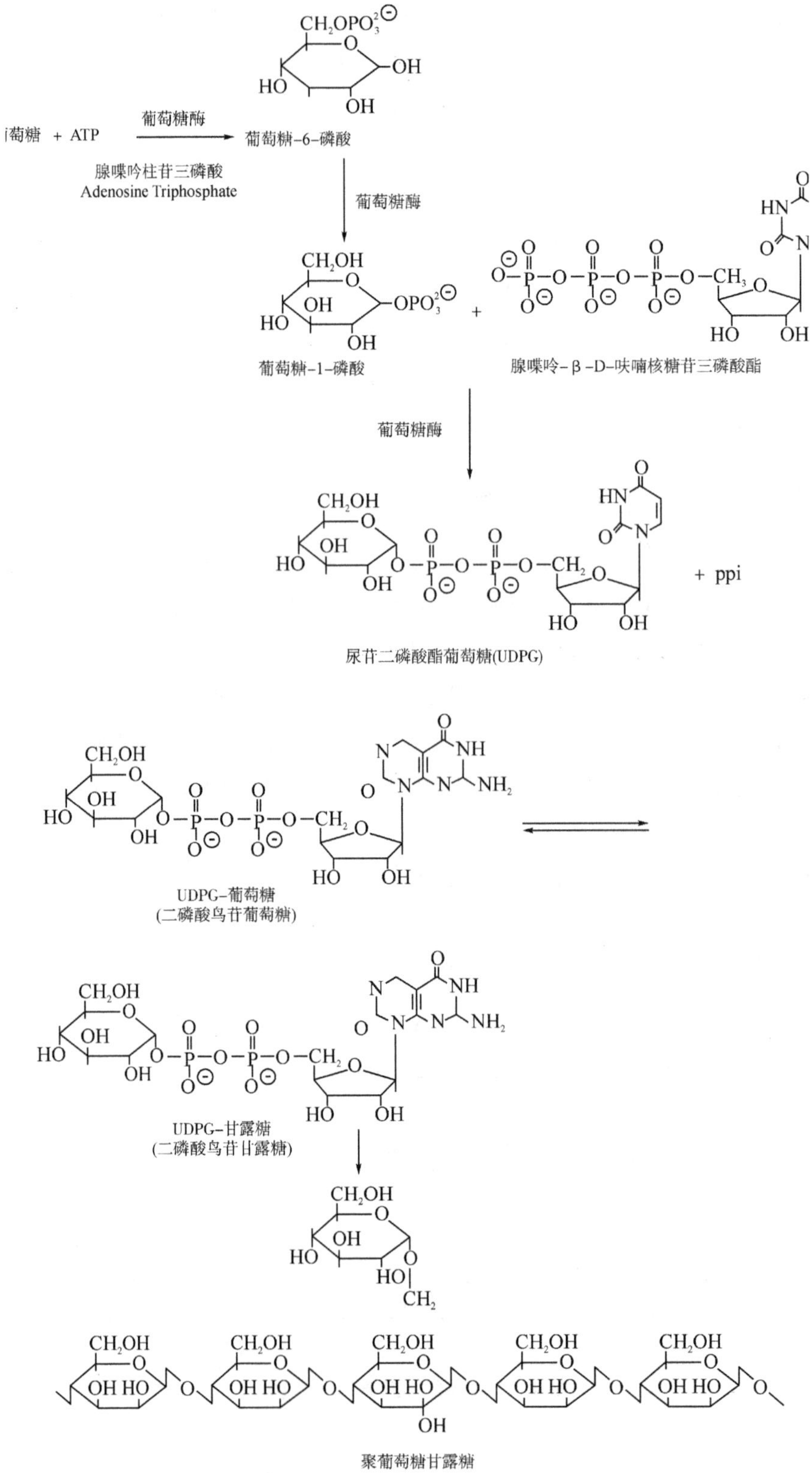

葡萄糖 + ATP —葡萄糖酶→ 葡萄糖-6-磷酸

腺嘌呤柱苷三磷酸
Adenosine Triphosphate

葡萄糖酶

葡萄糖-1-磷酸 + 腺嘌呤-β-D-呋喃核糖苷三磷酸酯

葡萄糖酶

尿苷二磷酸酯葡萄糖(UDPG) + ppi

UDPG-葡萄糖
(二磷酸鸟苷葡萄糖)

UDPG-甘露糖
(二磷酸鸟苷甘露糖)

聚葡萄糖甘露糖

图 4.5　聚葡萄甘露糖的生物合成

4.2.4　半纤维素在木材中的分布

1. 半纤维素的宏观分布

表4.2为几种温带针叶材和阔叶材的化学组成。针叶材和阔叶材除纤维素和木质素含量不同外，其半纤维素的组成和含量也不同。针叶材中半纤维素以半乳糖基–葡萄–甘露聚糖为主，还含有一定量的阿拉伯糖基–4–O–甲基–葡萄糖醛酸基–木聚糖。阔叶材的半纤维素主要是O–乙酰基–4–O–甲基葡萄糖醛酸基–木聚糖，还含有少量的葡萄–甘露聚糖，而禾本科植物的半纤维素主要是阿拉伯糖基–4–O–甲基–葡萄糖醛酸基–木聚糖。

未成熟木材含较多的木聚糖类和较少的葡萄–甘露聚糖；正常针叶材中，早材比晚材含较多聚木糖类和较少聚葡萄–甘露糖。

表4.2　几种温带针叶材和阔叶材的半纤维素

树种		纤维素	木质素	半纤维素				
				O–乙酰基–4–O–甲基–葡萄糖醛酸基–木聚糖	阿拉伯糖基–4–O–甲基–葡萄糖醛酸基–木聚糖	葡萄–甘露聚糖	半乳糖基–葡萄–甘露聚糖	果胶、淀粉、灰分等
针叶材	香脂冷杉	42	29	–	9	–	18	2
	欧洲落叶松	41	27	–	13	–	18	1
	挪威云杉	41	29	–	9	–	18	3
	欧洲赤松	41	33	–	7	–	16	3
	西方金钟柏	41	31	–	14	–	12	2
阔叶材	纸皮桦	45	25	25	–	4	–	2
	疣皮桦	42	19	35	–	3	–	1
	欧洲山毛榉	45	22	26	–	3	–	4
	颤杨	48	21	24	–	3	–	4
	美国榆	51	24	19	–	4	–	2

2. 半纤维素的微观分布

随细胞种类的不同，高聚糖的组成变化很大，如表4.3所示。

表4.3　木质部各种细胞壁的高聚糖组成

高聚糖	欧洲赤松		疣皮桦		
	管胞 /%	薄壁细胞 /%	木纤维 /%	导管分子 /%	薄壁细胞 /%
纤维素	56	50	51	53	14
半乳糖基–葡萄–甘露聚糖	25	20	–	–	–
葡萄–甘露聚糖	–	–	2	–	1
阿拉伯糖基–4–O–甲基葡萄糖醛酸基–木聚糖	17	20	–	–	–
4–O–甲基葡萄糖醛酸基–木聚糖	11	–	46	45	84
其它	2	2	1	2	1

从表4.3看出，疣皮桦薄壁细胞聚木糖含量最高；虽然针叶材聚木糖的绝对量并不多，但其薄壁细胞（包括横行管胞）的聚木糖含量与半乳糖基-葡萄-甘露聚糖相当。

在偏光显微镜下，将纤维分为五个层次：M+P、S_1、S_2外部、S_2内部和S_3，然后测定各层比重和容积百分数，并用纸上色谱法分析各层高聚糖组成，计算结果如表4.4所示。

表4.4　不同树种纤维各层高聚糖的相对百分组成

树种和组成	M+P	S_1	S_2	S_2+S_3
疣皮桦（*Betula verracosa*）				
半乳聚糖	16.9	1.2	0.7	0.0
纤维素	41.4	49.8	48.0	60.0
葡萄－甘露聚糖	3.1	2.8	2.1	5.1
阿拉伯聚糖	13.4	1.9	1.5	0.0
葡萄糖醛酸基木聚糖	25.2	44.1	47.5	35.1
挪威云杉（*Picea abies*）				
半乳聚糖	16.4	8.0	0.0	0.0
纤维素	33.4	55.2	64.3	63.6
葡萄－甘露聚糖	7.9	18.1	24.4	23.7
阿拉伯聚糖	29.3	1.1	0.8	0.0
葡萄糖醛酸基木聚糖	13.0	17.6	10.7	12.7
欧洲赤松（*Pinus sylvestris*）				
半乳聚糖	20.1	5.2	1.6	3.2
纤维素	35.5	61.5	66.5	47.5
葡萄－甘露聚糖	7.7	16.9	24.6	27.2
阿拉伯聚糖	29.4	0.6	0.0	2.4
阿拉伯糖基木聚糖	7.3	15.7	7.4	19.4

由表4.4说明针叶材S_2层的半乳糖基-葡萄-甘露聚糖的含量最高；阔叶材S_2层聚木糖含量最高。

从经亚氯酸盐处理的部分脱木质素试样中分离单根纤维，然后在偏光显微镜下，用特殊镊子从细胞壁外部将纤维分为三个层次：M+P、M+P+S_1和S_2+S_3，然后分别完全水解，得到的单糖经乙酰化后，用具有电子捕获检测器的气相色谱仪进行测定，结果如表4.5所示。

表4.5　在云杉管胞细胞中单糖的组成

细胞壁各层	阿拉伯糖	木糖	甘露糖	葡萄糖	半乳糖
M+P	73 ± 2.6	10.1 ± 3.6	17.6 ± 4.0	57.4 ± 4.3	7.6 ± 2.3
M+P+S1	2.2 ± 0.4	11.6 ± 1.9	15.5 ± 3.6	65.9 ± 4.1	2.9 ± 1.3
S_2+S_3	3.2 ± 1.3	10.8 ± 2.4	16.2 ± 5.2	65.0 ± 5.2	4.8 ± 1.6
木材	3.3 ± 0.7	12.6 ± 2.2	19.7 ± 1.8	60.9 ± 2.0	3.6 ± 0.9

所得结果与表4.5一样：P+M层比其他各层含有较多的果胶（由阿拉伯糖基和半乳糖基组成）。另外，甘露糖和葡萄糖在各层的比例均有变化，也说明半纤维素含量在各层中的比例是不相同的。

4.3　半纤维素的分离与精制

4.3.1　半纤维素的分离过程

半纤维素存在于木质化植物纤维之中，在进行基础研究或应用理论研究中，往往需要把它们分离出来，而且必须得率高、均一性好、结构变化最少。然而，由于半纤维素是一群非均一高聚糖的总称，加之木质化植物纤维含有多种组分，组分之间（如半纤维素和木质素之间）还有化学连接，所以半纤维素的分离是比较复杂的。

1. 分离前的准备

（1）去除少量组分：植物纤维原料中含有少量成分（抽提物），包括盐类、萜类、树脂、水可溶低分子糖类、黄酮类芳香族化合物等，因此首先需将这些少量组分去除。树脂、萜类、黄酮类芳香族化合物等可用苯-醇抽提；低分子糖类、盐类可用80%乙醇或水抽提；果胶质或半乳糖酸的试料可用草酸铵或草酸溶液预抽提后再进行其他少量组分的抽提。

一般先用苯醇混合物抽提，然后用水抽提。禾本科植物原料一般含果胶较多，还要用草酸铵溶液提取，以除去干扰抽提半纤维素的杂质。经提取后的无少量组分（抽提物）试样，主要是木质素、纤维素和半纤维素三大组分。

（2）去除木质素：去除木质素的方法随研究植物纤维原料不同而异，如用氢氧化钾溶液可直接从阔叶材或禾本科植物的无提取物试样中分离半纤维素，但一般得率较低，乙酰基脱落，特别是在提取禾本科植物试料时还有相当一部分的木质素一并溶出，导致高聚糖后续分离纯化更加复杂化。因此，目前对阔叶材或禾本科植物试料的半纤维素分离一般都与木质化程度较高的针叶材一样，需要先制备综纤维素。植物纤维原料去除少量组分后，木质素、纤维素和半纤维素三大组分中纤维素和半纤维素是高聚糖类，而木质素是芳香族类。因此，根据高聚糖类和芳香族类的性质不同可将高聚糖类和芳香族类分离。将木质素溶解去除，剩余的残渣就是纤维素和半纤维素，即综纤维素。

制备综纤维素一般有三种方法：酸性亚氯酸盐法、氯化法和过醋酸法。酸性亚氯酸盐法操作容易，加之几经改进，是制备综纤维素常用的方法。工业上的制浆法是最经济可行的去除木质素的方法。

2. 半纤维素的分离

分离半纤维素一般用各种溶剂从综纤维素抽提的。综纤维素是纤维素和半纤维素的混合物，而纤维素和半纤维素均为高聚糖。通常根据纤维素和半纤维素在不同溶剂中的溶解性不同，分离出半纤维素。半纤维素是一种复合聚糖，且植物纤维来源不同，半纤维素组成和结构也不同，因此分离半纤维素的方法各异。碱提取是从综纤维素中提取半纤维素的主要方法，为了使半纤维素分离较完全，而且尽量减少或避免发生化学变化，必须选择碱的种类、浓度、温度等的最佳分离条件。KOH对聚木糖类的分离效果较好，尤其是硼酸盐可明显地提高提取效率，而提取葡萄甘露聚糖类则用NaOH效果更佳。NaOH和LiOH比KOH抽提能力强，这是因为Na^+、Li^+的水化阳离子较K^+的水化阳离子大的缘故。此外，碱浓度对提取效率也有明显的影响，有时为了研究阔叶材聚木糖的均一性及其分布，常常使用逐渐增浓的多步提取法。如用KOH提取聚木糖类时，对禾本科植物和阔叶材一般分别用5%和10%的浓度；而对于针叶材的葡萄-甘露聚糖则用分级提取法，往往第一步浓度是24%。然而，对于特定碱液而言，都有一个最佳浓度界限，以求达到提取的最大效率。由于半纤维素的特征官能团乙酰基在碱提取时脱落影响提取液的pH值，因此一般常用有效的中性溶剂二甲亚砜和水连续提取乙酰化半纤维素。

4.3.2 半纤维素的精制

碱提取得到的半纤维素为混合的高聚糖，需要进行提纯。提纯的目的是将混合高聚糖分离为单一的高聚糖，并使其在一定分子量范围内为均一组分。采用的纯化方法很多，目前常用的几种分述如下。

1. 分级沉淀法

通常根据不同高聚糖在不同浓度乙醇中具有不同溶解度的性质，逐次按比例由小而大加入乙醇进行分级沉淀。如乙醇与水体积比为4：1可沉淀大部分高聚糖，仅少量短链高聚糖留在溶液中。还有利用碱提取液被中和而产生沉淀的性质，例如实验室常用醋酸中和漂白化学浆的17.5%氢氧化钠提取液分离β-和γ-纤维素就是一个实例。

2. 金属络合物法

根据不同高聚糖能与各种铜、钡和铅等离子形成络合物而沉淀的性质提纯。常用络合剂有费林试剂、氢氧化钡和醋酸铅等，其沉淀情况如表4.6所示。

表4.6　木材半纤维素与金属离子的沉淀作用

高聚糖	费林试剂	$Ba(OH)_2$ ≤ 0.03M	$Ba(OH)_2$ ≤ 0.15M	$Pb(CH_3CO)_2$	$Pb_2(CH_3CO_2)_3OH$
半乳－甘露聚糖（瓜尔胶）	+	+	+	+	+
葡萄－甘露聚糖（针叶材）	+	+	+	+	+
半乳聚糖（应压木）	−		+	+	+
葡萄醛酸基－阿拉伯					+
糖基－木聚糖（针叶材）	−	−	−	−	+
葡萄糖醛酸基－木聚糖（桦木）	+	−	+	+	+
部分乙酰化葡萄糖醛酸基－木聚糖（桦木）	+	−	−→+	−	+
阿拉伯半乳聚糖（落叶松）	−	−	−	−	−

3. **季铵盐沉淀法**

根据长链季铵盐能与酸性高聚糖成盐，形成水不溶高聚糖化合物的特征，可以分离酸性和中性高聚糖。常用的季铵盐是十六烷基三甲胺的溴化物（CTAB）及碱（CTA-OH）和十六烷基吡啶氯化物（CPC），其沉淀示意图如4.7所示。

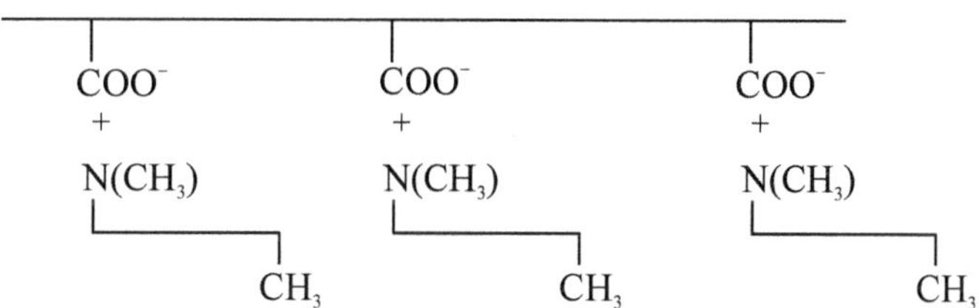

图 4.7　酸性糖与季铵盐的沉淀示意图

4. **纤维素阴离子交换色谱法**

常用的交换剂为二乙胺乙基（DEAE）纤维素，适合于分离各种酸性和中性高聚糖。在pH=6时，酸性高聚糖能吸附于交换剂上，中性高聚糖不吸附，然后用pH相同离子强度不同的缓冲液将酸性强弱不同的酸性高聚糖分别洗脱出来。

5. **凝胶柱色谱法**

根据高聚糖分子的大小和形状不同而达到分离的目的，常用的凝胶有葡萄糖凝胶（sephadex）及琼脂糖凝胶（sepharose）。

经上述方法纯化过的样品，其纯度不能用通常化合物的纯度标准来衡量，因为即使是高聚糖纯品，其微观也是不均一的，它的纯度只代表相似链长的平均配布，即一定分子量范围的均一组成。目前常用纯度测定方法有旋光法、超离心、高压电泳、凝胶色谱和糖基比恒定法等。通常要用两种以上的测定结果才能肯定样品的纯度，这样可互相验证。

4.3.3 半纤维素分离与纯化

现以针叶材、阔叶材、禾本科植物为例，说明高聚糖分离纯化的步骤，分别如图4.8至图4.10所示。

1. 针叶材半纤维素的分离与纯化

针叶材如松树半纤维素主要是O-乙酰基半乳糖葡萄糖甘露聚糖（20%），还含有5%~10%的阿拉伯糖-4-O-甲基葡萄糖醛酸木聚糖。针叶材如松树木粉用苯-醇混合液抽提去除少量组分，再去除木质素后的综纤维素，用浓碱（24% KOH）抽提后过滤，残渣部分是纤维素，而滤液部分是半纤维素；将滤液浓缩后在20倍体积的乙醇中沉淀获得聚木糖和聚半乳糖葡萄甘露糖；利用氢氧化钡可将聚半乳糖葡萄甘露糖类沉淀而聚木糖不沉淀的原理，加入氢氧化钡将聚木糖和聚半乳糖葡萄甘露糖类分离（见图4.8）。

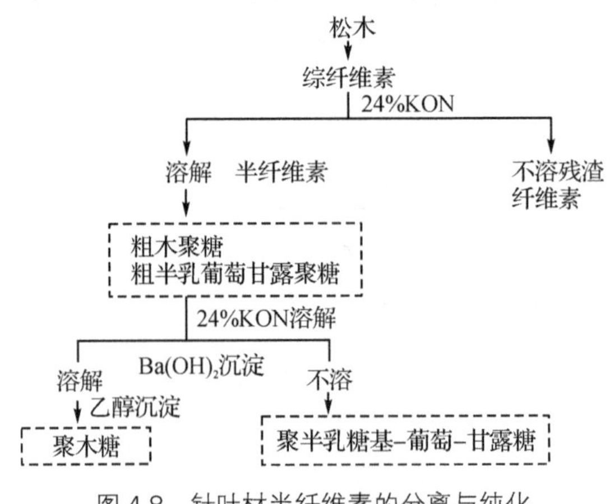

图 4.8　针叶材半纤维素的分离与纯化

2. 阔叶材半纤维素分离与纯化

阔叶材的半纤维素主要是4-O-甲基-葡萄糖醛酸基-木聚糖（聚木糖），还含有少量的葡萄甘露聚糖，一般只需抽提聚木糖，可用10% KOH抽提，残渣部分是纤维素和葡萄甘露聚糖（直链），而滤液部分是聚木糖；将滤液浓缩后在20倍体积的乙醇中沉淀，获得粗聚木糖；再用5% KOH溶解，用含有乙酸的乙醇沉淀纯化，从而获得纯聚木糖。另外，在10% KOH不溶残渣中含有纤维素和聚葡萄甘露糖（在阔叶材中含量低），再用碱液中加入硼酸盐抽提，不溶部分是纤维素而溶解的部分是葡萄甘露聚糖，由此可将纤维素和葡萄甘露聚糖分离（见图4.9）。

3. 禾本科植物原料半纤维素分离

禾本科植物的半纤维素是阿拉伯糖-4-O-甲基葡萄糖醛酸木聚糖（聚木糖），不

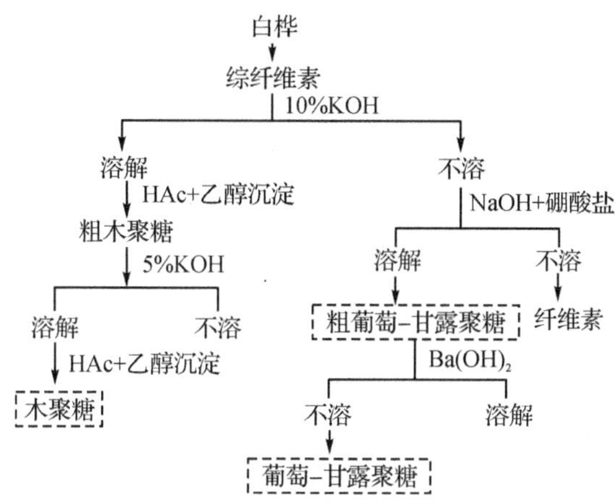

图 4.9　阔叶材半纤维素的分离与纯化

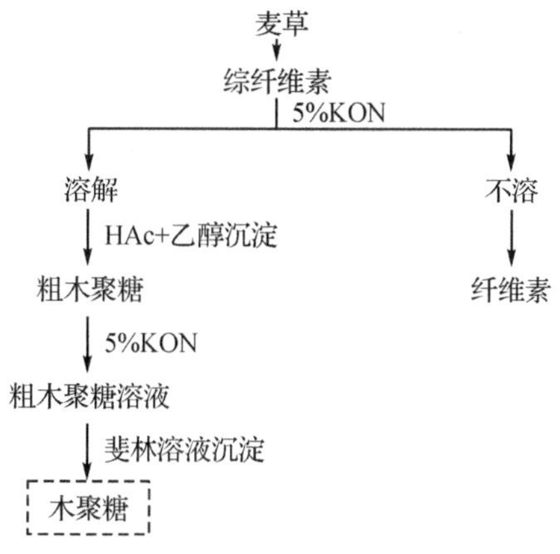

图 4.10　禾本科植物半纤维素的分离与纯化

含葡萄甘露聚糖，所以只用5% KOH抽提，抽提所得粗聚木糖用含有乙酸的乙醇沉淀，再用5% NaOH溶解，用菲林试剂（$CuSO_4$+NaOH）沉淀纯化，从而获得纯聚木糖。

4.3.4　半纤维素化学结构分析方法

半纤维素是植物纤维原料中一群复合聚糖的总称。植物纤维原料不同，半纤维素的组成、结构不同；就是同一种原料，其产地、部位不同，半纤维素的组成、结构也不同。因此半纤维素的化学结构是具有一定的复杂性的。研究半纤维素的化学结构，主要是研究半纤维素中聚糖的糖基组成、主链和支链的组成及其连接键型、糖基异构体、主链糖基连接顺序及分支（侧）度、分子量大小及其分布和特征官能团乙酰基含量及其取代位置等。研究半纤维素结构，应把分离并纯化的半纤维素作为结构分析样品。

1. 糖基组成的分析方法

通常采用硫酸水解法将高聚糖完全水解为各种单糖后，采用气相或液相色谱法分析糖基组成。分析试料可用抽提去除少量组分的试料、也可用综纤维素，将试料用72%H_2SO_4在室温下处理4h后，稀释成3%H_2SO_4在121℃处理30min，将所有的高聚糖（纤维素和半纤维素）降解成各种单糖，一般采用气相（液相）色谱或薄层色谱法进行定性与定量分析。目前常用的方法是，降解的各种单糖乙酰化，使单糖成为易挥发的糖衍生物，采用气相色谱法进行定性与定量分析。

2. 糖苷键结合位置的分析方法

通常采用甲基化分析法，将半纤维素分离纯化，以聚木糖为例，将聚木糖的羟基完全甲基化，经甲基化的聚木糖水解为各种甲基化单糖，分别获得各种甲基化中性糖和甲基化酸性糖，用离子交换色谱将甲基化中性糖和甲基化酸性糖分离，定性和定量分析各种甲基化单糖。

（1）甲基化中性糖分析：甲基化的半纤维素降解后采用离子交换色谱法分离的各种甲基化中性单糖中的大部分单糖C_1位和C_4位羟基没有甲基，说明聚木糖是1–4苷键连接成主链；少部分C_4位的羟基具有甲基，说明该糖基是非还原性末端的糖单元；少部分C_1位的羟基具有甲基，说明该糖基是还原性首端的糖单元。因此，证明主链是木糖1–4苷键连接而成的（见图4.11）。

（2）甲基化酸性糖分析：将甲基化酸性糖的C_6位的羧基用氢化锂铝还原成羟基，在酸性条件下降解，降解产物是3–O–甲基–D–木糖和2，3，4–三O–甲基–D–葡萄糖，由此证明4–O–甲基–葡萄糖醛酸与D–木糖之间是1–2连接，说明通过该法可研究高聚糖的分支（侧）度和末端糖基组成等较为详细的结构。

3. 主链糖基连接顺序及分支（侧）度

通常采用高碘酸盐氧化法和史密斯（Smith）降解法，即根据消耗高碘酸盐数量及其氧化降解产物的分析，可确定聚糖还原性末端基的数目和支链连接的结构。

（1）高碘酸盐氧化聚木糖还原性末端基的反应：消耗2分子的高碘酸盐，释放出2分子的甲酸，说明高碘酸盐与聚木糖还原性末端基之间的氧化反应（见图4.13）。

（2）高碘酸盐氧化聚木糖非还原性末端基的反应：消耗2分子的高碘酸盐，释放出1分子的甲酸，说明高碘酸盐与聚木糖非还原性末端基之间的氧化反应（见图4.14）。

（3）高碘酸盐氧化聚木糖主链中间部分的木糖基的反应：消耗1分子的高碘酸盐，无甲酸释放，说明高碘酸盐与聚木糖中间部分的木糖基之间的氧化反应（图4.15）。

（4）高碘酸盐氧化聚木糖主链有支链连接的木糖基的反应：木糖基的C_2或C_3位上连接有支链时，则高碘酸盐与它不起反应，不能使之氧化生成醛基，也不能生成甲酸。

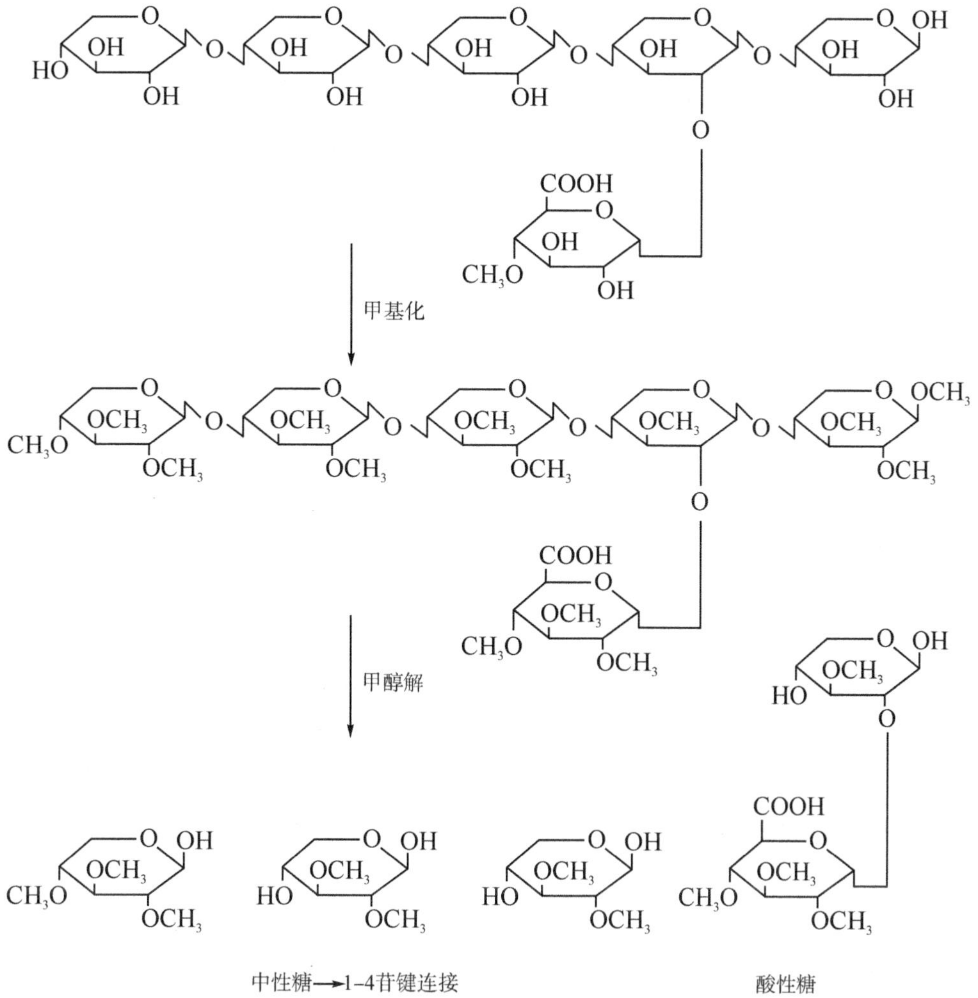

图 4.11　半纤维素甲基化及其甲醇解产物

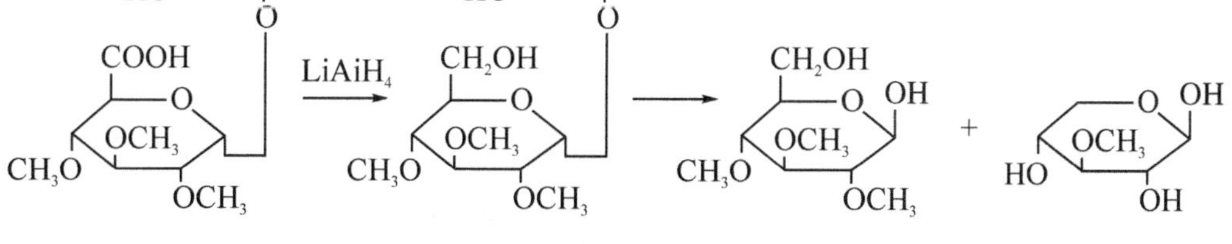

图 4.12　酸性糖的还原反应

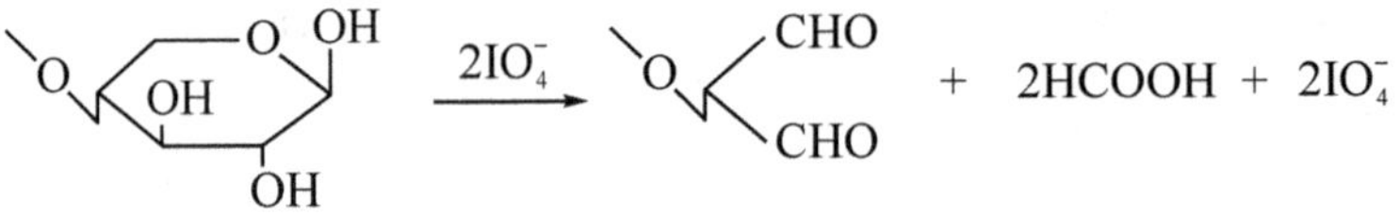

图 4.13 高碘酸盐氧化聚木糖还原性末端基的反应

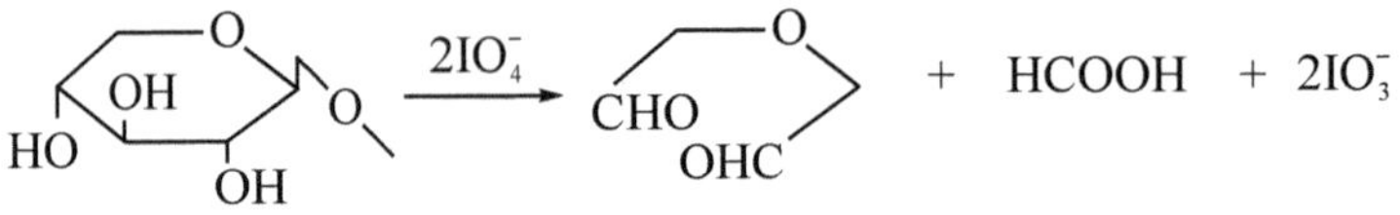

图 4.14 高碘酸盐氧化聚木糖非还原性末端基的反应

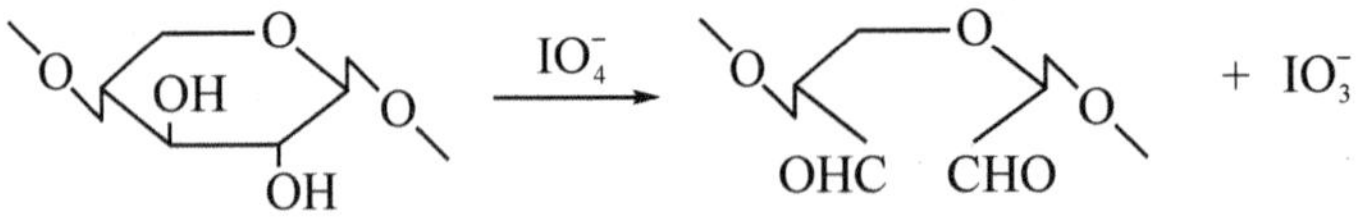

图 4.15 高碘酸盐氧化聚木糖主链中间糖基的反应

4. 乙酰基含量及其取代位置

乙酰基含量通常是用皂化法、气相色谱法、^{1}H-NMR法测定。至于乙酰基在糖基上的取代位置，一般是结合上述方法从乙酰化高聚糖中进行间接或直接测定。

应该指出，结构分析方法很多，而且往往一种分析方法只能提供某种或某些结构信息，只有将各种方法彼此结合起来，互相补充与论证才能完成结构的测定。

4.4 半纤维素结构

半纤维素通常占植物纤维原料干重的20%~30%，植物纤维原料来源不同，半纤维素的组成与结构不同。针叶材、阔叶材和禾本科植物半纤维素的组成与结构特征不同；同一种植物纤维原料在树干、树枝、树根和树皮等部位，半纤维素的含量和组成也存在相当大的差异。

4.4.1 针叶材半纤维素

1. 半乳糖基-葡萄-甘露聚糖

半乳糖—葡萄—甘露聚糖是针叶材的主要半纤维素，约占针叶材干重的20%，主链由1-4苷键连接的β-D-吡喃型甘露糖基和β-D-吡喃型葡萄糖基（甘露糖基与葡萄糖基比例约为3：1）组成。根据支链半乳糖基含量的不同，把半乳糖基-葡萄-甘露聚糖分为两类：低半乳糖基级分，其半乳糖、葡萄糖和甘露糖之比约为0.1：1：3；而高半乳糖基级分中，其比例为1：1：3。大多数树种是属于低半乳糖基级分的，因此通常把低半乳糖基级分称为聚葡萄-甘露糖。由于该高聚糖经部分水解得到甘露二糖、甘露三糖、甘露四糖、甘露–葡萄二糖、葡萄–甘露糖等，因此说明主链糖基的分布是没有规则的。α–D–吡喃型半乳糖基作为支链通过1–6苷键连接到主链甘露糖基或葡萄糖基上。此外，该高聚糖另一结构特点是部分甘露糖基和葡萄糖基中的C_2和C_3位上被乙酰基所取代，平均每3～4个己糖基有一个乙酰基取代基，而且C_2和C_3位上的取代概率几乎相等，说明半纤维素的化学结构缺乏规则性。

半纤维素的结构通常采用吡喃环表示或采用糖基英文名称的前3个字母表示，如半乳糖基–葡萄–甘露聚糖的结构（见图4.16）中β–D–吡喃型葡萄糖（Glu*p*）、β–D–吡喃型甘露糖（Manp）、 α–D吡喃型半乳糖（Glu*p*）、Ac为CH_3CO；数字表示连接部位，如1–4是表示主链的糖基之间以1–4苷键连接、1–6是表示侧链的α–D吡喃型半乳糖（Glu*p*）的1位与主链β–D–吡喃型甘露糖（Man*p*）的6位以苷键连接、Ac–2,3表示主链β–D–吡喃型甘露糖（Man*p*）的2，3上的羟基被乙酰基取代。

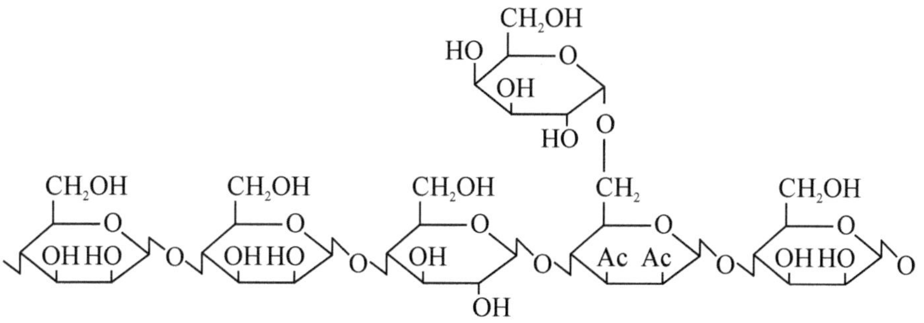

图 4.16　半乳糖基 – 葡萄 – 甘露聚糖结构

2. 阿拉伯糖基–4–O–甲基–葡萄糖醛酸基–木聚糖

阿拉伯糖基–4–O–甲基–葡萄糖醛酸基–木聚糖约占针叶材干重的5%～10%。主链由β–D–吡喃型木糖基以1–4苷键连接而成，并且在部分木糖基的C–2和C–3位上分别被侧链的4–O–甲基–α–D–吡喃型葡萄糖醛羧基和α–L–呋喃型阿拉伯糖基所取代，木糖：葡萄糖醛羧基：阿拉伯糖的比例通常是10：2 ：1.3（见图4.17）。

阿拉伯糖基–4–O–甲基–葡萄糖醛酸基–木聚糖的结构（图4.17），糖基为β–D–吡喃型木糖（xyl*p*）、4–O–甲基–α–D–吡喃型葡萄糖醛酸（Gle*p*A）、α–L–呋喃型阿拉伯糖（Ara*f*）。

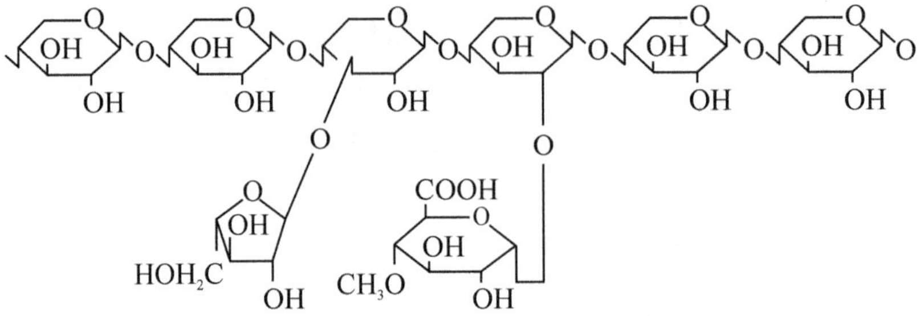

−4−β−D−Xyl*p*−1−4−β−D−Xyl*p*−1−4−β−D−Xyl*p*−1−4−β−D−Xyl*p*−1−4−β−D−Xyl*p*−

3 ↑ 1 α−L−Ara*f* (on the 2nd Xyl*p*); 2 ↑ 1 4−O−Me−α−D−Glu*p*A (on the 4th Xyl*p*)

图 4.17　阿拉伯糖基 −4−O− 甲基 − 葡萄糖醛酸基 − 木聚糖结构示意图

应该指出，禾本科植物主要纤维原料半纤维素基本上也是由这种高聚糖构成的，其结构特征如图4.21所示。

3. **阿拉伯糖基-半乳聚糖**

它是一种高分支度的水溶性高聚糖，一般仅占针叶材干重的0.5%～3.0%。但在落叶松的管胞和薄壁细胞内腔含量特别高，占绝干材重的10%～25%。主链由β−D−吡喃型半乳糖基以1−3苷键连接，每个半乳糖基C−6位上都带有一根支链，大部分是两个1−6苷键连接的β−D−吡喃型半乳糖基，也有阿拉伯糖基和少量葡萄糖醛酸基（见图4.18）。

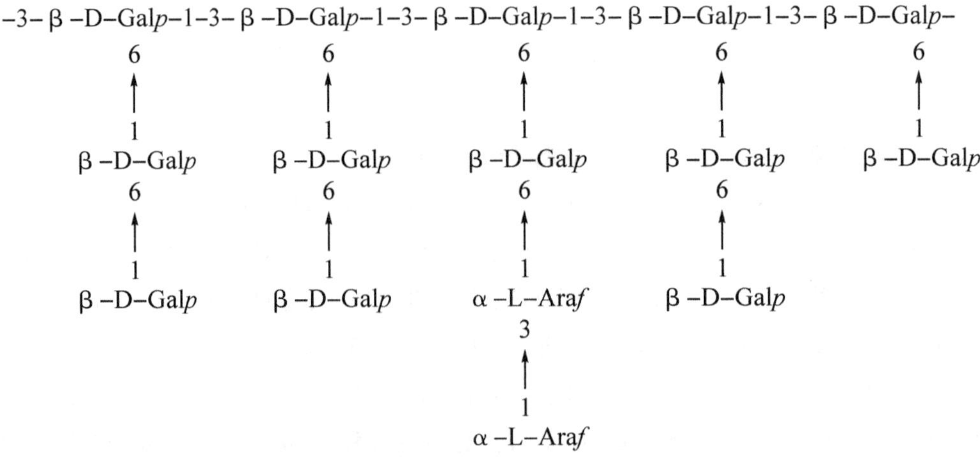

图 4.18　阿拉伯糖基 − 半乳聚糖结构示意图

图4.18是阿拉伯糖基-半乳聚糖的缩写式，其糖基为β-D-吡喃型半乳糖（Gal*p*）、β-L-吡喃型阿拉伯糖（Ara*p*）、α-L-呋喃型阿拉伯糖（Ara*f*）。

4.4.2 阔叶材半纤维素

1. 4-O-甲基-葡萄糖醛酸基-木聚糖

4-O-甲基-葡萄糖醛酸基-木聚糖与针叶材的阿拉伯糖基-葡萄糖醛酸基-木聚糖合称为聚木糖类（Xylans）。它是阔叶材半纤维素的主要高聚糖，含量随树种不同而异，一般占阔叶材干重的15%～30%。由图4.19可见，主链由β-D-吡喃型木糖基以1-4苷键连接；平均每10个木糖基有一个4-O-甲基-α-D-葡萄糖醛酸基支链，通过1-2苷键连接到主链糖基上；木糖基的C-2或C-3位大部分为乙酰基取代，平均每10个木糖基有7个乙酰基。此外，发现白杨中的这种高聚糖还含木糖基支链；而桦木则为L-鼠李糖基-α-D-半乳糖醛酸基-木聚糖。总之，阔叶材的木聚糖类的结构比较复杂。

图4.19的4-O-甲基-葡萄糖醛酸基-木聚糖的缩写式，糖基为β-D-吡喃型木糖（Xyl*p*）、4-O-甲基-α-D-吡喃型葡萄糖醛酸（Glc*p*A）、R=乙酰基（CH_3CO）。

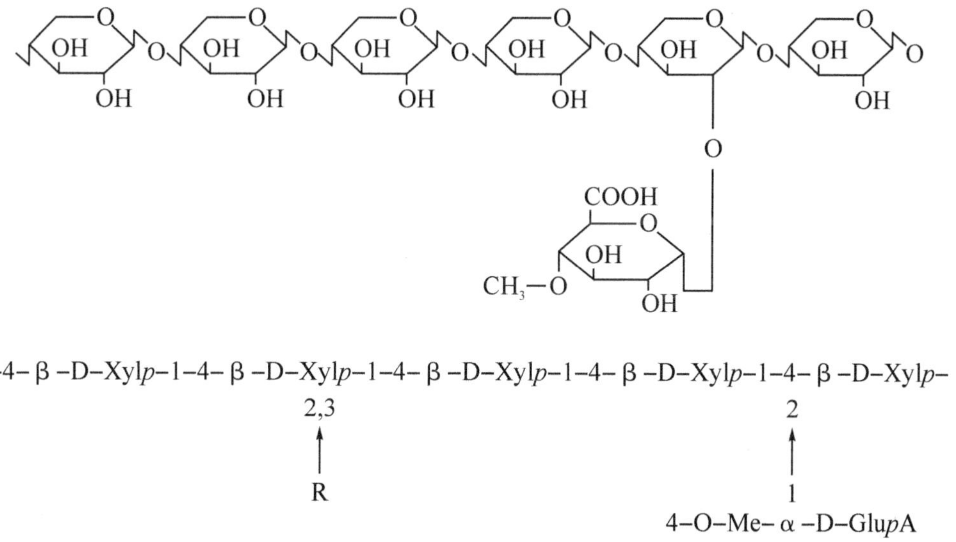

图4.19 4-O-甲基-葡萄糖醛酸基-木聚糖结构

2. 葡萄-甘露聚糖

阔叶材半纤维素中除木聚糖类外，还含有仅占阔叶材干重2%～5%的葡萄-甘露聚糖，主链由β-D-吡喃型葡萄糖基和β-D-吡喃型甘露糖基以1-4苷键连接（见图4.20）。多数葡萄糖和甘露糖的比例变化在1∶（1.5～2.0），葡萄糖的比例高的为1∶1（桦木）；而葡萄糖的比例低，为1∶2.3（糖槭）。

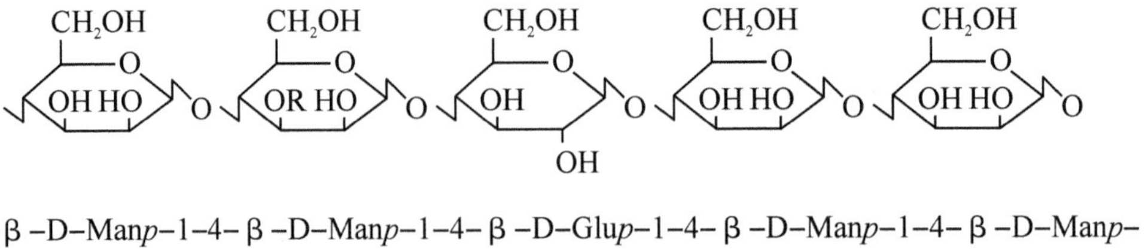

$$-4-\beta-D-Man p-1-4-\beta-D-Man p-1-4-\beta-D-Glu p-1-4-\beta-D-Man p-1-4-\beta-D-Man p-$$

图 4.20　葡萄－甘露聚糖结构示意

4.4.3　禾本科植物半纤维素

禾本科植物的半纤维素主要是阿拉伯糖-4-O-甲基葡萄糖醛酸木聚糖（木聚糖）。在禾本科植物中，已发现了不同分子特性的聚木糖，如西班牙草中主要存在只由木糖基构成的线状均一的木聚糖，热带草中主要是高分支度的木聚糖，但大多数禾本科植物中主要是阿拉伯糖-4-O-甲基葡萄糖醛酸木聚糖。禾本科植物半纤维素的典型化学结构是β-D-木糖基以1-4苷键连接成主链，在主链的木糖基C2和C3位上分别连接有4-O-甲基-α-D-吡喃型葡萄糖醛羧基和α-L-呋喃型阿拉伯糖基作为支链。通常木糖基：葡萄糖醛酸基：阿拉伯糖基为25：1：1.3。

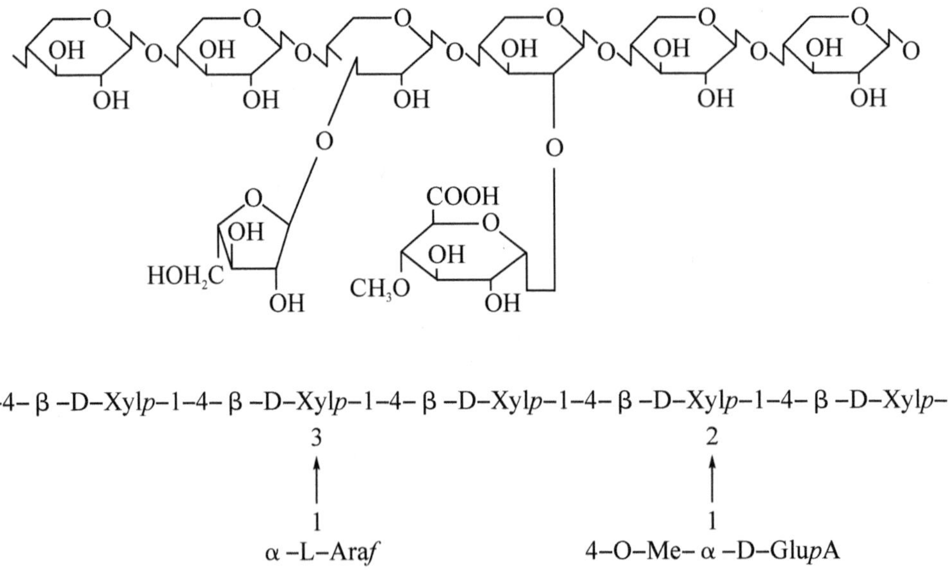

−4−β−D−Xyl*p*−1−4−β−D−Xyl*p*−1−4−β−D−Xyl*p*−1−4−β−D−Xyl*p*−1−4−β−D−Xyl*p*−

3 ↑ 1 α−L−Ara*f* (on the second Xyl*p*)

2 ↑ 1 4−O−Me−α−D−Glu*p*A (on the fourth Xyl*p*)

图 4.21　禾本科植物的半纤维素结构示意图

4.4.4 木材和禾本科植物半纤维素的概要

表4.7和表4.8分别表示若干针、阔叶材和禾本科植物半纤维素的组成。

表4.7 木材主要半纤维素的组成

半纤维素类型	原料来源	占木材干重/%	组成			
			糖基、乙酰基	克分子比	键型	DP_n
O-乙酰基-4-O-甲基葡萄糖醛酸基-木聚糖*	阔叶材	15-30	β-D-吡喃型木糖、 4-O-甲基-α-D-吡喃型葡萄糖醛酸、 O-乙酰基	10 1 7	1-4 1-2	200
葡萄-甘露聚糖	阔叶材	2-5	β-D-吡喃型甘露糖、 β-D-吡喃型葡萄糖	1.5-2.0 1	1-4 1-4	200
阿拉伯糖基-4-O-甲基-葡萄糖醛酸基-木聚糖	针叶材	5-10	β-D-吡喃型木糖、 4-O-甲基-α-D-吡喃型葡萄糖醛酸、 α-L-呋喃型阿拉伯糖	10 2 1.3	1-4 1-2 1-3	≥100
半乳糖基-葡萄-甘露聚糖(水溶性)	针叶材**	5-10	β-D-吡喃型甘露糖、 β-D-吡喃型葡萄糖、 α-D-吡喃型半乳糖 O-乙酰基	3 1 1 0.24	1-4 1-4 1-6	≥100
半乳糖基-葡萄-甘露聚糖(碱溶性)	针叶材**	10-15	β-D-吡喃型甘露糖、 β-D-吡喃型葡萄糖、 α-D-吡喃型半乳糖 O-乙酰基	3 1 0.1 0.24	1-4 1-4 1-6	≥100
阿拉伯糖基-半乳聚糖	落叶松	10-25	β-D-吡喃型半乳糖、 α-L-呋喃型阿拉伯糖、β-D-吡喃型阿拉伯糖、β-D-吡喃型葡萄糖醛酸	6 2/3 1/3 少量	1-3，1-6 1-6 1-3 1-6	200

* 新近测定桦木为L-鼠李糖基-α-D-半乳糖醛酸基-木聚糖；

** 新近测定我国水杉两种高聚糖的糖基比分别为0.48：1.0：2.0和0.1：1.0：2.4；$\overline{DP}_n$分别为86和113。

表4.8 若干禾本科植物半纤维素的组成

半纤维素类型	原料来源	组成			
		糖基	克分子比	键型	分子量
阿拉伯糖-4-O-甲基-葡萄糖醛酸基-木聚糖	稻草	β-D-吡喃型木糖 4-O-甲基-α-D-吡喃型葡萄糖醛酸 α-L-呋喃型阿拉伯糖	34(30) 1(1) 3(3)	1-4 1-2 1-3	22100
阿拉伯糖-4-O-甲基-葡萄糖醛酸基-木聚糖	麦草(苏联)	β-D-吡喃型木糖 4-O-甲基-α-D-吡喃型葡萄糖醛酸 α-L-呋喃型阿拉伯糖	85 21 21	1-4 1-2 1-3	16700
阿拉伯糖-4-O-甲基-葡萄糖醛酸基-木聚糖	麦草(江苏高邮)	β-D-吡喃型木糖 4-O-甲基-α-D-吡喃型葡萄糖醛酸 α-L-呋喃型阿拉伯糖	73 4.4 7.0	1-4 1-2(3) 1-3(2)	DP_n=84

续表

半纤维素类型	原料来源	组　　成			
		糖基	克分子比	键型	分子量
阿拉伯糖 -4-O- 甲基 - 葡萄糖醛酸基 - 木聚糖	玉米秆	β -D- 吡喃型木糖	19	1-4	/
		4-O- 甲基 - α -D- 吡喃型葡萄糖醛酸	2	1-2	
		α -L- 呋喃型阿拉伯糖	7	1-3	
阿拉伯糖 -4-O- 甲基 - 葡萄糖醛酸基 - 木聚糖	芦苇	β -D- 吡喃型木糖	52	1-4	/
		4-O- 甲基 - α -D- 吡喃型葡萄糖醛酸	1.7	1-2	
		α -L- 呋喃型阿拉伯糖	3.2	1-3	
阿拉伯糖 -4-O- 甲基 - 葡萄糖醛酸基 - 木聚糖	竹杆（印度）	β -D- 吡喃型木糖	25	1-4	（在阔叶材木聚糖分子量范围内）
		4-O- 甲基 - α -D- 吡喃型葡萄糖醛酸	1.0	1-2	
		α -L- 呋喃型阿拉伯糖（另含占原料重 3.1% 的乙酰基）	1.3	1-3	

4.5　半纤维素的聚集态结构和物理性质

4.5.1　分支度和聚集态

在半纤维素的分子结构中，虽然主要是线状的，但大多数带有各种短支链，为了表示半纤维素带有支链的情况，引用分支度的概念，以表示半纤维素分子结构中支链的多少，支链多则分支度高。如Ⅰ、Ⅱ、Ⅲ 等3种高聚糖，其结构如图4.22所示。

```
Ⅰ…A-A-A-A-A-A-A-A-A-A…直链
Ⅱ…A-A-A-A-A-A-A-AA-A…有支链
         |
         B

       C
       |
Ⅲ…A-A-A-A-A-A-A-AA-A…有支链
         |   |
         B   B
```

图 4.22　半纤维素的分支度

Ⅰ为直链，Ⅱ、Ⅲ都有支链，而Ⅲ的分支度高于Ⅱ，所以分支度表示半纤维素分子结构中支链的多少。分支度的高低对半纤维素的物理性质有很大影响，如用相同溶剂在相同条件下溶解半纤维素，分支度高的半纤维素的溶解度较大。原因是半纤维素是由糖基聚合而成的，每个糖基都有羟基，易形成氢键，因此有些半纤维素存在少量结晶，分支度越高，结晶部分就越少，甚至没有结晶部分，结构疏松，可及度大，溶剂分子易于进入半纤维素分子内并产生润胀容易溶解。

由于半纤维素在化学结构上具有支链，所以它在植物纤维细胞壁中的聚集态结构一般是无定形的，但是某些半纤维素是结晶的。阔叶材综纤维素经过稀碱液处理后，用X-射线衍射法可以看到聚木糖的结晶，这个结果表明阔叶材中的聚木糖经一定处理后具有高度的定向性，用脱乙酰基的方法能使聚木糖部分地结晶化。白桦的碱法纸浆和云杉的硫酸盐法纸浆都显示出结晶聚木糖特有的X-射线衍射图。这个结果可以用碱法蒸煮过程中所发生的乙酰基及糖醛酸基的脱除而产生结晶化来说明。天然状态的聚甘露糖只有很少一部分是结晶的，其他部分是无定形或是次晶的。用弱酸处理的方法可以提高聚葡萄糖甘露糖的结晶程度。所以，用碱液处理的方法，可以脱除聚木糖类半纤维素中的乙酰基和糖醛酸基从而提高聚木糖的结晶程度；用弱酸处理的方法，可以提高聚葡萄糖甘露糖的结晶程度。

4.5.2　聚合度和溶解度

植物细胞壁中半纤维素的聚合度比纤维素的聚合度低，天然半纤维素的聚合度一般为150～200（数量平均）。针叶材半纤维素的聚合度大约是阔叶材半纤维素聚合度的一半，针叶材半纤维素的聚合度大约为100，阔叶材半纤维素的聚合度大约为200。测定半千维素聚合度的方法主要用渗透压法，也有用光散射法、黏度法及超速离心法。

在半纤维素中研究最多的是聚木糖类，现以阔叶材聚木糖类的聚合度研究为例，将其测定方法、分离过程、得率和黏度等数据归总，如表4.9所示。

用黏度法测定半纤维素的聚合度时，阔叶材聚木糖特性黏度和质均聚合度间的关系可用Mark-Houwinck方程式表示：

$$[\eta] = K \cdot \overline{DP_w}$$

式中：K和α是常数，聚（4-O-甲基葡萄糖醛酸）木糖的K值和α值，在铜乙二胺中分别为2.6×10^{-3}dL/g和1.15；在二甲基亚砜中分别为5.9×10^{-3}dL/g和0.94。

半纤维素是多分散性的，即$\overline{DP_w}$ /$\overline{DP_n}$。阔叶材中天然聚木糖的数均聚合度为150～200，相应的重均聚合度稍高些，为180～240，其比率$\overline{DP_w}$ /$\overline{DP_n}$=1.2，所以这种聚木糖的分散程度是较低的。

由于半纤维素的聚合度低，而且普遍具有一定的分支度，所以半纤维素在水中和碱液中有一定的溶解度，而且不同的半纤维素聚糖在水中和碱液中的溶解度存在差异性。一般情况下，分离出来的半纤维素的溶解度要比天然状态的半纤维素溶解度高。

聚阿拉伯糖半乳糖易溶于水。针叶材的聚阿拉伯糖葡萄糖醛酸木糖易溶于水，而阔叶材的聚葡萄糖醛酸木糖在水中的溶解度较针叶材的小。已证实当用碱液分级抽提桦木综纤维素时，含较多葡萄糖醛酸基的聚木糖容易抽提。

在针叶材中，例如东部铁杉中有聚半乳糖葡萄糖甘露糖，其分子结构上的半乳

表4.9 阔叶材聚木糖类半纤维素的聚合度与特性黏度

树种	分离方法	得率 /%	*v*	测量方法	*v*	测量方法	特性黏度 / (dL/g)			
							A	B	C	碱
糖槭（*Acer saccharum*）	用碱直接抽提	13	215	渗透压法			0.97	0.65		
白桦（*Betula papyrifera*）	氯综纤维素，碱	30	220	粘度法			1.11			
	用碱直接抽提	19	195	渗透压法			0.88			
	氯综纤维素，碱	27	198	渗透压法			0.93	0.57		0.61
	氯综纤维素，二甲亚砜	17	180	渗透压法	470	光散射法	0.87	0.98		
	用碱直接抽提	22	215	渗透压法	500	光散射法	0.89	0.67		
	用碱直接抽提	28	174	渗透压法	265	光散射法	0.92	0.72		
					178	沉积－平衡法				
黄桦（*Betula lutea*）	用碱直接抽提	18	192	渗透压法	495		0.93	0.57		
银桦（*Betula verrucosa*）	氯综纤维素，二甲亚砜	13	200	渗透压法						
大叶山毛榉（*Fagus grandifolia*）	氯综纤维素，水	13	47	粘度法			0.31			
欧洲山毛榉（*Fagus sylvatica*）	ClO_2 处理，直接用碱抽提	7	150	渗透压法					0.78	0.75
	氯综纤维素，碱	8	157	渗透压法					0.76	0.75
大齿杨（*Populus grandidentata*）	用 5%KOH 直接抽提	14	150	渗透压法						
	用 16%KOH 直接抽提	5	170	渗透压法					0.63	0.60
	氯综纤维素，5%KOH	18	140	渗透压法					0.81	0.69
	氯综纤维素，16%KOH	5	160	渗透压法						
颤杨（*Populus tremuloides*）	氯综纤维素，碱	7	83	渗透压法	60	沉积－平衡法				
	用碱直接抽提	18	212	渗透压法			1.11	0.56		
美国榆（*Ulmus Americana*）	用碱直接抽提	5 ~ 6	185	渗透压法	440	光散射法				

注：A 代表铜乙二胺；B 代表二甲亚砜；C 代表铜氢氧化铵。

糖基皆为单个的支链，如果支链越多，则其在水中的溶解度越高；如果支链少，则只能溶于NaOH溶液中。

阔叶材和针叶材中的聚糖露糖即使在强碱溶液中也难溶解，溶于碱性酸盐溶液中（即NaOH+硼酸溶液）。针叶材与阔叶材中主要半纤维素的溶解性与聚合度如表4.10所示。

表4.10　针叶材与阔叶材主要半纤维素组成及其物理性质

半纤维素种类	材种	含量 /% 对木材	组成			溶解性	数均聚合度
			单元	比率	连接		
聚半乳糖葡萄糖甘露糖	针叶材	5 ~ 8	β -D- 吡喃甘露糖	3	1-4	碱，水 *	100
			β -D- 吡喃葡萄糖	1	1-4		
			α -D- 吡半乳糖	1	1-6		
			乙酰基	1			
聚（半乳糖）葡萄糖甘露糖	针叶材	10 ~ 15	β -D- 吡喃甘露糖	4	1-4	碱性硼酸盐	100
			β -D- 吡喃葡萄糖	1	1-4		
			α -D- 吡半乳糖	0.1	1-6		
			乙酰基	1			
聚阿拉伯糖葡萄糖醛酸木糖	针叶材	7 ~ 10	β -D- 吡喃木糖	10	1-4	碱，二甲亚砜 *，水 *	100
			4-O- 甲基 - α -D- 吡喃葡萄糖醛酸	2	1-2		
			α -L- 呋喃阿拉伯糖	1.3	1-3		
聚阿拉伯糖半乳糖	落叶松	5 ~ 35	β -D- 吡喃半乳糖	6	1-3	水 *	200
			α -L- 呋喃阿拉伯糖	2/3	1-6		
			β -D- 呋喃阿拉伯糖	1/3	1-6		
			β -D- 葡萄糖醛酸	少量	1-3		
聚葡萄糖醛酸木糖	阔叶材	15 ~ 30	β -D- 吡喃木糖	10	1-4	碱，二甲亚砜 *	200
			4-O- 甲基 - α -D- 吡喃葡萄糖醛酸	1	1-2		
			乙酰基	7			
聚葡萄糖甘露糖	阔叶材	2 ~ 5	β -D- 吡喃甘露糖	1~2	1-4	碱性硼酸盐	200
			β -D- 吡喃葡萄糖	1	1-4		

注 * 为部分溶解。

4.6　半纤维素的化学性质

半纤维素与纤维素虽然同属于高聚糖，但主要是由于它们之间存在着不同的物理和化学结构，故其化学性质仍有很大差别。从总体来说，在外界条件影响下半纤维素要比纤维素容易发生化学反应（如酸水解、碱降解、热解、氧化反应和酯化、醚化反应等）。下面着重讨论半纤维素在酸性、碱性和加热条件下的化学反应性质。

4.6.1 半纤维素的酸水解

1. 各种糖苷在酸性条件下的性质

半纤维素分子中有各种不同糖基，这些糖基既有呋喃型的，又有吡喃型的；既有α-糖基的，又有β-糖基的；糖基之间有1-4、1-2、1-6等不同的连接。为了更好地理解半纤维素在酸性条件下的水解性质，首先要弄清楚各种糖苷的水解性质。

若干吡喃型己糖甲基苷与吡喃型戊糖甲基苷酸性水解的相对速率如表4.11所示，己糖苷比戊糖苷难以水解（除半乳糖甲基苷外）；多数情况下，α-糖苷要比相应的β-糖苷难以水解；吡喃型糖苷比呋喃型糖苷难以水解；酸性糖苷要比相应的非酸性糖苷难以水解。

表4.11 若干吡喃型己糖甲基苷与吡喃型戊糖甲基苷的水解相对速率（用0.5M盐酸，75℃）

糖苷	水解速率 K/K'（相对值）*
α-D-葡萄糖甲基苷	1.0
β-D-葡萄糖甲基苷	1.9
α-D-甘露糖甲基苷	2.4
β-D-甘露糖甲基苷	5.7
α-D-半乳糖甲基苷	5.2
β-D-半乳糖甲基苷	9.3
α-D-木糖甲基苷	4.5
β-D-木糖甲基苷	9.0
α-L-阿拉伯糖甲基苷	13.1
β-L-阿拉伯糖甲基苷	9.0

* 各种吡喃糖甲基苷之速率常数（K）与α-D-葡萄吡喃糖甲基苷速率常数K'的比例，$K'=1.93\times10^{-4}$/分

2. 半纤维素在酸性条件下的变化

在酸性条件下，例如酸性亚硫酸盐和预水解硫酸盐法，针叶材半纤维素中，阿拉伯糖基-半乳聚糖完全水解成单糖；阿拉伯糖基-4-O-甲基-葡萄醛酸基-木聚糖，由于阿拉伯糖苷易水解，因而迅速脱落阿拉伯糖，接着木糖基之间的苷键水解；阔叶材半纤维素中，4-O-甲基-葡萄醛酸基-木聚糖，主链上的乙酰基首先脱落，然后木糖基之间的苷键水解，聚合度下降；4-O-甲基-葡萄醛酸基则在酸性条件下比较稳定。上述两种木聚糖经过水解其糖基比发生了变化，降解后较降解前木糖基减少、4-O-甲基-D葡糖醛酸基增加，降解后多数溶于碱液中；侧链酸性糖基较少的木聚糖优先保留在浆中。因此，经酸法或预水解过的硫酸盐木浆中，4-O-甲基-葡萄糖醛羧基-木聚糖含量必然很低。

葡萄-甘露聚糖类要比木聚糖类难以水解。针叶材的半乳糖基-葡萄-甘露聚糖中，由于半乳糖苷键对酸不稳定性，在酸水解条件下转变为葡萄-甘露聚糖。因此在亚硫酸盐浆中极少存在半乳糖基-葡萄-甘露聚糖；此外，该类聚糖的乙酰基在酸性条

件下也几乎全部脱落。由于上述这反应，最后保留在针叶材浆中的主要是葡萄-甘露聚糖。

应该指出，以酸性亚硫酸盐或预水解硫酸盐法生产浆粕时，半纤维素的酸性水解产物一般以单糖状态存在，但也有一部分单糖进一步分解成糠醛和有机酸。

此外，富含戊聚糖的植物原料在生产糠醛条件下，其中木聚糖类经酸性水解和脱水反应，主要生成糠醛。以酯键连接的乙酰基和侧链的4-O-甲基葡萄糖醛酸基和少量已糖亦分别经水解和脱水反应，生成醋酸、甲醇、甲酸和ω-羟甲基糠醛等，成为糠醛生产中的副产物。

4.6.2　半纤维素在碱性条件下的性质

半纤维素在碱性条件下可以降解，碱性降解包括碱性水解和剥皮反应。在强烈条件下，如5%NaOH溶液在170℃下，糖苷发生碱性水解，在较温和条件下则发生剥皮反应。

1. 半纤维素的剥皮反应

半纤维素中各种高聚糖之间的连接键型要比纤维素复杂得多，除1-4连接外，还有1-2、1-3及1-6连接。至于1-4连接的剥皮反应与纤维素类似，这里就不再重复。

具有1-2连接支链的高聚糖主链，其还原性首端由于烯醇化后，还原性首端的邻位有取代基，因此并不能生成β烷氧负离子脱离必要的羰基，故在碱性条件下不会引起剥皮反应。

具有1-3连接支链的高聚糖，由于-OR已处于主链还原性首端羰基的β-位，故无须烯醇化、羰基位移等反应就可以发生烷氧基消去反应，1-3苷键断裂生成偏变糖酸，1-3苷键断裂比1-4苷键的断裂，反应速率快，但只是脱去了支链，其主链稳定。

2. 木材中主要半纤维素在碱性条件下的变化

（1）O-乙酰基-4-O-甲基葡萄糖醛酸基-木聚糖：在温度较低的碱性条件下，首先脱去乙酰基，并发生剥皮反应，但由于有些木糖基在C_2位上连接着4-O-甲基-葡萄糖醛酸基，在低于100℃下，剥皮反应受到限制；较高温度下仅受到部分限制，只有上升到160℃左右葡萄糖醛酸基由于碱性水解逐步脱落后，才能重新发生剥皮反应。此外，木聚糖还进行了溶解和再吸附于纤维上的作用，所以到蒸煮结束时，蒸煮液中只有少量半纤维素。

（2）阿拉伯糖基-4-O-甲基葡萄糖醛酸基-木聚糖：在较低温度的碱性条件下，发生剥皮反应，但由于有些聚木糖在C-2连接的葡萄糖基醛酸基，剥皮反应受到一定的限制；在高温条件下葡萄糖醛酸基脱去。此外，木糖基在C_3位上部分为阿拉伯糖所取代，在剥皮反应过程中，阿拉伯糖基易于从主链上消去，同时生成偏变糖酸首端基，从而使主链稳定，抗拒进一步发生剥皮反应，所以针叶材硫酸盐浆中含有阿拉伯糖基-木聚糖。

（3）葡萄-甘露聚糖和半乳糖基-葡萄-甘露聚糖：这两种高聚糖比木聚糖类容易被碱降解。例如，甘露糖在硫酸盐法蒸煮中约可除去70%；在预水解硫酸盐法蒸煮中均可除去95%；而木糖在上述两种蒸煮方法中除去的量分别约为25%和87%。

（4）阿拉伯糖基-半乳聚糖：这种高聚糖易溶于碱，但抗碱性降解的能力较强。

基于半纤维素中各种聚糖在酸、碱条件下具有上述性质，因此，木材经酸性亚硫酸盐、硫酸盐以及预水解硫酸盐法制得的浆粕，其中所含半纤维素的组成就有差别。为了解硫酸盐法制浆中碳水化合物的变化情况，用纸上色谱法分析在制浆过程中的溶解与降解作用（见表4.12）。

表4.12　木材中主要中性糖在硫酸盐法制浆中的溶解和降解作用

糖基	木材*（占绝干%）	浆（占绝干%）	溶解量（占绝干%）	黑液中的量（占绝干%）	溶解糖的降解%
葡萄糖	43.63	34.30	9.33	0.32	96.6
半乳糖	1.81	–	1.81	0.48	73.3
甘露糖	5.13	0.49	4.64	–	100.0
阿拉伯糖	0.55	–	0.55	0.13	76.3
木糖	14.18	9.15	5.03	0.52	89.9

4.6.3　半纤维素的热解

半纤维素与纤维素和木质素一样，在加热条件下，首先软化，随后在软化点以上进行热解。用热重量分析法（TGA）和示差热分析（DTA）研究半纤维素在真空加热条件下的变化，表明半纤维素开始热解的温度在三种主要成分中是最低的。如乙酰化和脱乙酰化的半乳糖基-葡萄甘露聚糖、阿拉伯糖基-半乳聚糖以及葡萄糖醛酸基-木聚糖的热解温度分别为200、145、194和200℃。

半纤维素开始热解的反应与纤维素一样，首先是苷键断裂。已提出木聚糖真空热解的三段机理：①开始进行无规则链断裂的反应；②链断裂生成的还原首端木糖基因剥皮反应而脱去；③不稳定还原首端基的稳定化作用，即终止反应。实际上，在加热木聚糖的残留物和挥发性生成物中分别检出木糖和3-脱氧-木糖。根据这些研究，认为木聚糖热解的主要产物之一是糠醛，其既可以直接经酸催化脱水形成，也可以经3-脱氧木糖中间体形成（见图4.23）。

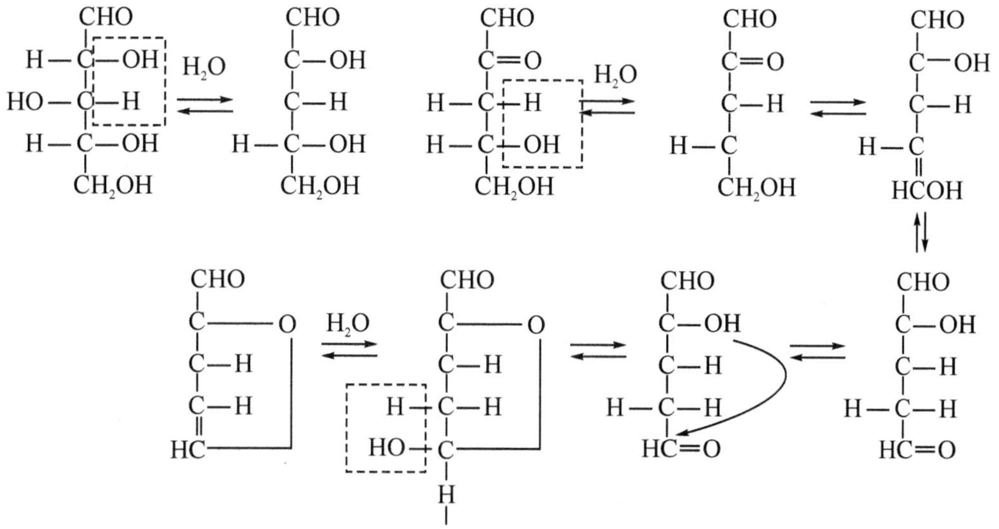

图 4.23　木糖水解产生糠醛的反应过程

此外，在木聚糖类真空热解产物中还得到高得率的1，5–脱水木糖。

阔叶材木聚糖和经氯化锌处理过的木聚糖在500℃下的热解产物如表4.13所示。

表4. 13　500℃下木聚糖和处理过木聚糖的热解产物

产物	木聚糖		O– 乙酰基木聚糖	
	纯的	+10% $ZnCl_2$	纯的	+10% $ZnCl_2$
乙醛	2.4	0.1	1.0	1.9
呋喃	痕量	2.0	2.2	3.5
丙酮 丙醛	0.3	痕量	1.4	痕量
甲醇	1.3	1.0	1.0	1.0
2，3– 丁二酮	痕量	痕量	痕量	痕量
1– 羟基 –2– 丙酮	0.4	痕量	0.5	痕量
3– 羟基 –2– 丁酮	0.6	痕量	0.6	痕量
醋酸	1.5	痕量	10.3	9.3
糠醛	4.5	10.4	2.2	5.0
CO_2	8	7	8	6
水	7	21	14	15
炭	10	26	10	23
差额（焦油）	64	32	49	35

由表4.13可见，经氯化锌处理过的木聚糖热解后，水和炭得率明显增加，而焦油得率明显下降，这就进一步证实酸性添加剂可促进脱水和炭化反应。

4.7 半纤维素的利用

半纤维素是木质化植物细胞壁三大主要成分之一，在木材和禾本科植物纤维原料中的含量约为25%～30%。陆生高等植物每年生产的半纤维素约3.5×10^{10}吨，是不可忽视的可再生资源。

4.7.1 半纤维素对纸浆的影响

1. 半纤维素对溶解浆质量的影响

用溶解浆生产纤维素制品，如粘胶纤维、玻璃纸、纤维素酯和纤维素醚类等产品时，半纤维素是很不利的组分。由于半纤维素衍生物与纤维素衍生物的溶解度不同，在实际生产时会使溶液混浊，甚至形成凝胶，以至于发生过滤困难和影响产品的质量。因此，溶解浆对α-纤维素的要求高，需去除半纤维素。溶解浆是由预水解硫酸盐法或亚硫酸盐法制浆，经过精制和纯化而得到的高纯度的α-纤维素。硫酸盐法生产溶解浆时通过预处理将半纤维素去除，而亚硫酸盐法生产溶解浆时制浆过程中将半纤维素和木质素同时去除。

2. 半纤维素对打浆的影响

造纸用制浆中保留一定量的半纤维素有利于打浆，由于半纤维素对水有很大的亲合性，更容易水化润胀，吸附到纤维素上的半纤维素，在打浆过程中能增加纤维的水化、润胀与帚化，提高纤维表面积的可塑性，因而不仅能提高纸的强度（一般指抗张强度、耐破度和耐折度），使纸的物理性能大大改善，而且还能降低打浆时间、能耗等。但在造纸中如果存在过量半纤维素，势必会降低纸的透明度和吸光性，纸张变硬、变脆，易于发碎，并且在洗浆或抄纸时会降低滤水速度。有些经漂白过的纸浆，在贮藏或老化时白度下降，其部分原因也是由于存在过量半纤维素造成的。

纸浆中存留的半纤维素的聚糖种类与结构，比半纤维素的含量对打浆的影响更大，如葡萄-甘露聚糖类比木聚糖类对打浆和纸张强度更为有利，亲水性强的糖醛酸基含量越高，打浆就越易于进行，成纸性能也较好。硫酸盐浆中的半纤维素含量并不少于亚硫酸盐浆，但其打浆却比亚硫酸盐浆困难，这与硫酸盐浆的半纤维素中碱溶性聚糖较少有关（亚硫酸盐浆的半纤维素中碱溶性聚糖较多）。

3. 半纤维素对纸张性质的影响

半纤维素具有亲水性，易使细胞壁润胀，可赋予纤维弹性，在纸张成形过程中有利于提高纤维本身和纤维间结合力。因此，适当保留或加入半纤维素，可影响表面纤维的吸附能力，提高纸张强度。根据纸张性质要求而定，一般加入量为3%～10%。稻草半纤维素的效果大于针叶材、阔叶材和其他草类半纤维素。从稻草浆分离的半纤维素（溶于17.5 %NaOH，但不为醋酸所沉淀，加入乙醇才能分离出来的部分）含较多的阿拉伯糖基（占总糖的16.3%），对提高纸浆强度更为有效。加入不同半纤维素浆料类型对纸张性质的影响如表4.14所示。

表4.14　加入不同半纤维素对纸张性质的影响

加入半纤维素的浆料类型		/	木浆	稻草浆
加入半纤维素量（1/100g 浆）		/	15	15
纸浆中戊聚糖总量		6.25	7.50	9.10
纸的性质	裂断长	2687	4723	4842
	耐破因子	20.40	35.42	42.8
	撕裂因子	155.0	118.1	108.0
	平均耐折度	55	516	726
	紧度	0.690	0.641	0.700

4.7.2　利用半纤维素生产的化学产品

在加工竹材、木材、粮和油等植物原料过程中，产生大量纤维质固体废料（如木屑、玉米芯、棉子壳、油茶壳、谷壳和蔗渣等）。这些废料通常作燃料燃烧，随着科学技术的发展，有些废料经水解形成单体，再通过化学或生物化学加工生产酒精、糠醛、木糖醇和饲料酵母等产品。图4.24表明半纤维素目前已被应用以及今后潜在利用的主要途径和产品。

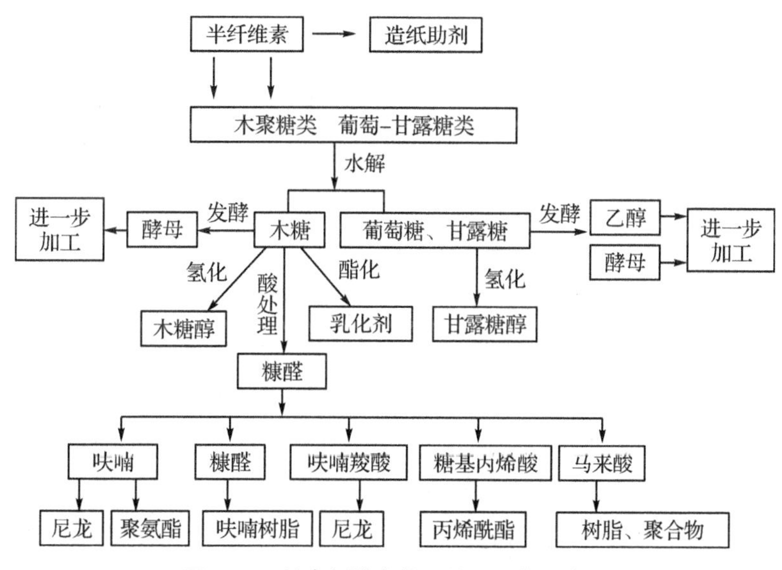

图 4.24　从半纤维素得到的重要化学产品

下面根据我国的生产实践，着重叙述用半纤维素生产糠醛、木糖、木糖醇和饲料酵母。

1. **用富含戊聚糖植物纤维原料生产糠醛**

糠醛生产适用于各种富含戊聚糖的植物纤维原料，尤其是禾本科植物纤维原料的残渣。采用竹材加工剩余物、蔗渣、棉籽壳、油茶壳、玉米芯、稻壳和木材废料生产糠醛，设备比较简单、地区限制少、容易上马，已经成为植物纤维原料水解工业比较成熟的一个领域。糠醛用途很广，主要是利用糠醛作溶剂时的良好选择性及其羰基、呋喃环双键等高度的反应活性，以进一步再加工为糠醇、呋喃、马来酸和糠酸等一系列重要化工产品。

糠醛生产方法，按水解工艺特征，可分为直接（一步）法和间接（两步）法两种。直接法是植物纤维原料在一台水解锅中，在催化剂（一般为硫酸）和热作用下，使戊聚糖水解成戊糖，接着再脱水生成糠醛，其反应式如图4.25所示。

$$(C_5H_8O_4)n \xrightarrow{\text{水解}} nC_5H_{10}O_5 \xrightarrow{\text{脱水}} nC_5H_4O_2$$

戊聚糖　　　　戊糖　　　　糠醛

图 4.25　从半纤维素生产糠醛的反应式

间接法是水解和脱水两个反应不是在一台反应釜中进行的。植物纤维原料先在反应釜中水解成单糖，它与残渣（纤维素、木质素等）分离后，在另一台反应釜里脱水生成糠醛。

实际上，木聚糖经酸性水解和脱水反应后，除得到糠醛主产品外，还有以酯键连接的乙酰基和4-O-甲基-葡萄糖醛酸基侧链及少量己糖，经同样反应也分别生成醋酸、甲醇、甲酸和ω-羟甲基康醛等，构成糠醛生产中的副产物；此外，糠醛也会进行一步分解，生成有关分解产物。

2. **用半纤维素生产木糖和木糖醇**

（1）用半纤维素生产木糖：富含戊聚糖的植物纤维原料，竹材硫酸盐法预处理液、竹材加工剩余物、甘蔗渣、玉米芯等可通过酸水解或在木糖酶作用下生产木糖。如玉米芯经热水预处理后，进一步用稀硫酸水解，结晶木糖得率为15%，纯度为94%。

低聚木糖是由2~7个木糖分子以β-1,4糖苷键连接而成的功能性低聚糖，具有低热值、良好的稳定性、显著的双歧杆菌增殖效果和抑制病原菌等独特特性。低聚木糖是一种重要的益生元（人体益生菌的“养料”），可选择性地增殖肠道双歧杆菌、有效摄入量少、酸热稳定性好，其双歧因子功能是其他聚合糖类的10~20倍。从全球范围来看，欧洲是益生元的第一消费区，占据整个市场区域的40%左右；亚太是益生元的第二消费区，其中日本是该地区发展的主要推动力，中国和印度对益生元的需求量在不断增大。近年来，低聚木糖作为一种新型的添加剂，其应用已经越来越广泛，越来越多的功能性食品和饲料等产品中添加了低聚木糖作为功能组分在市场上呈现快速增

$$
\begin{array}{c}
H-C-O \\
H-C-OH \\
HO-C-H \\
CH_2OH
\end{array}
\longrightarrow
\begin{array}{c}
CH_2OH \\
H-C-OH \\
H-C-OH \\
CH_2OH
\end{array}
$$

图 4.26　木糖还原形成木糖醇

长趋势。

（2）用半纤维素生产木糖醇：木糖除可用于食品工业外，尚可用来生产木糖醇，即木聚糖经酸水解为木糖，经催化氢化得到木糖醇，反应如图4.26所示。

利用竹材硫酸盐法预处理液体、竹材加工剩余物、甘蔗渣、玉米芯生产木糖醇的工艺过程包括水解、中和、蒸发、脱色、离子交换、加氢和结晶等过程。

纯的木糖醇是一种白色结晶粉末，其主要性质如下：木糖醇的代谢与胰岛素无关，所以适用于糖尿病人，木糖醇是人体代谢的中间产物，成人每日生成量5 ~ 15g；木糖醇的甜度与蔗糖相似（即10%水溶液于20℃时的甜度分别为105和100），但与合成甜味剂不同，是人体营养剂，具有碳水化合物的正常发热值，是一种新热源；木糖醇能显著地抑制引起蛀牙的某些口腔细菌（变种链球菌）的生长，因此，用它制成的口香糖、巧克力糖、果酱等食品，能防蛀牙。试验证明，木糖醇代替蔗糖，牙病可降低90%；木糖醇是一种多元醇，有多羟基化合物的共性，木糖醇代替甘油作发泡剂和增塑剂的调节剂；以木糖醇衍生物为基底的产品有清漆、洗涤剂等。

3. 生产三羟基戊二酸

木糖用相对密度为1.2~1.4g/cm^{3}的硝酸在60~90℃下氧化2~3h可生成三羟基戊二酸，其反应如图4.27所示。

$$
\begin{array}{c}
H-C=O \\
H-C-OH \\
HO-C-H \\
H-C-OH \\
CH_2OH
\end{array}
\xrightarrow[60\text{-}90℃]{HNO_3}
\begin{array}{c}
COOH \\
H-C-OH \\
HO-C-H \\
H-C-OH \\
CH_2OH
\end{array}
\xrightarrow[60\text{-}90℃]{HNO_3}
\begin{array}{c}
COOH \\
H-C-OH \\
HO-C-H \\
H-C-OH \\
COOH
\end{array}
$$

图 4.27　木糖在酸性条件下形成三羟基戊二酸

三羟基戊二酸具有愉快的酸味，故在食品工业上可代替柠檬酸，还可用于保存血浆，也可作为火药的稳定剂。

4. 功能性低聚木糖

低聚糖又称寡糖（oligosaccharide），是由2~10个单糖通过糖苷键连接形成的具有支链的低聚合度糖类的总称，相对分子质量为300~2000。功能性低聚糖是指具有特殊的生物学功能，特别是能促进肠道内双歧杆菌的增殖，有益于人体健康的一类低聚糖，即所谓的双歧因子。功能性低聚糖包括苏糖、棉子糖、异麦芽酮糖、乳酮糖、低聚果糖、低聚木糖、低聚半乳糖、低聚乳果糖、低聚异麦芽糖、低聚异麦芽酮糖和低聚龙胆糖等。其中，低聚木糖由于具有对双歧杆菌高选择性增殖效果，很难被人体消化酶所分解及独特的酸稳定性和难发酵性等优点而备受人们的青睐。低聚木糖的制备方法包括酸水解法和生物降解法两种，由于酸水解法存在各种问题，工业上多采用生物降解法。研究发现，自然界中许多细菌、真菌都能产生可使聚木糖降解成低聚木糖的聚木糖酶。工业上一般以富含聚木糖的植物纤维资源如竹材、玉米芯、甘蔗渣、棉子壳、麸皮、稻草、花生壳等为原料，通过聚木糖酶的降解作用及分离纯化而制得低聚木糖。硫酸盐法生产溶解浆时通过预处理将半纤维素去除，获得高纯度的α-纤维素。竹材的半纤维素是阿拉伯糖4-O-甲基葡萄糖醛羧木聚糖，竹材硫酸盐法预处理液中主要的半纤维素是聚木糖。将预处理液浓缩后滴入10~20倍的乙醇中将聚木糖沉淀，通过离心将聚木糖分离，将聚木糖纯化后用聚木糖酶降解获得低聚木糖。

5. **膳食纤维**

半纤维素约占膳食纤维总量的50%以上，半纤维素膳食纤维的主要组分为阿拉伯糖和木糖，分别占40%左右。功能性食品将是21世纪人类摄取的主要食品，而膳食纤维广泛用于制作功能性食品，对便秘、肥胖、高血压、大肠癌等疾病具有明显的预防作用。膳食纤维的来源有谷类、豆类、水果、蔬菜等，无论是数量上还是功效上，谷物膳食纤维都具有明显的优势。谷物膳食纤维大多集中于谷粒皮层，加工过程中被除去而成为副产品，如米糠、麸皮等。谷物皮层中水溶性半纤维素占的比例很小，主要为碱溶性半纤维素，因此，谷物皮层中半纤维素的提取方法主要是基于半纤维素的碱溶性，在谷物皮层中加入蛋白酶及淀粉酶消化其中的蛋白质和淀粉后，再加入碱以溶解其中的半纤维素，经过脱脂后的米糠含有30%~40%的膳食纤维。

6. **水解饲料酵母生产**

酵母是一种肉眼看不见的单细胞微生物，在自然界中分布很广，种类很多，功用不同，为人类食用所培养的酵母称为食用酵母；为饲养牲畜、家禽所生产的酵母称为饲料酵母。食用酵母成品是色泽微黄、有香味和丰富蛋白质、纤维素等；饲料酵母也具有丰富蛋白质和纤维素，对于色、香、味的要求比食用酵母略低。

生产饲料酵母常用的原料有农林植物废料水解糖液或木材水解糖液，制乙醇后的酒糟或亚硫酸盐制浆废液等。它们的水解糖液组成：针叶材水解液含己糖2%~3%，戊糖0.6%~1%；阔叶材和农业废料水解液含戊糖4%~5%，糠醛0.1%~0.2%和少量己糖。木材水解制乙醇后的酒糟含总还原物7000（mg/L），戊糖5000（mg/L），甲酸和醋酸分别为115和1141（mg/L）等。亚硫酸盐制浆废液中含还原物平均浓度3.2%，针叶材蒸煮液己糖占还原物70%~80%，其余为戊糖；阔叶材戊糖占还原物90%~95%，己糖很少。上述废料水解生产饲料酵母的得率如表4.15所示。

表4.15　每吨绝干农林植物废料生产的干酵母量

原料名称	酵母得率 /kg		
	戊糖	己糖	戊糖和己糖
综合利用 1 吨绝干原料时：			
木屑水解糖液酒糟	24 ~ 40		
亚硫酸盐废液酒糟	18 ~ 25		
亚硫酸盐废液			45 ~ 75
阔叶材预水解液			35 ~ 115
水解酵母工厂：			
木材加工企业废料	75 ~ 85	100 ~ 120	185 ~ 250
森林采伐废料	95 ~ 100	75 ~ 90	170 ~ 175
麦秆	106 ~ 120	125 ~ 128	210 ~ 230
向日葵壳	68	78	180
棉籽壳	85	130	210
玉米芯	105	130	275

饲料酵母含有45%～50%蛋白质，消化率高，作为蛋白饲料添加，具有和鱼粉相同的功效。饲料酵母含有生命必需的氨基酸，而且还含极丰富的B族维生物以及各种酶及激素，说明完全可以代替动物性蛋白。总之，用农林植物废料等水解制得酵母，是实现饲料酵母工业化的重要途径之一。

参考文献

［1］陈国符，邬义明. 植物纤维化学［M］. 北京：中国轻工业出版社，1984.

［2］陈国符，邬义明. 植物纤维化学. 北京：中国轻工业出版社，1984

［3］方伟，桂仁意，马灵飞，等. 中国经济竹类［M］. 北京：科学出版社，2015

［4］蒋挺大. 木质素［M］. 北京：化学工业出版社，2001

［5］南京林业大学. 木材化学［M］. 北京：中国林业出版社，1990

［6］裴继诚，杨淑蕙. 植物纤维化学［M］. 北京：中国轻工业出版社，2012.

［7］邵自强. 纤维素醚［M］. 北京：化学工业出版社，2007

［8］杨淑蕙. 植物纤维化学［M］. 北京：中国轻工业出版社，2000.

［9］杨淑蕙. 植物纤维化学. 北京：中国轻工业出版社，2000

［10］邹新禧. 超强吸水剂［M］.2版. 北京：化学工业出版社，2002

［11］Blakeney A B., Harris P J., Henry R J. et al. A simple and rapid preparation of alditol acetates for monosaccharide analysis. Carbohydrate research, 1983, 113:291-299

［12］Dore W H. The distribution of certain chemical constants of wood over its proximate constituents. The Journal of Industrial and Engineering Chemistry, 1920, 12(5):472-476

［13］Heitner C., Dimmel D R., Schmidt J A. Lignin and Lignans: advances in chemistry. London: CRC press, 2010

［14］Heitner C., Dimmel D R., Schmidt J A. Lignin and Lignans: advances in chemistry. London: CRC press, 2010

［15］Higuchi T. Baboo. Encyclopedia of Materials Science and Engineering. Massachusetts Institute of Technology, Pergamon Press, 1986

［16］Higuchi T. Chemistry and Biochemistry of bamboo. Bamboo Journal, 1987,4:132-145

［17］Isogai A., Usuda M. Solid-state CP/MAS 13C NMR Study of Cellulose Polymorphs. Macromolecules, 1989, 22:3168-3172

［18］Jin Z., Akiyama T., Chung B Y., et al. Changes in lignin content of leaf litters during mulching. Phytochemistry, 2003, 64:1023-1031

［19］Sarkanen K V., Ludwig C H. Lignins: occurrence, formation, structure and reactions. Wiley-Interscience, 1971

［20］Shao S., Wen G., Jin Z. Changes in chemical characteristics of bamboo (Phyllostachys pubescens) components during steam explosion. Wood Science and Technology, 2008, 42(6):439-451.

［21］Shorger A W. The chemistry of wood. Ⅲ. Mannan content of the gymnosperms. The Journal of Industrial and Engineering Chemistry, 1917, 9(8):748-750

[22] T. Higuchi. Chemistry and Biochemistry of bamboo. Bamboo Journal, 1987, 4:132-145

[23] Wise L E., Ratlieff E K. Quantitative Isolation of Hemicelluloses and the Summative Analysis of Wood. Analytical Chemistry, 1947, 19(7): 459-462

[24] Yu H., Wang L., Matsumoto Y. et al. Analysis of lignin aromatic structure in wood based on the IR spectrum. Journal of Wood Chemistry and Technology, 2012, 32:294-303

[25] Zhang S Z., Chen C., Duan C., et al. Regernerated cellulose by the lyocell process. A brief review of the process and properties. Bioresources, 2018, 13(2):4577-4592